Stefan Kaduk / Dirk Osmetz /
Hans A. Wüthrich / Dominik Hammer
Musterbrecher

M

Stefan Kaduk / Dirk Osmetz /
Hans A. Wüthrich / Dominik Hammer

# MUSTERBRECHER

## Die Kunst, das Spiel zu drehen

MURMANN

**eBook inside**
kostenloser Download-
Code inklusive

MUSTKEHiyqnCZL

Liebe Leserinnen und Leser,
in den letzten Jahren sind E-Books ein immer größeres Thema in der Medienwelt geworden. Seit 2008 vertreibt der Murmann Verlag E-Books in den gängigen Formaten und
auf den bekannten Portalen. Fünf Jahre E-Books sind für uns Grund genug, mit Ihnen zu
feiern! Wir bedanken uns mit einem einmalig downloadbaren E-Book von *Musterbrecher*.
Oben rechts erhalten Sie den individuellen Jubiläums-Downloadcode. Weitere Informationen
finden Sie auf unserer Webseite www.murmann-verlag.de/ebookinside.
Wir wünschen Ihnen viel Spaß bei der Lektüre von *Musterbrecher*.
Ihr Murmann Verlag

Dieses Buch wurde klimaneutral produziert:

Print **kompensiert**
Id-Nr. 1331551
www.bvdm-online.de

Bibliografische Information der Deutschen Nationalbibliothek

Die Deutsche Nationalbibliothek verzeichnet diese Publikation in der deutschen
Nationalbibliografie; detaillierte bibliografische Daten sind im Internet über
http://dnb.d-nb.de abrufbar.

ISBN 978-3-86774-267-2

Redaktionelle Mitarbeit: Rainer Kaduk, Euskirchen
Illustrationen: Florian Mitgutsch, Larissa Hummel
Umschlaggestaltung: Rothfos & Gabler, Hamburg
Herstellung und Gestaltung: Presse- und Verlagsservice, Erding
Gesetzt aus der Minion und der Eurostile
Druck und Bindung: Freiburger Graphische Betriebe, Freiburg
Printed in Germany

**Besuchen Sie uns im Internet: www.murmann-verlag.de**
Ihre Meinung zu diesem Buch interessiert uns!
Zuschriften bitte an info@murmann-verlag.de
Den Newsletter des Murmann Verlages können Sie anfordern unter
newsletter@murmann-verlag.de

# Inhalt

# Einleitung

## Platzwahl. Rebellen, Querdenker, Fassaden, Bühnen: Wer kennt sich im Spiel noch aus – und kann es drehen?

»Ich bin eigentlich auch ein Musterbrecher – schon immer gewesen!« Diesen Satz hören wir häufig nach Vorträgen oder Workshops. Er wird von Menschen geäußert, die uns zuvor meist wohlwollend zugehört haben. Wir freuen uns natürlich darüber, vor vielen Jahren zufällig einen Begriff geprägt zu haben, der positive Assoziationen weckt und sich als Leitgedanke in Diskussionen festgesetzt hat. Ob letztlich jeder selbst ernannte Musterbrecher auch eine entsprechende Haltung an den Tag legt oder nur das Etikett attraktiv findet, spielt keine Rolle, zumal wir uns nicht anmaßen, darüber zu urteilen.

Von grundsätzlicher Bedeutung ist jedoch die Erfahrung, dass in der modernen Gesellschaft sehr viel über das Verlassen bekannter Pfade gesprochen wird. Vorbilder sind offensichtlich nicht mehr die Bewahrer, sondern die Andersmacher. Die Fortsetzung dessen, was bekannt ist, hat keinen guten Ruf mehr. Vielmehr ist der Rebell in fast allen gesellschaftlichen Bereichen zum verehrungswürdigen Vorbild geworden. So sind auch im Management die entsprechenden Vokabeln des Andersmachens zum Bestandteil des Grundwortschatzes geworden: Keine Konferenz mehr ohne »Out-of-the-Box-Vortrag« , alles wird sowieso »neu gedacht« oder »revolutionär designt«. Konformität ist zu einem Schimpfwort geworden.

Auf der anderen Seite treffen wir seit Jahren auf Menschen, die über etwas ganz anderes berichten. Da ist von Erstarrung die Rede, überdies von Verhinderung jeglicher – angeblich von allen gewollter –

Eigenverantwortung, gar von Entmündigung im großen Stil und vom Rückfall in alte Zeiten. Die Diagnosen sind jedem bekannt, der in einer oder für eine Organisation arbeitet: Von Aufbruch zu neuen Ufern keine Spur!

Wir fragen uns deshalb: Wie passen diese beiden Bilder zusammen?

Auf der Hand liegt folgender Erklärungsversuch: »Andersmachen« ist bloße Rhetorik. Eingebettet in fröhliche Metaphern des Um- und Aufbrechens wird einfach so weitergemacht wie bisher. Die Fassade wird mit einem rebellisch anmutenden Graffito besprüht, ansonsten wird in aller Ruhe das Bestehende noch besser verschlimmert. Das Management trägt bei der Jahreskonferenz T-Shirts mit dem Aufdruck »Querdenker« – und macht einfach weiter wie bisher. Auf der Hinterbühne können Theaterstück und Besetzung umso länger beibehalten werden, je mehr auf der Vorderbühne der Aufbruch inszeniert wird.

Wenn es so wäre, dann würde es sich um das von Erving Goffman in seinem Klassiker *Wir alle spielen Theater* beschriebene Phänomen der Doppelrealitäten handeln. Auf der Oberfläche wird Einzigartigkeit propagiert, hinter den Kulissen findet die Einebnung statt. In der Organisationssoziologie der späten 1970er-Jahre bezeichnete man diesen Prozess als Isomorphie: Organisationen gleichen sich einander immer mehr an, weil sie sich der Gesellschaft gegenüber legitimieren und den allgegenwärtigen Professionalitätserwartungen entsprechen müssen. Unternehmen müssen bestimmte Technologien und Prozesse nutzen, sie müssen zertifiziert sein, sie müssen Beauftragte für alle möglichen und unmöglichen Themen installieren. Andernfalls wird ihnen die Akzeptanz versagt, und sie gelten als unmodern. Im Grunde ist es noch drastischer, denn vielerorts endet das Spiel abrupt, wenn man die allgemeinen Regeln und Erwartungen verletzt. Ohne ISO-Zertifizierung ist die Teilnahme an vielen Ausschreibungen bereits zu Ende, bevor sie überhaupt begonnen hat. In diesem Sinne haben wir es in der Tat auch mit faktischen Zwängen zu tun, nicht nur mit impliziten und folgenlosen Erwartungen, die von außen herangetragen werden. Wer sich der Gleichförmigkeit entziehen will, muss damit rechnen, vom Feld verwiesen zu werden.

Es wundert uns nicht, wenn Führungskräfte sich mit dem Verweis auf Sachzwänge aus der Verantwortung stehlen. Ein Musterbruch sei angesichts des Korsetts der externen Verpflichtungen gar nicht möglich, so die Einschätzung vieler Entscheider. Zugleich erleben wir jedoch viele Organisationen, die im Sinne einer Übererfüllung zusätzliche interne Zwänge produzieren. Das Korsett wird sozusagen ohne Not noch enger geschnürt, mit dem Ergebnis, dass am Ende niemand mehr zwischen selbst verschuldeter und zugemuteter Unmündigkeit zu unterscheiden weiß.

Mit dem vorliegenden Buch wollen wir diejenigen Führungs- und Organisationsfragen beleuchten, für die es naturgemäß keine einfachen Lösungen gibt. In gewisser Weise geht es uns wie dem Literaturwissenschaftler Joseph Vogl, der die Motivation für seine erhellenden Gespräche mit dem Juristen und Filmemacher Alexander Kluge wie folgt beschreibt: »Wir hegen einen Komplexitätsverdacht, dem man nachgehen muss.«[1]

Wir werden uns daher die Mühe machen, hinter die Bühne zu schauen und uns den Phänomenen aus verschiedenen Perspektiven zu nähern. Es ist eben nicht damit getan, das offensichtliche Theaterspielen zu geißeln und den Akteuren die Maske vom Gesicht reißen zu wollen. Überdies liegt der Verdacht nahe, dass es nicht ohne Grund zwei Bühnen gibt. Wenn Erkenntnis und Umsetzung so deutlich auseinanderklaffen, wie wir das allenthalben erleben, muss irgendwo Komplexität im Spiel sein, Komplexität, die sich mit trivialen Mitteln nicht beseitigen lässt.

Die Inhalte der folgenden Kapitel haben wir nicht zufällig ausgewählt. Es handelt sich um die Essenz sowohl unserer universitären Forschung als auch unserer beratenden Begleitung aus den letzten sieben Jahren. In diesem Zeitraum führten wir über 600 narrative Interviews mit unterschiedlichsten Menschen in unterschiedlichsten Positionen unterschiedlichster Organisationsformen und -größen.

Diese Gespräche zeigten einerseits, dass es dringend angesagt ist, Begriffsarbeit zu leisten. Damit meinen wir keine akademische Übung, sondern schlicht die Notwendigkeit, sich der Substanz hinter häufig gebrauchten Schlagwörtern zu nähern. Was ist etwa gemeint, wenn von Angst in Organisationen die Rede ist? Wieso sind Menschen gerade in Umfeldern ängstlich, die maximale Sicherheit gewährleisten? Oder was bedeutet es, wenn von kollektiver Intelligenz die Rede ist? Können viele Menschen gemeinsam wirklich schlau sein – und welche Rolle spielt dann noch der Einzelne?

Andererseits konnten wir aus den Interviews lernen, dass die weit fortgeschrittene Professionalisierung auf der Ebene der Instrumente und Methoden nicht den gewünschten Erfolg gebracht hat. Ganz im Gegenteil: Man sehnt sich fast schon nach einer »De-Professionalisierung«, durch die unser Denken und unsere Verantwortung wieder gefordert wären. Anders ist es nicht zu erklären, dass viele Unternehmenslenker, Manager und Mitarbeitende zynisch von der »Perfektionierung des Falschen« sprechen, zu der sie permanent angehalten werden – und die sie letztlich selbst vorantreiben. Unsere Erfahrungen aus weit über 400 Workshops und Vorträgen zeigen, dass Manager 80 bis 90 Prozent ihrer Zeit damit verbringen, im System zu arbeiten, also das Bestehende nach konventioneller Logik zu verbessern. Dies geschieht gleichermaßen sowohl in der öffentlichen Verwaltung als auch in globalen Handelskonzernen und mittelständischen Industrieunternehmen. Und genau das ist der Grund, weshalb wir die häufig geäußerte Einschätzung »Das ist bei uns völlig anders!« nicht ganz teilen. Wenn man den Dingen auf den Grund geht, erweisen sich die Muster nämlich als erstaunlich ähnlich. Anders gesagt: Isomorphie lässt Branchenunterschiede verschwinden.

Oder noch mal anders betrachtet: Während man aus dem Flugzeug eine kunterbunte Landschaft von Organisationen sieht, zeigt sich bei der Betriebsbesichtigung vor Ort, dass es weltweit nur einen einzigen Organisationsdesigner gibt: überall dieselben Systeme, dieselben Instrumente, dieselben Prozesse, dieselben Strukturen. Und überall dieselben Sorgen aus denselben Gründen: Ein Krankenpfleger hat keine Zeit mehr für das Patientengespräch, weil er die Pflegequalität noch genauer dokumentieren muss. Eine Vertriebsleiterin kann keine neuen Absatzwege ausprobieren, weil sie ihre Energie für die Verbesserung des Prozesses zur Außendienststeuerung ver(sch)wenden muss.

Doch ab und zu wird man auf der teilweise ermüdenden Besichtigungstour durch die Organisationen überrascht – und trifft auf mutige Menschen, die den Steuerungs- und Kontrollraum renoviert oder gar umgebaut haben. Manche haben den Systemen nur einen neuen Anstrich gegeben, andere trauten sich, vorgeschriebene Systemupdates zu ignorieren, wiederum andere ließen gänzlich neue Komponenten bauen und versteckten sie geschickt in den alten grauen Gehäusen.

Um genau diese Renovierer, Umbauer, Update-Ignorierer und Komponentenauswechsler geht es in diesem Buch. Wir nennen sie Musterbrecher. Diese Menschen würden sich selbst nie als Rebellen oder Querdenker bezeichnen. Sie wissen, dass es letztlich albern ist, sich publikumswirksam als Nonkonformisten zu gerieren. Deshalb ziehen sie erst gar nicht in einen Kampf um die sichtbare Abweichung vom Üblichen, zumal er meist gegen die – wie Norbert Bolz es ausdrückt – »Konformisten des Andersseins«[2] geführt wird. Zudem agieren Musterbrecher nach wie vor in der klassischen Grundordnung der Märkte und des Wettbewerbs. Sie verlassen also nicht das Spielfeld, dann wären sie Aussteiger, aber sie machen dennoch nicht einfach weiter wie bisher. Dies schließt nicht aus, dass der eine oder andere Ideen umgesetzt hat, die sich deutlich von der Wachstumslogik des »Höher, schneller, weiter« abgrenzen.

Der Titel des Buches bedarf noch einer Erläuterung. Wir haben uns lange überlegt, ob wir den Begriff des Spielens verwenden sollen. Es könnte schließlich der Eindruck entstehen, wir sprächen mit spielerischer Leichtigkeit über Dinge, die für die Betroffenen eine mitunter sehr ernste Angelegenheit sind. Wir glauben aber, dass ein Spiel auch ernsthaft betrieben werden kann. Ferner könnte der Leser dazu verleitet werden, zu sehr in den Kategorien des Sports, insbesondere des Fußballs zu denken. Doch wir sehen in Musterbrechern keineswegs die Helden, die in der Nachspielzeit den entscheidenden Siegtreffer erzielen. Sie machen ihre Arbeit oft im Verborgenen und unterstützen eher andere dabei, Tore zu schießen. Wir betrachten den Spielbegriff in enger Verbindung zum Experiment. Vor Augen haben wir einen klugen »Homo ludens«, der vorurteilsfrei und mutig, aber sehr reflektiert Neues ausprobiert. Er überwindet die Ängste nicht dadurch, dass er sie ausblendet, sondern zum Thema macht.

Noch ein Lesetipp: Die Kapitel können unabhängig voneinander gelesen werden. Der Leser wird früher oder später feststellen, dass sich manche Texte inhaltlich überschneiden oder wechselseitig ergänzen, einige Argumentationen oder Schlussfolgerungen vielleicht sogar nur schwer miteinander in Einklang zu bringen sind. Diese Unschärfen liegen in der Natur der Sache. Das Herausschneiden einzelner Themen aus einer komplexen Themenlandschaft ist letztlich immer eine subjektive Setzung, wenngleich wir für uns in Anspruch nehmen, diese Strukturierung keineswegs beliebig vorgenommen zu haben.

Abschließend noch ein wichtiger Hinweis: Wir haben uns nach langer Diskussion dazu entschlossen, mit den weiblichen und männlichen Formen bestimmter Substantive uneinheitlich umzugehen. So wird, ohne dass irgendeine Absicht dahintersteht, in bunter Mischung von »Mitarbeitenden«, »Mitarbeiterinnen und Mitarbeitern« und auch schlicht nur von »Mitarbeitern« die Rede sein. In allen Fällen sind Frauen und Männer gemeint.

München, im September 2013
*Stefan Kaduk, Dirk Osmetz, Hans A. Wüthrich, Dominik Hammer*

# 01

## Unsicherheit willkommen.
## Warum sich ohne Experimente
## nichts verändert

Im Frühsommer 2006 werden wir vom Abteilungsleiter des sogenannten »Thinktanks« eines großen deutschen Versicherungskonzerns mit
einem Forschungsprojekt beauftragt. Aufgabe ist es, eine Exzellenzstu-
die zu erstellen. Einerseits sollen wir »Exzellenz« als Begriff sowie ihre
gesellschaftliche und wirtschaftliche Relevanz aus der Vogelperspektive
betrachten, andererseits aber auch ganz konkrete Beispiele – Bench-
marks – recherchieren. Es geht nicht nur um Begriffsarbeit. Man erwartet von uns auch konkrete Handlungsempfehlungen.

Das Thema ist interessant. Denn wir alle wissen: Seit vielen Jahren
wird im Übermaß von Exzellenz gesprochen, und keineswegs ist sicher,
was damit wirklich gemeint ist. Sind Exzellenzcluster mehr als die bloße
Verbindung von Forschungseinrichtungen? Heißt jetzt alles exzellent,
was irgendwie über dem Durchschnitt liegt – vergleichbar mit der weich
spülenden Formulierung von Arbeitszeugnissen? Nach einem halben
Jahr der Recherche in einem insgesamt fünfköpfigen Forscherteam
und nach einer Reihe von Interviews mit Wissenschaftlern und Wirt-
schaftspraktikern, Medizinern, Sportlern und Geistlichen bleibt unser Bild
von Exzellenz diffus. Organisationen können sowohl trotz als auch aufgrund hervorragender Strukturen und Prozesse exzellent (oder das Gegenteil) sein. Manche sind exzellente Nachahmer, andere exzellente Vor-
reiter. Einige zeichnen sich durch die Exzellenz der Teams aus, andere
durch die von einzelnen Mitarbeitenden. Für uns wird klar, dass es kein
einheitliches Exzellenzverständnis gibt. Und es ist keine Karte in Sicht,
die den Weg zur Exzellenz beschreiben könnte. Das Problem ist nur: Wir

können am Ende des Forschungsprojektes kein Rezept präsentieren, was – wie man sich vorstellen kann – beim Auftraggeber keine Begeisterungsstürme auslöst.

Unser schlechtes Gewissen beruhigt sich etwas, als uns Franz Josef Radermacher, Professor für Informatik, Vorstand des Kuratoriums der Global-Marshall-Plan-Initiative und Mitglied des Club of Rome, in einem Interview seine Sicht auf die Dinge schildert: »Meine Wahrnehmung des in der Wirtschaft dominanten Exzellenzverständnisses? Es ist oft lediglich dummes Gerede, Marketing. Für mich beginnt es beim Menschen als sozialem Wesen. Ein richtiger Exzellenzbegriff hat nur als soziales Konstrukt Sinn.«

Es ist nicht verwunderlich, dass es uns nicht gelang, eine Landkarte der Exzellenz zu zeichnen. Schließlich muss jedes System seine eigene Exzellenz (er)finden. Und dieses Finden und Erfinden geschieht naturgemäß nicht in einem bereits abgesteckten Gelände. Vielmehr muss man sich in einen unsicheren Suchprozess begeben, den wir als »Experiment« bezeichnen wollen. Wir meinen damit einen mehr oder weniger gewagten Versuch, von dem man noch nicht weiß, ob er gut oder schlecht ausgehen wird. Später werden wir sehen, dass er in keinem Fall scheitern kann.

## In der Technik und in der wissenschaftlichen Forschung ist das Experiment ein Standardverfahren zum Erkenntnisgewinn.

Experimente sind dazu da, deduktiv gewonnene Erkenntnisse zu verwerfen oder zu bestätigen, andererseits stellen sie eine Basis für die Abstraktion von Beobachtungen dar. In beiden Varianten ist der Kern das Infragestellen der Wirklichkeit. Es ist in unserem Sinne unerheblich, ob man eine Hypothese zugrunde legt, die dann überprüft wird, ober ob man eine bis dahin nicht beobachtete Situation erzeugt. Es geht in beiden Fällen darum, sich vom Ergebnis »überraschen zu lassen«.[3] Ziel ist das Entdecken von etwas brauchbarem Neuem oder von etwas nicht mehr brauchbarem Altem.

Beau Lotto, Künstler, Neurowissenschaftler und Gründer des Lotto-lab, eines Instituts, in dem Kunst und Wahrnehmungsforschung vereint werden, beschreibt es in einem TED-Vortrag[4] wie folgt: »Wahrnehmung (Denken, Fühlen, Erleben, Handeln, Träumen ...) ist in unserer Erfahrung begründet und verankert. Diese Perzeptionen sind primär unbewusste Prozesse individueller Informations- und Wahrnehmungsverarbeitung. Wir sehen nicht, was da ist, sondern wir sehen zuallererst einmal das, was in der Vergangenheit sinnvoll war. Unser Sehen entspricht Erfahrungen, die wir im Vorfeld machten.«[5] Folglich werden unsere Wahrnehmungen von Mustern geprägt, die uns einmal halfen, ein Problem zu bewältigen, oder die uns für ähnliche Situationen nützlich erscheinen. Stets suchen wir, bewusst und unbewusst, nach Sicherheit. Denn stets wurde in unserer Entwicklungsgeschichte unsere Existenz bedroht: Ist das eine Schmusekatze oder ein Säbelzahntiger? Wer hier unsicher war, wurde gefressen.

## Unsicherheit ist ein Zustand, in dem wir uns unwohl fühlen.

Unsicherheit erzeugt Unbehagen, oft auch Angst. Zu jeder Zeit war menschliches Zusammenleben von dem Bestreben geprägt, Unsicherheit durch Schaffung einer bestimmten Ordnung zu vermeiden. Zu diesem Zweck gab und gibt es Regeln, früher aufgestellt von Pharaonen, Königen oder Ständen, heute manchmal das Ergebnis demokratischer Willensbildung, manchmal sogar das Produkt despotischen Willens. Nach wie vor gibt es gesellschaftliche Hierarchien, die für Ordnung sorgen. In früheren Jahrhunderten wurde diese Ordnung mitunter radikal und menschenverachtend herbeigeführt. In der Antike etwa wurden Sklaven nur bedingt als Menschen angesehen. Durch diese Ausgrenzung erhielten jene, die als Freie den Status vollwertiger Menschen hatten, Sicherheit im Umgang mit den Sklaven. Im Mittelalter zeigte sich die gesellschaftliche Stellung durch die Art der Kleidung. Das Handwerk organisierte sich in Zünften und legte fest, was »unzünftiges« Verhalten war. Heute suchen wir Sicherheit in der oft gescholtenen und dann doch immer wieder in Anspruch genommenen bürokratischen Ordnung. Im Grunde lieben wir den Zustand höchster Sicherheit, Beständigkeit und Kontinuität.

**Trotz ihres Dauerbekenntnisses zum permanenten Wandel produziert die moderne Gesellschaft westlicher Prägung unablässig Institutionen, die der Sicherheit dienen sollen - im Gesundheitswesen, in der Justiz, in der Bildung und in Unternehmen.**

Wir beklagen die selbst in großen Organisationen abnehmende Arbeitsplatzsicherheit und erfreuen uns eher halbherzig an den neuen Chancen fluider und virtueller Beschäftigungsformen. Nach Dirk Baecker bestimmen Entscheidungsabläufe den Bauplan von Organisation. Zu jeder Entscheidung bedarf es vorhandener Kompetenzen, Ressourcen und Fähigkeiten. Getroffene Entscheidungen vermitteln Klarheit und beseitigen Ungewissheit und Unsicherheit in der Kommunikation. Andere Stellen der Organisation bis hin zum Kunden werden damit nicht mehr belastet. Sie können mit der getroffenen Entscheidung weiterarbeiten.[6]

Es stellt sich sofort die Frage, wie wir trotz allen Sicherheitsstrebens jemals etwas Neues erkennen konnten? Wie kommt es dennoch zu Veränderung und Innovation? Warum »riskieren« es manche Unternehmer, Mitarbeitenden am Band oder im Callcenter tatsächliche Freiräume zu geben? Wie kommt es, dass Firmen die Sicherheit eines geordneten Gehaltssystems bewusst zerstören, indem die Mitarbeitenden die Höhe ihres Gehalts selbst bestimmen dürfen?

Weil wir – oder zumindest einige von uns – damit begonnen haben, Fragen zu stellen. Es geht um bislang unbeantwortete, ja sogar um prinzipiell unbeantwortbare Fragen. Letztere sind nach Heinz von Foerster Fragen, für die noch kein Bezugssystem existiert, in dem sie eindeutig zu beantworten wären. Es sind genau diese Fragen, die uns auf die höchste Stufe der Unsicherheit führen. Wer dennoch auf etwas Unbeantwortbares antwortet, exponiert sich. Er kann auf kein Sicherheit gebendes Faktum aus der Vergangenheit verweisen. Daraus entsteht wiederum eine sehr große Freiheit, so Heinz von Foerster. Denn wir können nahezu beliebig antworten, sofern wir den Preis der Verantwortung zu zahlen bereit sind.

## Wenn wir also etwas Neues wollen, müssen wir uns ganz bewusst in die Unsicherheit begeben.

Darum sind im Sinne der Veränderung jene Fragen die besten, welche die größte Unsicherheit erzeugen. Es handelt sich um Fragen, bei deren Lösung weder irgendein Algorithmus noch die Erfahrung eines bereits erfolgreich beschrittenen Weges helfen können. Jedes Mal, wenn man sich mit diesen unangenehmen Fragen beschäftigt, erforscht und offenbart man seine individuellen Wertvorstellungen und Haltungen: »Liebe ich meinen Partner wirklich?«, »Kann ich meinem Nachbarn vertrauen?«, »Braucht Schule Noten?« oder: »Müssen unsere Krankenhäuser nach Managementstandards geführt werden?«

Nach Beau Lotto haben wir ein »Verfahren« entwickelt, das es uns erlaubt, gefahrlos diese Fragen zu stellen: das Spielen.

## Das Spiel ist eines der wenigen Dinge, in dem wir Unsicherheit zelebrieren. Es eröffnet Möglichkeiten.

Es erlaubt, dass wir uns ausprobieren. Es basiert auf intrinsischer Motivation und Kooperation. Letztlich spricht Lotto damit die Vorstellung vom Homo ludens an. Damit ist jene Figur gemeint, die der Niederländer Johan Huizinga Ende der 1930er-Jahre beschrieb. Der spielende Mensch wächst in seinen individuellen Eigenschaften und Fähigkeiten – vorausgesetzt, er bewegt sich in einem Feld, das ihm Handlungsfreiheit zugesteht.

Wenn wir uns diese Charakteristika des Spielens näher anschauen, wird deutlich, dass sie gleichzeitig die Voraussetzungen sind, die ein guter Wissenschaftler dafür braucht, um zu neuer Erkenntnis zu gelangen. Was uns jedoch beim Spielen (Englisch: play) noch fehlt, sind Regeln. Wenn wir dem Spielen Regeln geben, wird daraus das Spiel (Englisch: game). Es entsteht so etwas wie Monopoly, Fußball oder Angry Birds. Das Spiel bietet den Rahmen, das Ergebnis bleibt offen. Experimentieren ist demnach ein Spiel mit offenem Ausgang.

Der Nobelpreisträger für Chemie von 1993, Kary Mullis, sagte in einem Vortrag, in dem er dem Experiment als der zentralen Basis moderner Wissenschaft huldigte,[7] es entspreche seinem Selbstverständnis, dass man, wenn man etwas herausfinden wolle, ein Experiment mache. Diese Denkweise ist nicht sehr alt, aber sie prägte die letzten 350 Jahre – von dem Moment an, in dem die Mathematik und die Naturwissenschaften sich von der Philosophie trennten. Als man Ende des 16. Jahrhunderts zu experimentieren begann, bedrohte man die Autorität der Heiligen Schrift.[8]

**Ohne den Mut, Fragen zu stellen, die bisher keiner zu stellen gewagt hatte, wären die innovatorischen Bewegungen bis heute vermutlich nicht möglich gewesen.**

Erst ein neues wissenschaftliches Verständnis machte dies möglich. Nicht mehr der aus heutiger Sicht fast naive Umgang mit scheinbar gesichertem Wissen, das von Klerus und Adel »verwaltet« wurde, sondern die Evidenz durch das Experiment war von diesem Zeitpunkt an ausschlaggebend.[9] Doch wo finden wir diesen Mut zum Experimentieren im Management? An erschreckend wenigen Orten. Und der Grund dafür ist schnell gefunden: Das Experimentieren ist weder Bestandteil der universitären Management-Curricula noch der Führungsausbildung. Man kennt den Begriff eventuell noch in der Marktforschung und lernt in der Organisationspsychologie das eine oder andere Experiment kennen. Die Ausbildung und das Selbstverständnis von Management schließen das Experimentieren per definitionem aus. Management wird als die Planungsinstanz in der Organisation interpretiert. Es geht um die Leitung von Unternehmen nach allgemein anerkannten Prinzipien, die Effizienz sicherstellen sollen. Der Versuch ist hingegen geradezu verpönt. Ein Manager experimentiert nicht. Schließlich weiß er, was zu tun ist. Und man möchte sich schließlich nicht der Gefahr aussetzen, unangenehm überrascht zu werden.

Seit 1997 verfolgen wir die Entwicklung von Curitiba. Die 1,7-Millionen-Einwohner-Stadt im Süden Brasiliens und Hauptstadt des Bundesstaates Paraná ist bei uns in Deutschland ziemlich unbekannt. Das könnte sich 2014 ändern. Dann wird Curitiba nämlich einer der Austragungsorte der Fußball-WM sein. Die Stadt wurde vielfach ausgezeichnet, unter Experten gilt sie als eine der innovativsten Städte und passt so gar nicht in unser Klischee einer brasilianischen Stadt.

In uns reifte der Wunsch, einmal selbst nach Curitiba zu reisen. Da kam uns ein Zufall zu Hilfe. Einer unserer Studenten lebte mit seinem Vater, einem Manager bei VW, für einige Jahre dort. Da er Portugiesisch spricht und die Stadt zum Gegenstand seiner Masterarbeit machen wollte, organisierte er unsere Forschungsreise und begleitete uns.

Schon beim Anflug auf Curitiba ist klar, dass diese Stadt eine besondere ist. Während uns São Paulo wie eine nicht enden wollende Betonwüste aus Häusern und Straßen vorkommt, erscheint Curitiba als eher »grüne Stadt«.1971 kamen nur 0,5 Quadratmeter Grünfläche auf jeden Einwohner. Mittlerweile sind es 54 Quadratmeter – und das bei inzwischen verdreifachter Einwohnerzahl. Das bedeutet eine 300-fache Vergrößerung der Grünflächen im Vergleich zu 1971. Die unzähligen Parks, Wiesen und Stadtwälder werden gleichzeitig als Ausgleichsflächen für Überschwemmungen genutzt. Von diesen war die Stadt oft betroffen, und gerade die arme Bevölkerung in hochwassergefährdeten Gebieten litt besonders darunter.

Beim Verlassen des Flughafens sehen wir an jeder Ecke sechs verschiedenfarbige Mülleimer für die diversen Müllsorten. Die Stadt ist unvorstellbar sauber, keine Zigarettenkippen auf den Gehwegen, kein Müll in den Grünanlagen. Wir steigen in den Flughafenbus. Auf der Fahrt in die Stadt wirkt alles sehr europäisch. Nur ab und zu sieht man Gegenden, in die man sich nicht hineintrauen würde. Je weiter wir in die Stadt hineinkommen, desto häufiger sehen wir röhrenförmige – fast futuristisch anmutende – Bushaltestellen. Auf einer gesonderten Spur kommt uns ein circa 25 Meter langer Doppelgelenkbus entgegen. Ähnlich einer U-Bahn halten diese Hochflurbusse, die bis zu 270 Passagiere transportieren können, an den Haltestellenröhren und klappen ihre Rampen aus, über die dann die Fahrgäste barrierefrei zusteigen können.

In den kommenden Tagen besichtigen wir alle bekannten Orte der Stadt: die Oper aus Stahl und Glas, die innerhalb von drei Monaten gebaut wurde, die aus alten Laternenmasten erstellte Umweltuniversität, die erste Fußgängerzone Lateinamerikas, die Bibliotheken, die »Leuchttürme des Wissens« heißen und auch wie solche aussehen und von denen mehr als 40 über die Stadt verteilt sind. Wir besuchen das IPPUC, das Institut für Forschung und Stadtplanung. Es ist ein Lern- und Experimentiercenter für Ingenieure, Architekten und Stadtentwickler. Unabhängig vom städtischen Planungsamt, aber gebunden an die Direktiven des Bürgermeisters, entwickelt man die Stadt weiter. Die Bürger bringen sich in den Planungsprozess ebenso ein wie in die Umsetzung.

Das Highlight unserer Curitiba-Reise ist der Vorabend der Abreise. Wir treffen den 74-jährigen Architekten Jaime Lerner. Der ehemalige Bürgermeister und Gouverneur gilt als Visionär. In seinen drei vierjährigen Amtszeiten (1971, 1979 und 1989) haben er und sein Team die Entwicklung von Curitiba maßgeblich beeinflusst. Wir sitzen in einem offenen einstöckigen Gebäude, das irgendwie nicht zwischen die Hochhäuser passt, von denen es »eingeklemmt« wird. Früher war es das Wohnhaus von Lerner. Heute befindet sich darin sein Architekturbüro. Wir sprechen mit einer seiner Mitarbeiterinnen über die Stadtentwicklung. Man merkt sofort, dass sie ihre Stadt liebt. Diesen besonderen Stolz auf Curitiba hatten wir immer wieder gespürt, ob beim Taxifahrer oder beim Verkäufer. Dann betritt Jaime Lerner den Raum. Er ist schwarz gekleidet, atmet schwer, geht langsam. Er wirkt kränklich. Das ändert sich schlagartig, als er zu erzählen beginnt. Immer wieder funkeln seine Augen, und er wirkt fast spitzbübisch. Lerner wurde unzählige Male ausgezeichnet, unter anderem von UNICEF und der OECD. Wir fragen ihn, wie er 1971 seine Veränderung startete: »Zuerst einmal hatte ich ein gutes Team mit tollen Leuten. Wir alle folgten einer Vision. Wir liebten unsere Stadt und wollten sie lebenswerter machen. Dann machten wir uns auf den Weg. Wir probierten Schritt für Schritt immer neue Dinge aus. Dabei war das Anfangen das Wichtigste. Entscheidend war, dass wir Raum für Korrekturen ließen.« So sei zum Beispiel das Bus Rapid Transit System entstanden, erzählt Lerner. »Damals sagte jeder Städte- und Verkehrsplaner, dass eine Stadt, die auf eine Million Einwohner wächst, eine U-Bahn brauche. Eine solche konnten wir uns aber nicht leisten. Also planten und bauten wir eine ›überirdische U-Bahn‹ mit den U-Bahn-spezifischen Charakteristika: Die Bahn sollte schnell sein, es sollte nur wenige Haltestellen geben, und die Taktung musste eng sein – in Stoßzeiten jede Minute ein Bus. Es begann mit wenigen Linien, auf denen 25 000 Menschen am Tag befördert wurden. Heute transportieren wir 2,4 Millionen Bürger im Großraum Curitiba und in angrenzenden Städten. London, um ein Vielfaches größer, mit der ältesten U-Bahn der Welt, schafft gerade drei Millionen Passagiere am Tag. Wichtig ist, dass das gesamte öffentliche Verkehrssystem von Curitiba ohne Subventionen funktioniert. Dafür hatten wir nie Geld, das brauchten wir für Bildung und medizinische Versorgung.« Wir erfahren außerdem, dass der Bau eines Kilometers dieses Bussystems circa eine Million US-Dollar kostet, dagegen der Bau der gleichen Strecke für eine U-Bahn 100 Millionen. Was mit einem Experiment vor etwa 40 Jahren begann, ist heute ein Exportschlager, geliefert in fast 100 Städte weltweit. Darunter Metropolen wie Seoul, Los Angeles oder Montreal.

Der Vater eines weiteren Experiments in Curitiba war Nicolau Klüppel. Er hatte im Team um Lerner eine Idee, wie man die Favelas – Slums, die durch das schnelle Wachstum der Stadt entstanden sind – von ihrem Müll befreien konnte. Da diese Gebiete häufig schwer zugänglich sind, hatte er die geniale Idee, dass die Menschen ihren Müll doch einfach zu Sammelstellen bringen könnten. Als Anreiz bekamen sie Busfahrscheine, später dann Lebensmittel. Innerhalb von Monaten wurden die Gebiete sauber. Klüppel erkannte, dass es besser ist, den Mull gleich zu trennen, da er so effizienter recycelt werden kann. Daraus entstand eine Kampagne, die gemeinsam mit den Schulern begann und die Stadt zum Ort mit der höchsten Recyclingquote in der Welt (um die 70 Prozent) machte. Für diesen Erfolg hatte man im Vorfeld viel Häme einstecken müssen, da Mülltrennung in Brasilien für unmöglich gehalten wurde.

Wir fragen Jaime Lerner zum Abschluss nach den größten Herausforderungen Curitibas. Er denkt kurz nach. »Erstens galt es immer wieder, die eigene Unsicherheit zu überwinden, eine gute Idee einfach auszuprobieren, nicht nach dem Haken zu suchen. Zweitens mussten wir schneller sein als die eigene Bürokratie. Und drittens war es extrem wichtig, wenn der Entscheid gefallen war, auch wirklich schnell zu beginnen.« Was er damit meint, macht er an folgendem Beispiel deutlich: »Anfang der 1970er-Jahre hatten wir uns überlegt, dass es nicht richtig sein kann, die Stadt nur für den Autoverkehr zu optimieren. Wir wollten die erste Fußgängerzone in Südamerika bauen, die ein paar Straßenblöcke umfassen sollte. Wir rechneten damit, dass es gerichtliche Einsprüche geben würde, die den Bau um Monate oder gar Jahre verzögert hätten. Deshalb beschlossen wir, die Fußgängerzone in 48 Stunden zu bauen. Das war für den zuständigen städtischen Baubeauftragten unvorstellbar. Er sagte, dass der Bau mindestens sechs Monate dauern würde. Ich bestand auf 48 Stunden. Wir diskutierten und diskutierten. Irgendwann sagte er: ›Gut, wenn ich alles Material im Vorfeld bereitstellen kann, dann schaffen wir es in ein paar Wochen.‹ Ich blieb hart. Am Ende begannen wir freitagabends und eröffneten die Fußgängerzone am Montagabend – nach 72 Stunden Bauzeit. Danach kam der Sprecher der Geschäftsleute auf mich zu und übergab mir eine Petition. Ich könne sie als Souvenir haben. Jetzt wollten er und die anderen Ladeninhaber, dass die gesamte Straße in eine Fußgängerzone umgewandelt würde.« Lerner verabschiedet uns mit den Worten, dass es einerseits wichtig sei, Menschen, wann immer möglich, einzubeziehen, andererseits aber nicht immer nach dem »Was wollt ihr?« zu fragen. Darum solle man einfach Dinge ausprobieren, einfach den Mut haben, zu starten. Nicht nach Perfektion streben. Die gebe es nicht, so der Altbürgermeister. »Andere werden es dann irgendwann besser machen.«

Nach diesem Gespräch war uns klar, warum Jaime Lerner 2010 vom *Time Magazine* als einer der 25 einflussreichsten Denker der Welt ausgezeichnet wurde.

Zum Glück waren Jaime Lerner und sein Team bereit, sich nicht als Manager der Organisation zu begreifen, sondern als eine Gruppe, die das Bestehende immer wieder infrage stellte; die ohne Anspruch auf Perfektion Experimente machte, die vor ihnen so noch keiner gewagt hatte.

## Warum fehlt diese Experimentierfreude im Management, obwohl wir im Alltag dauernd experimentieren?

Ständig starten wir Versuche mit völlig unklarem Ende. Die Frage etwa, mit wem wir den Rest unseres Lebens verbringen möchten, bleibt ewig ein Versuch mit offenem Ausgang. Wir können nicht wissen, ob die Beziehung hält, auch wenn wir es uns noch so wünschen. Und der Versuch, die Partnerwahl durch Tools zur Risikovermeidung zu professionalisieren, erscheint uns mit Recht absurd. Oder kennen Sie jemanden, der seinen Partner oder seine Partnerin mithilfe einer Nutzwertanalyse ausgewählt hat?[10] Wir müssen uns auf ein Langzeitexperiment einlassen. So wie bei der Erziehung der Kinder, bei der Wahl einer weiterführenden Schule nach der vierten Klasse oder bei der Entscheidung für einen Ausbildungs- oder Studienplatz. Es hört nicht auf.

## Letztlich ist unser Leben durch nie endende Episoden des Versuchens und Ausprobierens geprägt.

Wenn wir die Unsicherheit oder Ungewissheit[11] über den Ausgang einer jeden menschlichen Entscheidung in einem komplexen Umfeld als den Kern des Experimentierens ansehen, dann machen wir eigentlich nur einen Versuch nach dem anderen. Es bleibt immer die Frage nach der Kontingenz im Raum stehen: »Was wäre gewesen, wenn ich anders entschieden hätte?« Daran ändert sich auch nichts, wenn wir Wahrscheinlichkeiten zugrunde legen. Denn das Fatale ist: Je unstrukturierter das Problem ist, desto weniger kennen wir diese

Wahrscheinlichkeiten. Mit etwas Mut oder auch Fatalismus verlassen wir uns auf unsere Intuition und fahren sogar sehr gut damit.

In der Managementliteratur und in Sonntagsreden betonen wir längst das Ende der stabilen und eindeutigen Welt. Das Wissen um die Unmöglichkeit, Komplexität im wirtschaftlichen, sozialen und politischen Umfeld eindeutig und sicher zu handhaben, ist längst verbreitet.[12] Allerdings wird in der Organisationspraxis exakt von der gegenteiligen Annahme ausgegangen. So ist beispielsweise die Kommunikation nach innen und außen auf maximale Sicherheit ausgerichtet. Sehr selten nur nehmen sich Entscheider die plausible Empfehlung Dirk Baeckers zu Herzen. Intelligente Organisationen entscheiden nach seiner Auffassung nicht nur, sondern sie sind ebenso dazu bereit, die Ungewissheit jeder Entscheidung einzugestehen und diese stets auch zu kommunizieren.[13] Was heißt das jetzt? Management und Führung – die wir nicht gedanklich trennen wollen – müssen bewusst zu einem Anwalt der Unsicherheit werden. Bewusst deshalb, weil sie schon längst »Ambivalenzprofis« sind.

## Führung und Management bringen in gleichem Maße Ungewissheit in die Organisation, wie sie Sicherheit versprechen.

Sie stören eingefahrene Abläufe, verkünden neue operative und strategische Ziele, verändern die Ressourcenzuteilung oder setzen beispielsweise Projektteams neu zusammen. Dies alles sind Eingriffe, die die Sicherheit zerstören und Verwirrung stiften. Und dabei ist es egal, ob diese Handlungen auf einer gut begründeten Entscheidung fußen oder nicht. Interessanterweise werden diese Interventionen als logisch und objektiv geplant deklariert. Durch die Hintertür schleicht sich so das Argument der Sicherheit wieder hinein. Obwohl von Sicherheit keine Rede sein kann.

Die Einführung des Experiments kann hier helfen. Es hat die Unsicherheit sozusagen automatisch im Gepäck und lässt Management und Führung die eigene Rolle wahren. Es kann aber nicht scheitern, denn es ist darauf ausgelegt, aus Unerwartetem zu lernen. Und man lernt immer etwas. Experimente sollen das Management nicht zu fahrlässigem Herumprobieren animieren. Managementexperimente sind kein russisches Roulette. Sie gefährden nicht die Organisation als Ganzes.

## Das Experiment ist die sichere Einführung der Unsicherheit in die Organisation.

Es kennzeichnet eine Haltung und keine Methode. Experimentieren gelingt nicht nur dann, wenn man in der Position eines Bürgermeisters ist. Auch muss man dazu nicht den Mut haben, den das Team um Jaime Lerner hatte. Dinge ausprobieren und daraus lernen, das kann jeder bewusst in seinen Alltag einbauen.

Noch nie haben wir auf einem Firmenrundgang so vielen Menschen die Hände geschüttelt. Christoph Kraller, Chef der Südostbayernbahn – kurz SOB –, hat uns über das Firmengelände geführt. Er zeigt uns vom Fahrkartenschalter über die Prozesse von Reinigung, Wartung und Instandhaltung der Lokomotiven bis hin zur Leitstelle alles, was man in Mühldorf über die Bahn erfahren kann. Jungenträume werden wahr – wir dürfen in den Führerstand einer Diesellok und sind dann doch im nächsten Moment ernüchtert: Was für ein enger, nicht klimatisierter, lauter und sehr abgewohnter Arbeitsplatz – nicht vergleichbar mit dem Cockpit, das man aus dem ICE der neuesten Generation kennt.

Die Mitarbeitenden, denen wir auf unserem Rundgang begegnen, begrüßt der Chef mit Handschlag. Es wirkt alles angenehm unaufgeregt. Wer dem Chef etwas Dienstliches mitzuteilen hat, der sagt es ohne Umschweife. Wir gewinnen den Eindruck, dass Herr Kraller ein sehr »nahbarer« Vorgesetzter ist.

Dieser Eindruck verstärkt sich, als wir an einem runden Tisch in seinem Büro sitzen. »Ich mag Menschen, und darum habe ich gerne Kontakt mit ihnen. Deshalb ist mir auch ein höflicher Umgang wichtig. Dadurch können viele Probleme gelöst werden, bevor sie entstehen.« Er wirkt absolut authentisch, seine verschmitzt humorvolle Art und sein sympathisch-freches Lachen machen es dem rotblonden Bayern sicherlich leichter als anderen, auf Menschen zuzugehen. Im Gespräch merken wir dann gleich, dass er ernsthaft an sich und seinem Umfeld arbeitet. Er scheint der geborene Experimentator zu sein. So hat er vor einigen Jahren ein Frühstück beim Chef eingeführt. Mitarbeitende aus unterschiedlichen Bereichen wurden auf eine Tasse Kaffee eingeladen, um offen mit ihm über Probleme und Anliegen zu reden. Leider folgte zunächst niemand seiner Einladung. Konsequenz? Er geht jetzt zu den Mitarbeitenden und nennt diese Treffen »SOB vor Ort«. Raus aus dem Verwaltungsgebäude, rein in die Bereiche! Und das wird an den unterschiedlichen Standorten von den jeweiligen Abteilungen sehr gut angenommen.

Kraller arbeitet – seit er vor sieben Jahren Sprecher der Geschäftsleitung wurde – außerdem einmal im Jahr in jedem Bereich mit. In den ersten Jahren war es eine volle, heute ist es noch eine halbe Schicht, die etwa vier Stunden dauert. Er erklärt uns: »Da ist immer eine Pause drin, und in der höre ich natürlich am meisten. Und wissen Sie, auch hier musste ich einiges lernen. Zu Beginn habe ich einmal spontan im Kartenverkauf mitgearbeitet. Ich setzte mich einen Tag hinter die Dame am Schalter. Am nächsten Tag rief sie mich an und sagte, dass es der absolute Horror für sie war. Sie kam sich beaufsichtigt und kontrolliert vor. Daraus habe ich mitgenommen, dass es wichtig ist, den Mitarbeiterinnen und Mitarbeitern zu sagen, warum man etwas macht. Und es ist ebenso wichtig, dass der Chef wieder geht.«

Besonders beeindruckend war für uns, dass er mit seinem Führungsteam – noch bevor eine automatische Wagenreinigungshalle für über zwei Millionen Euro gebaut wurde – einmal jährlich Züge von Hand gereinigt hat. »Die Reiniger genießen leider kein hohes Ansehen. Sie machen aber einen extrem wichtigen Job. Wenn ein Zug nicht sauber ist, dann wirkt sich das schnell negativ auf die Zufriedenheit unserer Kunden aus. Sauberkeit ist neben Pünktlichkeit, Information und Freundlichkeit ganz entscheidend. Ich wollte zeigen, dass auch wir Führungskräfte uns nicht zu fein sind, eine Toilette zu reinigen. Wir merkten, was das für ein Knochenjob ist. Aber was noch viel wichtiger war: Durch dieses Experiment haben wir am eigenen Leib erfahren, unter welchen fast menschenunwürdigen Bedingungen sich die Reiniger umziehen mussten. Die hatten nur einen Gitterverschlag in der Ecke einer zugigen Werkhalle. Ich musste mich richtig schämen. Das haben wir sofort abgestellt und geeignete Umkleiden gebaut.« Wie Kraller uns weiter erzählt, spöttelten manche Kollegen, dass es wohl die teuerste Zugreinigung aller Zeiten gewesen sei. Er entgegnete nur, dass er sich das weiterhin leisten wolle und auch könne, da das Betriebsergebnis sowie die Kunden- und Mitarbeiterzufriedenheit überdurchschnittlich gut seien. »Denn nur wenn man etwas selbst mitgemacht und ausprobiert hat, kann man authentisch mitreden.«

Der SOB-Chef hält aber nicht nur den Kontakt zu seinen Mitarbeitenden. Gemeinsam mit dem technischen Geschäftsführer hat er mit der Initiative »SOB im Dialog« einen Versuch gestartet, der mit großem Erfolg alle Führungskräfte in Kontakt mit den Kunden brachte. So wird von jeder Führungskraft erwartet, dass sie einmal pro Jahr im Zug mitfährt und mit den Kunden spricht. Das ist eine Anforderung, die jede Führungskraft einhalten muss. Kraller selbst schließt sich hier nicht aus: »Ich gebe mich dann immer als Chef der SOB zu erkennen und frage den Kunden: ›Gibt es etwas, was Sie mir schon immer mal sagen wollten?‹ Und Sie glauben gar nicht, was man dann so alles erfährt und was der Fahrgast alles weiß – das sind Experten. Die meisten unserer Kunden sind Berufspendler. Die verbringen in zehn Arbeitsjahren fast ein Arbeitsjahr in unseren Zügen. Ein großes Problem, mit dem ich immer konfrontiert werde, ist die Klimatisierung der Wagen. Dem einen ist es zu kalt, dem anderen zu warm. Neulich hatte ich dann ein Gespräch mit einem Fahrgast, einem Klimatechniker. Als es in die Fachdiskussion mit ihm ging, musste ich leider sagen: ›Ich kann mit Ihnen darüber jetzt nicht weiter sprechen, ich kenne mich schlicht und einfach nicht so gut aus wie Sie.‹ Dann habe ich seine E-Mail-Adresse mitgenommen, und jetzt sind unsere Experten mit ihm im Austausch. Ich bin gespannt, ob wir Anregungen erhalten.«

Am Ende des Vormittags, den wir mit dem Geschäftsführer der Südostbayernbahn verbracht haben, verstehen wir, dass er es ernst meint – mit dem Plakat, das in seinem Büro über dem Besprechungstisch hängt: »Der Kunde ist unser Gast.« Kraller nahm und nimmt viele Anregungen aus seinen persönlichen Kundenkontakten mit, zum Beispiel die Empfehlung, auch im Regionalverkehr probeweise flexible Ruhezonen einzuführen. Oder es begleiten ihn Fachleute, die dem Kunden erklären, welche technischen Probleme die Klimatisierung der Abteile mit sich bringt. Er erfährt aber auch, dass Pendler ihren Urlaub nach den Bauvorhaben der Bahn richten, weil sie keine Lust haben, bei unterbrochenem Schienenverkehr auf den Bus umzusteigen.

Ohne die Experimentierfreude von Christoph Kraller wäre die SOB mit Sicherheit nicht vom bundesweit tätigen Fahrgastverband Pro Bahn mit dem Fahrgastpreis 2011 für die hohe Qualität und Fahrgastorientierung sowie den kontinuierlichen Ausbau und die Optimierung der Eisenbahninfrastruktur ausgezeichnet worden.

Sein Beispiel zeigt, wie man durch alltägliche Experimente die Organisationen lebenswerter und erfolgreicher machen kann. Seit Jahren suchen wir nach solchen oder ähnlichen Beispielen des Experimentierens. In unserem Buch *Musterbrecher: Führung neu leben*[14] haben wir Experimente mit großer Tragweite analysiert. Zum Beispiel das Orpheus Chamber Orchestra, ein dirigentenloses Orchester. Vor 40 Jahren wurde es von einem Cellisten gegründet. Zur damaligen Zeit hielt man es für unmöglich, dass ein Orchester eine Beethoven-Symphonie ohne Dirigent spielen könne. Einige Musiker haben es dennoch ausprobiert, mit großem Erfolg: Das Orpheus Chamber Orchestra wurde die Stammbesetzung der Carnegie Hall in New York und gewann den Grammy 2001. Doch entscheidender ist, dass man bewiesen hat, dass durch gemeinschaftliche Führung Leistung auf höchster Ebene entstehen kann.

Wir lernten beispielsweise mit Best Buy einen Elektronikkonzern kennen, der seit 2003 auf so gut wie alle Regelungen verzichtet und nur noch das erzielte Ergebnis jedes einzelnen Mitarbeitenden zur Referenzgröße macht. Ein Experiment, das aus der Mitte des Konzerns heraus entstanden ist. Und gezeigt hat, dass Mitarbeitende sehr wohl fähig sind, sich selbstverantwortlich zu organisieren, wenn die Rahmenbedingungen stimmen. Sie alle sind Beispiele dafür, dass Experimente an den Fundamenten der bisherigen Überzeugung von Organisation rütteln können – und das mit Erfolg.

**Wir selbst begleiten seit einigen Jahren Vorstandsbereiche, Abteilungen und Teams beim Experimentieren.**

Wir haben beispielsweise ein Einarbeitungsprogramm in der Automobilindustrie begleitet. Es dauerte ein Jahr und war nicht mehr nur auf den eigenen Arbeitsplatz fokussiert. Die Neuen durchliefen Stationen in allen Bereichen der Abteilung, über mehrere Standorte verteilt, mit jeweils eigenen Projekten. Die einzuarbeitenden Ingenieure wurden zwar erst viel später als üblich am eigentlichen Arbeitsplatz produktiv, vernetzten sich aber in bemerkenswerter Weise und arbeiteten in der Folge mit besonders ausgeprägter Selbstverantwortung.

In einem öffentlichen Unternehmen haben wir wiederum versuchsweise Projektrollen ausgeschrieben. Entgegen gegenteiliger Befürchtung meldeten sich viele Mitarbeitende, vor allem auch solche, mit deren Zuruf niemand gerechnet hätte.

In einem Begleitungsprozess entstand die Experimentieridee, dass Kollegen die Schulung anderer Kollegen übernehmen sollten. Die Anregung stieß auf unerwartet großes Interesse. Die Nachfrage nach wichtigen Ausbildungsthemen war ebenso groß wie die Anzahl der schulungswilligen Kollegen.

Bei all diesen Experimenten hatten Führungskräfte und Mitarbeiter ernsthaft begonnen, das auf den Prüfstand zu stellen, von dem sie glaubten, es müsse so sein, wie es immer war: U-Bahnen fahren unterirdisch. Mein Job ist wichtiger als der des Reinigungspersonals. Orchester spielen nur mit einem Dirigenten. Tägliche Teamtreffen ohne Agenda sind Zeitverlust. Mitarbeiter müssen möglichst schnell an ihrem Arbeitsplatz eingearbeitet werden. Kollegen sind nicht daran interessiert, von Kollegen zu lernen.

**Es kommt darauf an, die eigene Intuition auf den Prüfstand zu stellen: Denn unsere Intuition spricht über alles Mögliche mit uns.**

Wir haben, bezogen auf unsere eigenen Fähigkeiten, eine sehr starke Intuition, wie Wirtschaft funktioniert oder wie wir Lehrer bezahlen sollten. Aber solange wir nicht anfangen, diese Eingebung auf die Probe zu stellen, werden wir nie etwas besser machen. Wir benötigen das systematische Experiment.[15]

1. Musterbrecher spielen mit ihren alten Mustern und probieren neue aus.

2. Musterbrecher verzichten auf Perfektion. Sie experimentieren im Bewusstsein, dass es während des Prozesses andere geben wird, die die Qualitätsarbeit leisten.

3. Durch Experimente erzeugen Musterbrecher produktive Unsicherheit, die Organisationen zu vermeiden suchen.

4. Musterbrecher schütteln Hände. Sie haben keine Berührungsängste und sind offen für Erfahrungen jedweder Qualität.

Experimente werden in den nächsten Kapiteln immer wieder Anregungen und Inspirationen liefern. Denn das wesentliche Merkmal von Musterbrechern ist es, dass sie Experimente wagen – und nicht nur darüber reden wie die sogenannten Querdenker.

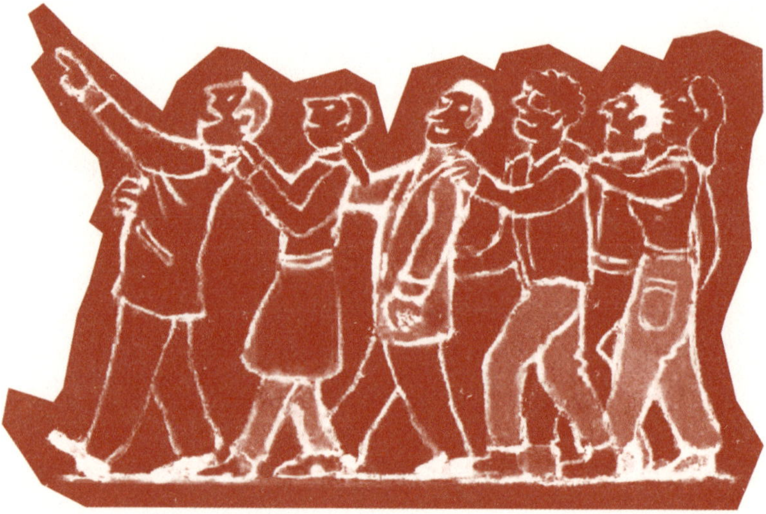

# 02

# Schwärmende Genies.
# Warum der Stille eine Bühne braucht

»Man kann die meisten Leute dazu bringen, öffentlich zu erklären, dass eins plus eins drei ergibt. Kein Problem. Es müssen ihnen nur genügend andere Leute dabei Gesellschaft leisten.«[16] Harald Martenstein, Kolumnist des *Zeit-Magazins*, bringt es auf den Punkt: Menschen tendieren dazu, anderen wie die Lemminge zu folgen.

Vielleicht war es Glück, vielleicht hatten wir auch nur für das richtige Thema die richtigen Referenten gefunden. Die Karten für unsere Konferenz »Lebendige Führung: Muster überwinden – Potenziale entfalten« waren bereits sechs Wochen vor der Veranstaltung ausverkauft. Als die Teilnehmer am Morgen des 25. November 2011 im Veranstaltungsraum des Technoparks Zürich eintrafen, sahen sie, dass auf der Großleinwand ein Computerspiel im Gange war. Es handelte sich um den Telespielklassiker aus den 1980er-Jahren: Pong, eine Art Tischtennisspiel. Einige Personen aus dem Veranstaltungsteam hatten sich schon im Raum verteilt und hielten kleine Kellen in die Luft, die aussahen wie Raclette-Pfännchen und auf der einen Seite silbern reflektierten, auf der anderen schwarz waren. In gewissen Abständen, nach einer zunächst nicht nachvollziehbaren Logik, drehten die Spieler die Kellen um 180 Grad. Wer neu hinzukam und die Szene beobachtete, merkte schnell, dass die Kellen wie Joysticks funktionierten, mit denen die Schläger – originalgetreu als simple Balken dargestellt – auf dem Bildschirm auf- und abwärts bewegt werden konnten. Wir beobachteten, dass die eintreffenden Gäste – zuerst nur zögerlich, dann immer rascher – ebenfalls Spielkellen in die Hand nahmen, die auf jedem Platz bereitlagen. Nach einigen Minuten hatte sich ein kleiner Schwarm gebildet, dessen Mitglieder sich die Spielregeln offensichtlich nur aus dem Beobachten anderer erschlossen hatten. Die Regeln waren einfach: 1. Die eine Mannschaft wurde von Teilnehmenden in der linken, die andere von denen in der rechten Raumhälfte gebildet. 2. Je nachdem, welche Seite der Kelle nach vorne in Richtung Infrarotempfänger gehalten wurde, bewegte sich der Schläger nach oben oder unten.

Heiner Koppermann ist einer der beiden Geschäftsführer von Swarm-Works, einer Firma, die Großgruppen mithilfe moderner Technologie für Live-Kommunikation vernetzt. Für ihn ist das Gelingen dieses Experiments keine Überraschung: »Wir erleben seit Jahren, dass diese Form der spontanen Herausbildung eines koordinierten Schwarmverhaltens funktioniert. Menschen beobachten andere Menschen, erschließen die Steuerungsregeln und agieren ohne äußere Einwirkung so, dass die Gruppe eine gemeinsame Handlung vollzieht.«

Nach dem spielerischen Einstieg wechselten im weiteren Verlauf der Konferenz Vortragsimpulse und Arbeitsphasen. Letztere bestanden zunächst aus Votings, die von jedem Einzelnen über vernetzte iPods abgegeben werden mussten. Die Ergebnisse der individuellen Abfragen wurden zu Durchschnittswerten verdichtet und dem Plenum sofort zur Diskussion gestellt.

Darüber hinaus wurde in Gruppen gearbeitet. Die 200 Teilnehmer waren auf 24 Tische verteilt, auf denen jeweils ein SwarmWorks-Desktop stand. Die Gruppen wurden nun aufgefordert, in einer Diskussion »Bremsklötze« zu benennen, die eine Kultur der Potenzialentfaltung in ihren Organisationen verhindern. Jede Gruppe tippte ihre Ergebnisse in das System ein. Schließlich wurden die Antworten aller Gruppen, für alle sichtbar, auf einem elektronischen Marktplatz abgebildet. Die Gruppen sollten nun alle Bremsklötze hinsichtlich ihrer Relevanz bewerten. Am Ende lag eine Liste vor, die folgende Hürden priorisierte: »Kurzfristdenken«, »Angst vor Kontroll- oder Machtverlust«, »fehlendes Vertrauen in die Mitarbeiter und Mitarbeiterinnen«.

Im letzten Drittel der Veranstaltung luden wir die Teilnehmer dazu ein, mutige Experimente zu erarbeiten, die zur Überwindung der Hürden beitragen könnten. Es kam eine Reihe von Vorschlägen zusammen, die durchaus interessante Aspekte enthielten, wie das Testen verschiedener Zielvereinbarungsmodelle und Bonussysteme, die Diskussion über Menschenbilder in der Organisation, das Abschalten der Hierarchie für einen Tag oder die Schaffung einer Dialogplattform für den Ideenaustausch. Nur sehr wenige Ideen aber waren wirklich mutig.

Die Nutzung der in Organisationen vorhandenen kollektiven Intelligenz schien uns lange Zeit ein viel zu wenig beachteter strategischer Wettbewerbsvorteil zu sein. In unterschiedlichen methodischen Settings versuchten wir in den letzten Jahren, die besondere Wirkung der »Klugheit der vielen« zu nutzen. Schließlich sprechen Untersuchungen über Schwarmintelligenz dafür, sich mit dieser besonderen Form der Herstellung von Wissen auseinanderzusetzen. Zudem waren und sind wir davon überzeugt, dass vom Kollektiv getroffene und mitgetragene Entscheidungen ein Schmiermittel für das Funktionieren moderner Organisation sind.

Mit der Technik der vernetzten Live-Kommunikation gelang es immer – sowohl bei der Konferenz in Zürich als auch in anderen Settings –, hilfreiche Stimmungsbilder und Priorisierungen von Themen zu erzeugen. In diesem Sinne entstanden effiziente Varianten demokratischer Abstimmungsprozesse. Auch war das Kollektiv in der Lage, heikle Themen und Schwachstellen auf den Punkt zu bringen. Somit überzeugte der Schwarmansatz durch die erreichte Analysequalität. Schwarmtechnologie ist folglich eine ernst zu nehmende Alternative zu den herkömmlichen Befragungsprozeduren, weil sie schneller – in Echtzeit – zu Ergebnissen führt, die dann wiederum kommentiert und diskutiert werden können.

**Als schwieriger erwies sich die Ideenentwicklung in den Gruppen, auch wenn die Aktivierung zum Dialog gelang.**

Denn wir stellten häufig fest, dass die Ideen selten besonders kraftvoll waren. Vielmehr reihten sie sich in das bestehende Muster, in die vorhandenen Theorien, Überzeugungen und Interpretationen der Organisation ein. Die Ergebnisse waren hundertfach vorgedachte Gedanken. Die Erwartungen an Originalität und Fantasie wurden nicht erfüllt, wenngleich durchaus einige interessante Ansätze entwickelt wurden.

Wir stellten uns viele Fragen: Warum sind wir gemeinsam häufig so unproduktiv, wo doch seit Jahrzehnten die Lehraktivitäten in Unternehmen, Schulen und Universitäten immer stärker am Teamgedanken ausgerichtet werden? Weshalb kann der Schwarm nur begrenzt als Vorbild dienen, wenn doch seit vielen Jahren unablässig seine Intelligenz beschworen wird?

Die amerikanische Juristin Susan Cain, Autorin des bemerkenswerten Buchs zur Rehabilitation der Stillen[17], liefert eine lakonische Antwort: »Manche Menschen wollen, dass wir eine Schwarmintelligenz entwickeln wie Ameisen. Wir sind allerdings keine Ameisen.« Mit dieser unzweifelhaft richtigen Feststellung können wir uns nicht zufriedengeben, sondern wollen den Dingen weiter auf den Grund gehen. Dies ist auch deshalb nötig, weil es einen Unterschied zwischen den relativ neu entdeckten Schwärmen und den länger bekannten Gruppenphänomenen gibt.[18]

Beginnen wir mit der Vorstellung vom Schwarm als einem größeren Kollektiv. Der Medienwissenschaftler Stefan Münker liefert eine Erklärung für unsere Beobachtung, dass ein Kollektiv dieser Größe nur eingeschränkt »starke« Ideen produziert. Seiner Einschätzung nach sind der Austausch von Argumenten und das Reflektieren über erste Lösungsansätze im gemeinsamen großen Rahmen wertvoll.[19]

**Damit wirklich neue, andersartige Lösungen entstehen können, wird im Kollektiv auch zwingend individuelle Intelligenz benötigt.**

In gleicher Weise äußert sich der schon erwähnte Praktiker Jaime Lerner: »Menschen im Kollektiv zu befragen, hat durchaus Sinn. Aber es braucht eine Idee oder eine Vision, an der man dann gemeinsam arbeiten, worüber man nachdenken kann. Einfach ein Kollektiv zusammenzurufen und zu sagen: ›Jetzt findet mal Ideen!‹, das gibt nichts Neues, meist entsteht sogar Chaos.«

Doch wieso wird in Kollektiven die Fantasie gehemmt? Hören wir nicht ständig von der Kreativität der Massen und der schwindenden Wertschätzung des im Stillen sinnierenden Genies? Wie kommt es, dass durch elektronische Vernetzung, wie es im Arabischen Frühling in beeindruckender Weise der Fall war, Revolutionen in Gang gesetzt und bestehende Systeme gestürzt werden – dass auf die Mobilisierung jedoch keine Neugestaltung erfolgt?

Der beobachtete Effekt könnte damit zu tun haben, dass soziale Einflüsse die Intelligenz eines Kollektivs negativ beeinflussen. Genau diese Störgrößen hat ein Forscherteam an der ETH Zürich experimentell unter die Lupe genommen.[20] In einem Versuch wurden Studenten gebeten, vier Fragen zu beantworten. Es ging um Fakten, von denen man eine gewisse Ahnung hatte, die aber nur selten exakt benannt werden konnten. So wurde etwa nach der Länge der Grenzlinie zwischen der Schweiz und Italien gefragt. Es gab insgesamt fünf Durchläufe, in denen die Fragen jeweils unverändert gestellt wurden. In einer ersten Gruppe erhielten die Studenten fortwährend die Mittelwerte der Ergebnisse mitgeteilt, in der zweiten zusätzlich die Einzelwerte ihrer Kollegen. Interessanterweise lag die erste Gruppe deutlich näher an den richtigen Ergebnissen als die zweite. Letztere produzierte von Runde zu Runde immer weniger Extremwerte. Die Interpretation der Forscher: Die zweite Gruppe unterlag wegen der zusätzlichen Kenntnis der Einzelwerte. »Es zeigte sich, dass die Antworten von 145 Befragten im Durchschnitt die besten waren, wenn keiner die Antworten der anderen kannte. Erfuhren die Probanden von den Schätzungen der anderen Studienteilnehmer, verschwanden die Extremwerte nach und nach. Die Schätzwerte kamen zwar einander näher, nicht jedoch dem tatsächlichen Wert.«[21]

**Die fast schon paradoxe Einsicht lautet: Man muss den sozialen Austausch in einem Kollektiv begrenzen, damit der Schwarm im positiven Sinne wirksam werden kann.**

Andernfalls wird die »Konsensmaschinerie« in Gang gesetzt. Wertvolle nonkonforme Einzeleinschätzungen unterliegen dem sozialen Druck. Die Kraft sozialer Einflüsse ebnet dabei nicht nur deutlich abweichende Meinungen ein, sondern führt sogar dazu, dass man nicht mehr zu »gewussten« Eigenschaften steht, wie das folgende Experiment zeigt:

»Kinder bekamen Bilderbücher und sollten sagen, was sie auf den Bildern sehen. Die Kinder dachten, dass sie alle das gleiche Buch in der Hand halten, sie konnten aber in die Bücher der anderen nicht hineinschauen. Eines der Kinder, nur eines, hatte ein anderes Buch bekommen. Auf einer Seite des Buches war ein Bild seiner Mama oder seines Papas zu sehen. Bei den anderen Kindern zeigte diese Seite ein Tier, vielleicht einen Goldhamster. In 18 von 24 Versuchen passten sich die Kinder, die es besser hätten wissen müssen, der Mehrheit an. Sie sahen ein Bild ihrer Mutter und sagten wie alle anderen: ›Ich sehe einen Goldhamster.‹«[22] Wie die Autoren der Studie feststellen, gelte das Ergebnis der hier mit Kindern durchgeführten Untersuchung im Wesentlichen auch für Erwachsene.[23]

Wenn man mit einem gewissen Abstand zur anfänglichen Euphorie von vor etwa zehn Jahren die Publikationen zur Schwarmintelligenz und deren Übertragbarkeit auf Organisationen betrachtet, zeigt sich heute doch deutlich die Begrenztheit dieses Konzepts. Die Pheromonstraße der Ameisen oder den Schwänzeltanz der Bienen gibt es deshalb, weil die Insekten dadurch Futter oder die optimale Lage für einen neuen Stock finden. Sie verfügen alle über denselben instinktgesteuerten Algorithmus, der ihr Überleben sichert – das einzelne Insekt jedoch ist dumm.

Gehen wir von der naheliegenden Annahme aus, dass menschliche Individuen klüger sind als Ameisen oder Bienen. Und nehmen wir ferner an, dass ein beträchtlicher Teil dieser klugen Menschen nicht zu den Verkäufertypen zählt, die Susan Cain kritisch als das extrovertierte Ideal der westlichen Welt beschrieben hat, dann müssten wir Wege finden, wie wir auch die Intelligenz der Stillen zum Tragen bringen können. Schließlich sind nach seriösen Schätzungen etwa 30 Prozent der Bevölkerung dem introvertierten Typ zuzurechnen.

Kurze Anmerkung: Solche Einstufungen sind natürlich problematisch, weil es keine Schwarz-Weiß-Zuordnungen gibt, aber gehen wir trotzdem von der groben Gültigkeit dieser Aussage aus, dann muss man feststellen: Es sind genau diese ruhigen Menschen, die sich weder in Open-Space-Formaten noch in Gruppendiskussionen wohlfühlen und eine offene Arbeitsumgebung in Großraumbüros als Belastung empfinden. Sie wollen Probleme für sich alleine durchdringen und nicht genötigt werden, ihre Ideen am Flipchart zu präsentieren und abschließend der Geschäftsleitung zu verkaufen.

**Ebenso wenig wie jeder »Stille« ein großer Geist ist, muss nicht jeder »Laute« automatisch nur ein Vermarkter in eigener Sache sein.**

Aber wenn man weiß, dass durch erzwungene Teamarbeit die Beteiligung introvertierter Menschen erschwert wird, muss einem auch bewusst sein, dass die stillen Genies ihre außergewöhnlichen Fähigkeiten und Ideen nicht zur Verfügung stellen werden. Vielleicht wäre ohne Steve Wozniak, den weniger bekannten Apple-Gründer, die Geschichte der Produkte mit dem Apfel ganz anders verlaufen. Von ihm sagt man, er habe – ganz im Gegensatz zu seinem Partner Steve Jobs – ein sehr zurückhaltendes Naturell gehabt.[24]

Da wir nun wissen, dass es solche Menschen gibt und – wie oben erläutert – ein Kollektiv ohnehin für die Entwicklung mutiger Ideen kaum geeignet ist, dann sind beispielsweise auch Methoden wie Brainstorming oder andere gruppenbasierte Ansätze skeptisch zu betrachten. Zumindest ist das Dogma »Alles muss im Team entwickelt werden« in Zweifel zu ziehen. Interessanterweise ist das Brainstorming, eine von einem Werbefachmann im Jahr 1939 entwickelte Methode zur Ideenentwicklung, bereits in den späten 1950er-Jahren wissenschaftlich untersucht und bezüglich des Neuigkeitsgehalts der hervorgebrachten Ideen kritisiert worden. Wolfgang Stroebe, Professor für Sozialpsychologie an den Universitäten Utrecht und Groningen, weist darauf hin, dass das Teilen von Ideen mit anderen regelrecht zu einer »kognitiven Verengung« führen könne. Begründung:

Man konzentriere sich auf diejenigen Kategorien, die man mit den anderen Gruppenmitgliedern gemeinsam habe.[25]

**Ungeachtet dieser und anderer Untersuchungen, die allesamt zu dem Schluss kamen, dass Kollektive nicht zu bahnbrechenden Ideen fähig sind, erfreut sich die Methode bis heute großer Beliebtheit.**

Unabhängig davon, ob wir von Schwärmen oder Gruppen sprechen, es geht immer auch um die Teilhabe an der Schaffung und Bewertung von (neuen) Realitäten – sprich um die Enthierarchisierung und Demokratisierung ursprünglich elitär geführter Diskurse. Damit wird automatisch die Machtfrage neu gestellt. Im Kern geht es, sowohl bei der altbekannten Gruppenarbeit in der Automobilindustrie als auch bei internetbasierten »Liquid Democracy«-Experimenten, stets um das Bemühen, viele Menschen an der Ausgestaltung von Strukturen und Prozessen teilhaben zu lassen. In der Politikwissenschaft spricht man dann von Deliberation. Demokratie ist, politisch betrachtet, ohne die Weisheit der vielen nicht zu denken.

Allerdings ist Vorsicht angebracht, wenn der »Strudel der Masse« dazu führt, dass ein demokratisches Grundprinzip angetastet wird: der Schutz von Minderheiten und die Toleranz gegenüber abweichenden Meinungen. Wenn paradoxerweise durch die Einbeziehung von Vielfalt genau diese zerstört wird und der Mainstream die Herrschaft übernimmt, kann von kollektiver Intelligenz nicht mehr die Rede sein. Die stets geforderte Innovationskraft ist dann gefährdet oder wird sogar verhindert.

**Wenn wir die Kraft der Zurückhaltenden nicht verlieren wollen, müssen wir genau deshalb Räume schaffen, in denen auch die von Einzelnen im Stillen entwickelten Ideen fruchtbar gemacht werden können – selbst wenn sie nicht der Logik der gewieften Selbstvermarktung entsprechen.**

Obwohl in der Schwabinger »Bar Giornale« am Nachbartisch ausgelassen Geburtstag gefeiert wird, behält Frank Roebers die Konzentration. Der Vorstandsvorsitzende der Synaxon AG hat sich trotz seiner 45 Jahre etwas Jungenhaftes bewahrt. Besonnen und mit klarer Diktion erzählt er uns von einem Werkzeug, das seit Januar 2012 seine Firma verändert. Es heißt Liquid Feedback (LQFB). Genau genommen geht es nicht um ein Werkzeug, sondern um Kulturarbeit, die mit einem durchdachten Instrument in Gang gesetzt wurde. Es geht um eine tatsächliche Demokratisierung von Entscheidungen, da Initiativen bei entsprechender Mehrheit auch dann umgesetzt werden, wenn der Vorstand dagegen ist. Bei Synaxon verfügt man bereits über Erfahrungen mit Experimenten, die auf breite Mitwirkung abzielen. So gibt es seit über fünf Jahren ein Synaxon-Wiki, das sämtliche Prozesse und Zuständigkeiten des Unternehmens enthält – kurz: das gesamte Firmenwissen. Jeder Mitarbeiter hat das Recht, Änderungen vorzunehmen, also beispielsweise den Einkaufsprozess neu zu strukturieren. Was wiederum auf der Basis eines Vorschlags geschieht, der dann umgesetzt wird oder nicht. »Seit der Einführung 2007 gab es über 500 000 Änderungen. Es war kein einziger Missbrauch dabei«, betont Roebers durchaus mit etwas Stolz.

»Vor ein paar Jahren haben meine Kollegen aus der Geschäftsleitung und ich mit viel Mühe ein neues Leitbild geschrieben. Während des Prozesses, über den wir die Mitarbeiter stets informierten, erhielten wir eine Rückmeldung, die erfreulich und ernüchternd zugleich war. 85 bis 90 Prozent der Kolleginnen und Kollegen fanden sich in dem Leitbild wieder, waren also der Meinung, dass geschriebener Text und reales Erleben irgendwie zusammengingen.« Es passt zu dem 45-jährigen Westfalen, dass er den zweiten Teil der Rückmeldung ungeschönt zum Ausdruck bringt: »Dummerweise mussten wir akzeptieren, dass zehn bis 15 Prozent der Mitarbeiter offenbar in einem ganz anderen Unternehmen arbeiten als der Rest. Die Kultur, die wir gerade so nett im Leitbild beschrieben hatten, existierte für diesen Teil der Belegschaft überhaupt nicht. In der Geschäftsleitung diskutierten wir daraufhin intensiv, wie wir mit dieser Erkenntnis umgehen sollten.«

An dieser Stelle des Gesprächs gehen wir insgeheim im Kopf unsere Kunden und Forschungspartner durch. Andere Unternehmen, so denken wir, kämen vermutlich gar nicht auf die Idee, über eine derartige Diagnose weiter nachzudenken. Wo sollte auch das Problem liegen, wenn man nur etwas mehr als ein Zehntel der Menschen verloren hat? Doch das Führungsteam der Synaxon AG, der inzwischen größten IT-Verbundgruppe Europas mit über 41,5 Millionen Euro Umsatz und 160 Mitarbeitern an zwei Standorten, wollte sich auch mit vergleichsweise geringen »Verlusten« nicht abfinden. Roebers und seine Kollegen stellten sich zwei entscheidende Fragen: Wie schaffen wir es, dass sich auch diejenigen Kollegen äußern und einbringen, die mit unserer Kultur unzufrieden sind? Und wie gelingt es, dass wir dieses »Outing« unter den Schutz der Anonymität stellen? Während Roebers dies erzählt, werden wir hellhörig. Wir denken uns im Stillen: »Wie ernsthaft kann man an einer Kultur arbeiten, wenn der Mut fehlt, Ross und Reiter zu benennen? Lohnt es sich, nach einem Werkzeug zu suchen, wenn die Menschen noch nicht einmal zu einem offenen und persönlichen Austausch in der Lage sind?« Wir verpacken unsere Vorbehalte gegenüber dem in der Online-Welt gängigen Modus der Anonymität in eine moderate Frage, die uns nicht als ewig-gestrig-analog erscheinen lässt. Frank Roebers antwortet knapp – und nachvollziehbar: »Es ist ein schöner Gedanke, dass man – wäre die Kultur ideal – gar kein Tool bräuchte. Aber es ist wohl ein bisschen viel verlangt, alle Konflikte offen auszutragen. Schließlich ist auch die beste Kultur nicht konfliktfrei.«

Der Prozess des Liquid Feedback, ein aus der Piratenpartei bekanntes Verfahren, beginnt mit einer Initiative zu einem beliebigen Thema. Wann immer ein Synaxon-Mitarbeiter ein Anliegen positionieren will, muss es im Liquid-Feedback-System beschrieben werden – ohne Nennung des Namens. Wichtig ist nun, Unterstützung für die Initiative einzuwerben. Denn damit eine Initiative überhaupt zur Abstimmung gelangen kann, muss sie von zehn Prozent derjenigen Kollegen, die sich für ein Themenfeld angemeldet haben, gefördert werden. »Diese Hürde haben wir ganz bewusst eingebaut, damit wir uns nicht in einer Riesenlandschaft von Initiativen verfangen und nichts anderes mehr tun, als zu diskutieren und abzustimmen«, so Frank Roebers. So sei kürzlich in einer Initiative ein Betriebskindergarten gefordert worden. Unter normalen Umständen, schließlich sei Work-Life-Balance ein aktuelles und wichtiges Thema, wäre man sofort in die Planung eingestiegen. Als sich aber zeigte, dass die Initiative nur von drei Kollegen unterstützt wurde, sei das nicht mehr nötig gewesen. Interessanterweise finden sich in den unterstützten Initiativen – seit Einführung des LQFB im Januar 2012 gibt es deren 70 – nicht nur einseitige Forderungen, sondern beispielsweise auch die Neufassung der Regel zur Beendigung von Arbeitsverträgen oder die Voraussetzungen der Beförderung von Führungskräften. Wenn eine Initiative die notwendige Unterstützung erhält, wird sie früher oder später zur Abstimmung gestellt. »Sie können sich vorstellen, dass es bei den Initiativen dicke und dünne Bretter gibt. Je nachdem, wie dick ein Brett, also wie anspruchsvoll ein Thema ist, geben wir kürzere oder längere Bedenk- und Diskussionszeit. Das hat sich bewährt«, sagt Roebers.

Für die Abstimmung gilt dann: Alle Initiativen mit einfacher Mehrheit werden umgesetzt. Da nach unserer Erfahrung das Wort »Umsetzung« in der Unternehmenspraxis auch dann verwendet wird, wenn sich gar nichts bewegt, muss dieser harmlos klingende Satz kommentiert werden. Der Vorstand mit den zahlreichen Pilotenlizenzen tut dies wie folgt: »Wir haben uns als Unternehmensleitung dazu verpflichtet, erfolgreiche Initiativen konsequent umzusetzen. Einige fand ich persönlich absolut sinnlos. Aber ich bin Bestandteil dieses Systems und würde beim LQFB nur dann von meinem Vetorecht Gebrauch machen, wenn Synaxon als Ganzes gefährdet wäre. Insofern schreite ich nur in Ausnahmefällen ein. Ich muss und will mit der Demokratie leben.«

Roebers berichtet auch von der nicht ganz einfachen Anfangszeit des LQFB. Zu Beginn sei das Instrument nur sehr schleppend angenommen worden. Schuld sei, so der Vorstand selbstkritisch, die intuitiv nicht ganz einfache Nutzerführung gewesen. Es spiele zudem eine Rolle, dass manche Menschen schlichtweg nicht gerne schrieben. Aber unter dem Strich sei nach etwas mehr als 15 Monaten eine positive Zwischenbilanz zu ziehen: »Keine unserer Befürchtungen war berechtigt. Weder werden wir mit irrsinnigen Initiativen geflutet noch gibt es Shitstorms oder ähnliche Entgleisungen. Die Menschen bei uns können gut damit umgehen. Sie machen das verantwortungsvoll. Und das Schönste ist, dass wir auch diejenigen erreichen, die nicht den Mut hätten, sich zu exponieren und aktiv für ein Anliegen zu werben. Von deren Power und Ideen hätten wir sonst nie gewusst!«

Wir fragen abschließend, ob sich durch das LQFB die Kommunikationskultur der Synaxon AG verändert habe. Schließlich müsste das Prinzip der anonym eingebrachten Initiativen auch den Umgang miteinander beeinflussen, so unsere Vermutung. Frank Roebers tut uns unwissentlich einen kleinen Gefallen, als er antwortet, dass die klassischen Gespräche von Angesicht zu Angesicht keineswegs abgeschafft seien. Denn natürlich würden sich Diskussionen über Initiativen auch in die reale Welt verlagern – ganz ohne Pseudonym.

Wir atmen auf. Die analoge Welt hat also doch noch, wenn auch nur teilweise überlebt. Zumindest darf man bei der Synaxon AG beides: namenlos und im Stillen eine Initiative aushecken und diese durch Klugheit und Überzeugungskraft zum Leben erwecken – oder vehement und mit offenem Visier eine Initiative promoten, die man für wichtig hält. So kann man lernen, was intelligente Unternehmensdemokratie heißt.

Ziehen wir ein Zwischenfazit: Was bedeuten die gewonnenen Erkenntnisse für die zeitgemäße Ausgestaltung der Führungsaufgabe? Sie wird zweifellos schwieriger. Ist mit ihr doch die Notwendigkeit verbunden, unterschiedlichsten Persönlichkeiten den Arbeitsstil zuzubilligen, der ihnen angemessen ist. Dies klingt zunächst trivial, weil vermutlich jede Führungskraft für sich in Anspruch nimmt, diesem Individualitätserfordernis Rechnung zu tragen. Doch die Realität sieht anders aus:

**Team- und Gruppenarbeit sind zum Dogma geworden, und wer sich als Mitarbeiter darauf nicht einlassen kann, macht sich mangelnder sozialer Kompetenz verdächtig.**

Insofern ist Führung aufgefordert, die Nebenwirkungen moderner Gruppensettings im Auge zu haben und Mischformen zur Entwicklung und Diskussion von Ideen anzubieten. Konkret könnte dies heißen, dass die Teilnahme an Brainstormings und ähnlichen Formaten ausschließlich auf freiwilliger Basis erfolgt. Zusätzlich müsste sich eine Haltung des Verstehen-Wollens herausbilden, aus der heraus die ruhigen Außenseiter nicht als kauzige Einzelgänger abgestempelt werden. Man müsste nicht mehr in den Kampf um Aufmerksamkeit ziehen, sondern würde von Führungskräften und Kollegen zu einer Diskussion im kleinen Kreis abgeholt werden.

Schließlich sollten wir von der Prämisse abrücken, dass jede Führungskraft extrovertiert sein muss, weil sie schließlich nach vorne gehen und für die Motivation der Mannschaft sorgen soll. Es ist davon auszugehen, dass auch bei den Führungskräften etwa ein Drittel zu den Introvertierten zählt. Viele dürften sich im Laufe ihrer Karriere mit dem geforderten Rollenbild schwergetan haben. Die meisten werden sich damit arrangiert und die Rolle aus Professionalitätserfordernissen erlernt haben, so gut es eben ging. Interessanterweise berichten viele stille Manager von der Überwindung, die ihnen eine Präsentation im größeren Rahmen auch nach vielen Jahren der Führungserfahrung abverlangt. Werden solche Chefs von ihren Mitarbeitern weniger geschätzt oder haben sie gar am Ende weniger Erfolg? Eher nicht. Sie führen einfach anders. Und es dürfte sich lohnen, wenn sie über die Nebenwirkungen reflektieren, die ihr eigener – eigentlicher oder eingeübter – Führungsstil mit sich bringt.

»Wenn Sie mich das letzte Mal vor sieben Jahren erlebt und heute erst wiedergetroffen hätten, würden Sie mich nicht wiedererkennen. Ich war damals ein Patriarch wie aus dem Bilderbuch, extrovertiert, laut, anstrengend. Alles war auf mich ausgerichtet. Ich wollte jeden meiner Handwerker persönlich führen.« Der Mann, der hier auf die letzten zehn Jahre seiner persönlichen Entwicklung zurückblickt, heißt Wolfgang Germerott. Er ist Stuckateurmeister und Diplom-Ingenieur. Seit 30 Jahren führt er ein Innenausbauunternehmen mit Sitz in Gehrden bei Hannover. Eine private Krisensituation habe ihn 2006 zum Nachdenken gebracht. Er sei besorgt gewesen, dass viele seiner 60 Mitarbeiter offensichtlich keine rechte Lust mehr auf ihre Arbeit gehabt hätten. »Ich bin sicherlich viel zu präsent gewesen, habe in der Firma vermutlich viel zu viel Raum besetzt«, so der heute 70-Jährige.

Seit sieben Jahren arbeitet Wolfgang Germerott konsequent an sich und seiner Führungsrolle. Begleitet durch einen erfahrenen Coach lernte er, sich zurückzunehmen und Macht abzugeben. »Es ist mir zu Beginn schwergefallen, aber ich spürte, dass ich im Laufe der Zeit zu der harmonischen Grundstruktur zurückfand, die ich eigentlich habe. Die klassische Rolle des hart durchgreifenden Patriarchen entspricht nämlich gar nicht meiner Persönlichkeitsstruktur. Aus irgendeinem Grund meinte ich früher wohl, diese Rolle einnehmen zu müssen.« Germerott ist davon überzeugt, den richtigen Weg eingeschlagen zu haben. Er kontrolliere seine Mitarbeiter inzwischen überhaupt nicht mehr, beschäftige sich im Wesentlichen mit der Arbeit an den Unternehmenswerten, die sich stark an alten Handwerkertugenden orientierten. »Früher habe ich meine Mitarbeiter förmlich mundtot gemacht. Und der Profit, den ich damals aus dem Unternehmen herausgeprügelt habe, kommt jetzt ganz von selbst.« Ein ganz Stiller ist Wolfgang Germerott freilich nicht geworden. Aber man spürt, dass er in den letzten sieben Jahren daran gearbeitet hat, seine Lautstärke abzusenken, damit seine Mitarbeiter nicht mehr flüstern müssen.

Mit der gegenteiligen Ausgangssituation hätte eine ebenfalls interessante Geschichte geschrieben werden können. Wäre Wolfgang Germerott ein Stiller gewesen, hätte er vor sieben Jahren eventuell über Effekte eines zu passiven Führungsstils nachgedacht. Dann hätte er sich vielleicht gefragt, ob es angesagt wäre, in der einen oder anderen Situation die Lautstärke zu erhöhen. Und möglicherweise hätte er für sich herausgefunden, dass diese Erfahrung reizvoll ist und die Firma voranbringt – oder er hätte gespürt, dass die Rolle des Ruhigen genau die Erfolg versprechende ist. Wie auch immer:

**In allen Fällen geht es darum, das jeweils unterschiedliche Naturell von Menschen zunächst einmal anzunehmen.**

Es ist aber immer einen Versuch wert, auf die andere Seite zu gehen und dort Erfahrungen zu sammeln.

1. Musterbrecher nutzen die Analyse- und Bewertungskraft von Kollektiven. Sie haben eine genaue Vorstellung von den Möglichkeiten und Grenzen des Schwarms.

2. Musterbrecher zerren stille Genies nicht ins Rampenlicht. Sie drängen die Lauten aber auch nicht in den Schatten.

3. Musterbrecher involvieren nicht pro forma. Wenn sie sich dazu entschließen, das Kollektiv mitbestimmen zu lassen, dann ohne Netz und doppelten Boden.

4. Musterbrecher reflektieren die Nebenwirkungen ihrer Position auf der von Idealzuständen befreiten »Laut-leise-Skala«.

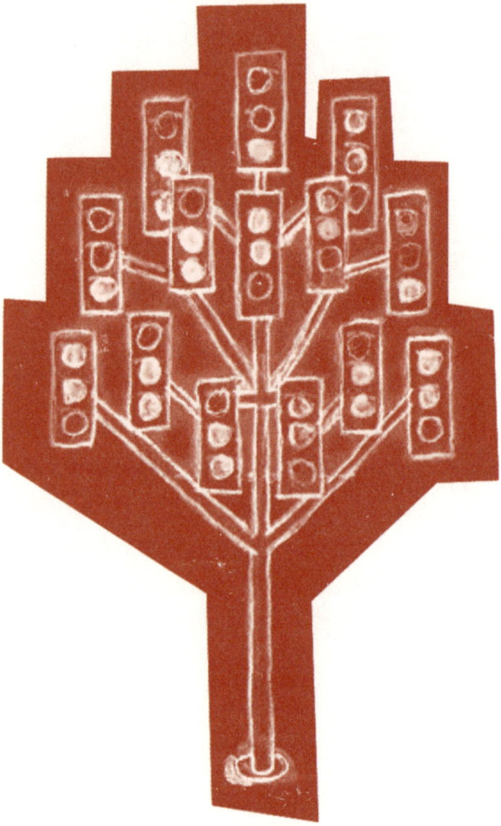

# 03

# Ungehindert neu.
# Warum Organisationen nicht innovativ sind

Während eines Elternstammtisches – wir überengagierte Eltern treffen uns alle zwei Monate, mal im Sportlerheim, mal im China-Restaurant – echauffieren wir uns wahlweise über die Unfähigkeit der Schule oder das gesamte bayerische Schulsystem. Nebenbei werden wir vom Elternsprecher auf den neuesten Stand gebracht. Dieses Mal benötigt der Förderverein Geld. Ein engagierter Jugendsozialarbeiter will den Schulhof neu gestalten – und das kostet. Klasse Sache, denke ich mir, doch dann erfahre ich den Hintergrund. In der (viel zu kurzen) großen Pause werden manche Kinder von anderen öfters angerempelt, dabei fällt das Pausenbrot schon mal herunter. Jetzt wurde festgestellt, dass einige Kinder in der Pause spielen, die anderen wild herumrennen und die übrigen einfach in Ruhe essen wollen.

Ich frage in die Runde, ob das nicht immer schon so war. Ja natürlich, bestätigen alle. Und die Kinder haben sich organisiert. Es gab Konflikte und Diskussionen, die Größeren haben auf die Kleineren Druck ausgeübt, und ab und zu musste auch die Pausenaufsicht einschreiten. Dennoch entstand eine Ordnung nach irgendwelchen – meist unbewussten – Entscheidungen und Abläufen. Aber genau darauf will der Jugendsozialarbeiter nicht mehr setzen. Er will ein formales System aufbauen und den Schulhof in drei Zonen einteilen: einen Spiel-, einen Bewegungs- und einen Ruhebereich. Vermutlich wäre dann alles organisiert. Und die Pausenaufsicht hätte ein klares und eindeutiges Instrumentarium an der Hand, um im Fall der »nichtzonengerechten Nutzung« angemessen zu verfahren. Und das Beste: Diese Organisation hat man sich ohne den aufwendigen Prozess der Schülerbeteiligung ausgedacht – so ganz nach rationaler Erwachsenenlogik.

Zwei Organisationsphänomene werden sichtbar. Das eine ist die sich selbst organisierende Interaktion zwischen Menschen, die auf dem »unorganisierten« Schulhof entsteht, spontan und irgendwie. Eine Organisation, die es schon immer gab. Das zweite kennen wir erst seit relativ kurzer Zeit. Der Begriff »Organisation« leitet sich vom griechischen »organon« her, das so viel bedeutet wie »Werkzeug«, »Instrument« oder »Organ«.[26] Primär bezog man es auf biologische Prozesse, die dann auch auf den Staat als Körper übertragen wurden. Erst im 19. Jahrhundert, einhergehend mit der Industrialisierung, wurde Organisation im heutigen Sinne verstanden. Und genau dieser strukturgebende Rahmen beschäftigt uns im Folgenden.

»Die Allgegenwart von Organisationen ist nicht der ... Hauptgrund für ihre Bedeutung. ... Vom Standpunkt des Sozialpsychologen aus interessieren wir uns für die Einflüsse, die aus seiner Umwelt auf das Individuum einwirken, und wie es auf diese Einflüsse reagiert. Für die meisten Menschen repräsentieren formale Organisationen einen Großteil ihrer Umwelt.«[27] Was die beiden »Urgesteine« der Organisationsforschung, James G. March und der Nobelpreisträger Herbert A. Simon, hier beschreiben, könnte mit anderen Worten so lauten: Der moderne Mensch – zumindest der industriell geprägte – wird bewusst oder unbewusst ständig mit Organisationen konfrontiert. Wir arbeiten, lernen und bilden uns in Organisationen. Ohne Organisationen, die unsere tägliche Versorgung sicherstellen, würden wir vermutlich nur sehr kurze Zeit überleben. Und selbst wenn wir in die Natur gehen oder unsere Freizeit gestalten – in Fitnessstudios, Vereinen, Vergnügungsparks oder Kulturzentren –, alles ist organisiert! Nach und nach mischen sich Organisationen in Spiel, Freundschaft und sogar in Liebe ein. In virtuellen Formen der Kommunikation bestimmen Organisationen wie die Playhouse Group, Facebook oder FriendScout24, wie Menschen nach welchen Regeln zusammenfinden.

## Noch nie war das Leben so »organisiert« wie heute.

Organisationen sind die prägendsten Systeme der Neuzeit, zumindest seit dem Beginn der Industrialisierung.[28] Sie müssen einer Reihe von Aufgaben gerecht werden, bieten beispielsweise einen Arbeitsplatz, sind ein Stück Lebenswelt, oft aber auch Orte der Angst.[29] Sie sollen Handlungen koordinieren, um Stabilität und Routine zu erzeugen.[30] Sie sind ein nicht homogener, vielfältiger und von unterschiedlicher Viskosität geprägter Fluss von Materialien, Leuten, Geld, Zeit, Lösungen, Problemen und Entscheidungen.[31] Menschen treten ihre Ressourcen an die Organisation ab und erwarten von dieser deren Koordination.[32] Organisation ist somit mehr als nur Institution und Prozess. Sie ist »... die Maschine, die umsetzt ...«[33]. Organisationen vernetzen sich weltweit und zeigen eine Eigendynamik, mit der sie die Funktionssysteme der Gesellschaft durchsetzen.[34]

## Eines muss uns klar sein: Ohne Organisation wäre heute vieles nicht möglich, was zu einer Selbstverständlichkeit geworden ist.

Sie bringt uns zweifelsohne viel Fortschritt und erleichtert das Leben. Ihre Bedeutung erkennen wir oft erst dann, wenn sie nicht funktioniert. Allerdings muss uns in unserer durchorganisierten Welt auch bewusst sein, dass Organisation einiges, vieles, manchmal auch Entscheidendes verhindern kann.

Wir machen anlässlich der Vorbereitung eines Strategie-Workshops einen Firmenrundgang. In dem Werk werden Strukturen und Komponenten für den zivilen und militärischen Flugzeugbau gefertigt. Stolz zeigt man uns eine Halle, in der mit Verbundwerkstoffen Druckkalotten und Frachttore gefertigt werden. Nur wenige Hersteller sind in der Lage, mit dieser Technik wichtige Bauteile zu produzieren. Dass man hier diese Herstellungsmethode beherrscht, ist keine Selbstverständlichkeit. Durch die Verarbeitung von Verbundwerkstoffen können erhebliche Gewichtseinsparungen erzielt werden. Doch eigentlich hätte diese Kompetenz im Werk nicht vorhanden sein dürfen. Aufgrund der strategischen Ausrichtung von vor einigen Jahren – das Werk gehörte noch zu einem anderen Konzern – gab es die Weisung von ganz oben, sich nicht mit der CFK-Leichtbauweise (Kohlenstofffaserverbundstoffe) zu befassen. Wenn Innovation, dann sollte diese nicht an einem Produktionsstandort entstehen, sondern in den dafür vorgesehenen Abteilungen.

Einige mutige Ingenieure vor Ort widersetzten sich und taten das Verbotene. Sie und die Werksleitung sahen es als überlebenswichtig für die Firma und den Standort an, in Zukunft mehr als nur Aluminium und Titan im Flugzeugbau zu verarbeiten. Das Heikle daran: Von diesem Versuch durften die Manager des Mutterkonzerns lange Zeit nichts wissen. Es wurde deshalb viel Energie in die Geheimhaltung gesteckt. Keine leichte Aufgabe, da der Platz am Standort sehr begrenzt war. Und so mussten Besuchergruppen geschickt um die »verbotene« Halle herumgeführt, Ausreden gefunden werden. Erst viel später, als man das innovative Produktionsverfahren beherrschte und sich zutraute, an diversen Ausschreibungen teilzunehmen, wurde das neue Können im Konzern publik gemacht.

Heute ist man sehr stolz darauf, dass unterschiedlichste Flugzeugstrukturen aus CFK im Werk gefertigt werden können. Gerade diese Technologie präsentiert die Konzernleitung gerne bei Politikerbesuchen. Ohne Zweifel ist für das Unternehmen daraus ein echter Wettbewerbsvorteil entstanden.

Vor etwa 100 Jahren übertrug Joseph Schumpeter, der bekannte österreichische Ökonom, den lateinischen Begriff »innovare« auf den wirtschaftlichen Kontext. Er meinte damit die Erneuerung durch »kreative Zerstörung«. Zum damaligen Zeitpunkt wurde darunter das Hervorbringen neuer Kombinationen von Produktionsfaktoren verstanden.[35] Im Fokus standen zunächst die Prozess- und nicht die Produktinnovationen.

Organisation ist aber alles andere als ein System, das für kreative Zerstörung und nachfolgende umfassende Erneuerung sorgt. Im Gegenteil: Verlässlichkeit und Wiederholbarkeit sind das Entscheidende der Organisation.[36] In ihr wird Rationalität angestrebt. Sie will maximale Sicherheit vermitteln und kann deshalb die mit Innovation zwingend verbundene Unsicherheit nicht ernsthaft zulassen.

**Organisation muss sich immer wieder dafür rechtfertigen, dass etwas getan wird oder eben nicht.**

*Wir treffen Ulf Pillkahn, Key Expert für Strategy, Innovation und Foresight der Siemens AG, zu einem Interview an der Universität in Neubiberg.*

*Musterbrecher:* In einem Artikel haben Sie Innovationsmanagement als Widerspruch in sich bezeichnet. Warum finden wir diese Funktion dennoch in so vielen Organisationen?

*Pillkahn:* Bei Innovation reden wir oftmals von dem »fuzzy front end«. Das heißt: Innovationen sind vielschichtig, komplex, kompliziert, diffus. Es treten Fragestellungen auf, die nicht so einfach zu entscheiden sind. In diesem Zusammenhang spreche ich im Austausch mit Managern gerne von »Fischstäbcheninnovationen«: Wir haben eine unendliche Vielfalt an essbarem Fisch. Meist mögen Kinder aber nur Fischstäbchen. Die sind immer gleich groß und schmecken immer gleich. Wenn da so ein Berg Fisch liegt, dann ist das eklig. Der Vergleich geht in die Richtung meiner Beobachtungen der letzten Jahre. Auch Management liebt im übertragenen Sinne Fischstäbchen. Anstatt zu versuchen, Innovation zu verstehen, ist man bemüht, die Instrumente des Innovationsmanagements zu schärfen, Innovation in »panierte Kästchenform« zu bringen.

*Musterbrecher:* Können Sie das an einem Beispiel verdeutlichen?

*Pillkahn:* Nehmen wir den meines Erachtens innovativsten Bereich bei Siemens. Das ist der Bereich Healthcare. Wenn wir dort nach dem Innovationsprozess fragen, teilt man uns mit, dass man natürlich einen solchen habe. Schauen wir uns allerdings die tatsächlichen Innovationen genauer an, stellen wir fest: Null Prozent der Innovationen kommen aus diesem Prozess. Alles Neue ist komplett am Innovationsprozess vorbei entstanden.

*Musterbrecher:* Das hieße ja, dass man nicht wegen, sondern trotz dieses Prozesses innovativ ist?

*Pillkahn:* Ja, man könnte auch sagen, er stört nicht. Die Schlussfolgerung der Manager ist aber nicht, den Innovationsprozess infrage zu stellen. Vielmehr durchleuchtet man ihn auf Fehler hin und möchte ihn optimieren. Das Management ist einerseits über die Innovationskraft erfreut, jedoch auch gleichzeitig nervös, denn dass da irgendwelche Physiker oder Mediziner irgendwas ausprobieren, das geht nicht. Es fehlt die Steuergröße. Solange es trotzdem wie bei Healthcare funktioniert, ist das ja auch nicht weiter schlimm. Problematisch wird es bei nicht so innovativen Bereichen. Die haben ein richtiges Problem.

*Musterbrecher:* Man könnte zu dem Schluss kommen, dass der Prozess noch nicht richtig läuft. Kann er sogar Innovation verhindern?

*Pillkahn:* Ja, das habe ich in meiner Forschung auch herausgearbeitet. Die wirklich großen, radikalen Innovationen werden ausgesiebt. Der Prozess ist die Verhinderung radikaler Neuerungen. Für eine Innovation benötigt man erst einmal eine Vision und eine gewisse Besessenheit. Auch wenn ich das Beispiel Apple gar nicht mag, so ist es doch sehr interessant. Ich bin mir sicher, dass es keinen Innovationsprozess bei Apple gibt, in dem man sich in großen Meetings zusammensetzt und einen Prozess abarbeitet. Das ist für mich undenkbar. Geht nicht! Steve Jobs war besessen von einer Idee und trieb sie durch die Organisation. Er hatte inhaltlich verstanden, worum es geht, und er hatte Vision und Power. Seit es die Biografie von Steve Jobs gibt, haben ihn ja viele Manager als Vorbild. Prinzipiell ja sehr lobenswert, aber ich beobachte auch, dass die fehlende Genialität einfach nur durch Cholerik ausgeglichen wird. Das ist zu wenig!

Jetzt stellen Sie sich eine andere Organisation vor, in der an der gleichen Stelle ein Verwaltungsbürokrat mit riesigen Budgets sitzt. Und er sagt, damit wolle er etwas Neues machen, etwas Tolles. Das Problem: Er hat – anders als Steve Jobs – keine eigene Idee und häufig nicht einmal einen Bezug zum Thema. Und dennoch muss er sich entscheiden, ob es sich lohnt, Geld für irgendeine innovative Idee zur Verfügung zu stellen. Dieser Prozess muss effizient sein, denn als guter Manager möchte man ja keine Flops produzieren. Damit klammert man aber auch alles aus, was Innovation auszeichnet: Ungewissheit, Ergebnisoffenheit und auch die ganz großen Ideen.

Siemens hatte zum Beispiel knapp zehn Jahre vor dem iPad von Apple das SIMpad entwickelt. Für damalige Verhältnisse war es sehr innovativ und ausgereift: ein Touchscreen, noch mit Stift zu bedienen. Der 200-MHz-Prozessor war so ausgelegt, dass Office-Anwendungen liefen. Infrarot- und serielle Schnittstellen waren vorhanden. Und doch wurde die Produktion nach zwei bis drei Jahren eingestellt. Heute verdient Apple mit dem iPad pro Quartal so viel wie Siemens mit der ganzen Sparte Healthcare im Jahr. Damals fehlte ein Manager, der von diesem SIMpad begeistert war. Dem Produkt wurde das notwendige Budget verweigert, um es wirklich groß rauszubringen.

*Musterbrecher:* Was wäre die Alternative für den Manager gewesen?

*Pillkahn:* Er hätte sein Budget an seine Mitarbeiter geben und sagen können: »Ich vertraue euch, dass ihr etwas Neues damit macht!« Aber das passierte leider nicht.

*Musterbrecher:* Eigentlich beschreiben Sie das, was Google mit seinen 20 Prozent Kreativzeit macht. Wo Entwickler ein Zeitbudget bekommen und einfach etwas daraus machen können. Dabei ist sehr viel Neues entstanden. Warum gewähren so wenige Unternehmen Kreativzeiten?

*Pillkahn:* Es scheitert am Anspruch der Manager, alles im Griff zu haben. Macht haben bedeutet Verantwortung haben. Und man muss Macht abgeben, wenn man Budgets zur freien Verfügung stellt.

*Musterbrecher:* Warum fehlt der Mut, diese Macht abzugeben?

57

*Pillkahn:* Das wiederum hängt mit dem Effizienzdenken in Unternehmen zusammen. Organisationen sind in Bezug auf Wissensschöpfung völlig blank. Der gesamte Unternehmenserfolg baut auf der Wertschöpfung auf. Wissen – so glaubt man – entsteht nebenbei. Bei einer bahnbrechenden Idee bekommt man als Anerkennung vielleicht ein iPad geschenkt – absolut lächerlich. Wenn man andererseits die finanziellen Zielvorgaben erfüllt, dann sind die Incentivierungen in einer ganz anderen Dimension. Wissensschöpfung wird nicht wirklich belohnt. Es gibt bei uns im Haus aber auch Beispiele von Leuten, die Ideen mutig durchgesetzt haben. Dieser Prozess kann allerdings sehr anstrengend sein.

*Musterbrecher:* Was tun Sie als Key Expert für Innovation, der das alles weiß? Suchen Sie sich Bereiche, die Sie gezielt unterstützen können?

*Pillkahn:* Eigentlich im Gegenteil. Zuerst einmal muss man sich von der Idee verabschieden, andere beglücken zu können. Das geht nicht. Wir arbeiten nur mit jenen zusammen, die unsere Unterstützung wollen.

*Musterbrecher:* Angenommen, man sucht Ihre Hilfe. Müssen Sie sich dann an den Prozess halten?

*Pillkahn:* Wir machen da nicht mit. Im Moment versuchen wir, Ideen schnell in die Organisation zu tragen und ohne lange Planung umzusetzen. Prototypen bauen. Ausprobieren. Das nennt man auch »Design Thinking«.

**Organisationen erzeugen keine Innovationen, sondern sorgen durch »Fischstäbchendenken« für Effizienz.**

Darum wird alles ignoriert, was diese Logik bedroht: das wirklich Neue, die faktische Unklarheit, das mutige Ausprobieren, das unkontrollierte Zulassen. Doch genau diese Bedrohungen sind es, die Innovation überhaupt ausmachen.

Organisation klassischer Prägung verhindert also fatalerweise genau das, was sie für ihre Zukunftsfähigkeit benötigt – nämlich Innovation. Dennoch ist nicht zu leugnen, dass im Kontext von Organisationen tagtäglich Innovation entsteht. Doch ein Großteil dieser wirklichen Neuerungen kommt aus fremden Branchen, unorganisierten Garagenfirmen, von Individuen – und oft entstehen diese einfach durch Zufall.

Eddie Obeng, Gründer einer der ersten virtuellen Business Schools weltweit, bemängelt, dass geregelte Abläufe mit klaren Unterstellungs- und Entscheidungsstrukturen keine Zufälle mehr zuließen. Statt sich das Überraschende zu »gönnen«, investiere man jahrelang sehr viel Energie in Voraussagen, die im Moment der Veröffentlichung bereits veraltet seien.[37] Ulf Pillkahn geht noch ein Stück weiter. Er will das Zufällige wieder aktivieren und schlägt vor, Innovationen per Losverfahren voranzutreiben. Man spart sich damit das sinnlose Prozedere der Chancenabschätzung nach klassischer Projektlogik, die ein klares Ergebnis suggeriert.[38] Kein Entscheider, kein Umsetzer und keine Ideengeberin müssen sich diesbezüglich für die Arbeit an einem neuen Thema, für die eingesetzte Zeit oder für das Scheitern rechtfertigen. Denn alleine der Zufall entscheidet darüber, was weiterverfolgt wird.

Einen anderen rechtfertigungsfreien Raum schaffen sich die Menschen selbst, wenn sie sich außerhalb des Unternehmens – oft in der Freizeit – vernetzen und mithilfe virtueller Formen der Zusammenarbeit an der kreativen Lösung schwieriger Probleme tüfteln. InnoCentive[39] ist eine solche Plattform, auf der Organisationen Probleme platzieren können, die andere dann für sie lösen.[40]

**Innovationsmanager können mit ihren Systemen und Methoden nicht das leisten, was sie leisten wollen: nämlich das Neue hervorbringen.**

Das muss noch nicht einmal von Nachteil sein. Denn sie verhindern beispielsweise, dass absurde und sinnlose Ideen umgesetzt werden. Die Menschheit hat nicht auf jede Produktinnovation, jedes neue

Werbekonzept oder jeden zusätzlichen Service gewartet. Das Neue ist nicht immer gut, nur weil es neu ist. Unter diesem Aspekt erhält Innovationsmanagement dann eine Rolle, die ihm im Drehbuch nie zugedacht war – die Rolle des Ideen-Nichtverwerters.

Vor diesem Hintergrund machen Menschen in Organisationen zwangsläufig widersprüchliche Erfahrungen. Einerseits werden sie mit noch ausgefeilteren Methoden in Richtung Ideenverhinderung, Sicherheit und Stabilität gebürstet. Und andererseits müssen sie permanent Appelle à la »Seid innovativ!«, »Verändert euch!« oder »Denkt out of the box!« ertragen. Eine paradoxe Situation. Man könnte resignieren. Man könnte aber auch die Rolle der Führung überdenken.

## Organisationen entstehen, weil Menschen mit praktischen Paradoxien umgehen müssen.

Schauen wir noch genauer hin: Eine praktische Paradoxie entsteht dadurch, dass ein Einzelner vor der Wahl steht, entweder etwas zu produzieren oder etwas zu liefern. Beides zusammen zur selben Zeit ist nahezu unmöglich. Der Einzelne löst dieses Problem durch die Trennung von Raum und Zeit. Indem er zuerst produziert und dann liefert. Wenn die Raum-Zeit-Trennung durch Wachstum unmöglich wird, entsteht eine Organisation aus Teilsystemen mit unterschiedlichen Aufgaben. Dies geschieht in der Hoffnung, dass diese Teilsysteme in sich widerspruchsfrei agieren können – zum Beispiel die Produktion und der Vertrieb. Da das gesamte Gebilde in der Realität jedoch ganz und gar nicht widerspruchsfrei ist, bilden sich zur Koordination der einzelnen Einheiten und Untereinheiten Hierarchien, die im Konfliktfall entscheiden. Diese Hierarchien findet man dann einerseits in Organigrammen, andererseits in den vor- und nachgelagerten Abläufen. Von außen sehen wir ein großes Ganzes, das wir als Unternehmen oder Verwaltung wahrnehmen. Neuerungen auf der Struktur- oder Prozessebene führen zu einem Konfliktfall für dieses Ganze. Wollen wir ein neues Produkt herstellen, sind davon die Beschaffungs-, Produktions- und Vertriebsprozesse betroffen. Wenn wir eine neue Organisationsform wählen, fallen möglicherweise Hierarchieebenen heraus. Wollen wir neue Märkte bearbeiten, dann müssen neue Teileinheiten aufgebaut oder integriert werden.

Zur Handhabung dieser Konflikte schlägt Fritz B. Simon vor, die Rolle der Führung mit dem Fühlen in psychischen Systemen in Verbindung zu bringen.[41] Gefühle entscheiden letztlich, wie wir entscheiden. Die Neurobiologie zeigt, dass jede rationale Überlegung in Einklang mit unserem emotionalen Erfahrungsgedächtnis stehen muss, damit sie sich durchsetzen kann. Vereinfacht könnten wir sagen, dass das Gefühl bei jeder Entscheidung das erste und das letzte Wort hat und dass das Bewusstsein sich zu Unrecht für den Alleinentscheider hält. In Wirklichkeit ist es das Wechselspiel zwischen den unterschiedlichsten Instanzen im Gehirn.[42] Fühlen, so Simon, ermögliche es dem Individuum, schnell zu handeln, grobe Bewertungen vorzunehmen, Leitplanken zu definieren. Und das besonders dann, wenn logisch prinzipiell nicht entscheidbare Situationen vorlägen, wenn es sich also um eine Paradoxie handelte.

## Führung sollte sich als das »Fühlen« in der Organisation verstehen.

Dann könnte Führung sich als fühlendes Gegengewicht zur rationalen Logik der Organisation positionieren. Sie könnte aus einem Gefühl heraus Innovation zulassen, weil Organisation das naturgemäß nicht kann. Es könnten Uneindeutigkeiten und Konflikte in der Organisation bewusst provoziert werden. Im Grunde geht es darum, »... (die) Unfähigkeit, Vieldeutigkeit, Ambivalenz, Widersprüchlichkeit, Grautöne und Paradoxien zu ertragen«.[43]

Viele kennen das folgende Beispiel: Google verlangt von seinen Entwicklern, 20 Prozent der Arbeitszeit als »Kreativzeit« nicht für die Organisation, sondern für die Innovation zu nutzen. Keiner muss sich rechtfertigen, wofür er diesen einen Tag pro Woche einsetzt. Jeder entscheidet selbst, woran und mit wem er in dieser Zeit arbeiten will. In anderen Unternehmen wird Ähnliches getan. Mitarbeiter gehen in Sabbaticals, sie hospitieren in anderen Bereichen oder nehmen an »Seitenwechsel-Programmen« teil.

Wir griffen diese Ideen auf und entwickelten sie weiter. So ermutigten wir Mitarbeitende, als Forscher im eigenen Unternehmen tätig zu werden. Wer würde sich dafür besser eignen als sogenannte Potenzialkräfte, von deren überdurchschnittlicher Motivation wir ausgingen. Das Herauslösen aus der alltäglichen Arbeit, so unsere Annahme, würde nicht nur der Entwicklung des Teilnehmenden dienen, sondern auch direkt dem Unternehmen nützen.

Wir konnten die Personalverantwortlichen eines klassisch strukturierten Konzerns der Energiewirtschaft von unserer Idee überzeugen: In einem zweitägigen Workshop diskutierten wir mit den Potenzialkandidaten darüber, was es heißt, im Führungs- und Organisationskontext mutig und ergebnisoffen zu experimentieren. Wir zeigten Beispiele aus zehn Jahren Experimentierbegleitung und diskutierten die Voraussetzungen für das Gelingen dieses Vorgehens. Am Ende bildeten sich drei Gruppen, von denen eine die folgende Forschungshypothese aufstellte: »Wenn wir unseren Mitarbeitenden pro Woche einen halben Tag Kreativzeit zur Verfügung stellen, dann werden neue Ideen entstehen, die sich sehr positiv auf die Innovationskultur unseres Unternehmens auswirken.«

Der Gesamtvorstand hatte zwar das Programm für Potenzialkandidaten abgesegnet, wir hielten es dennoch für sinnvoll, zusätzlich einen Förderer aus dem Topmanagement zu gewinnen. Herr S., ein sehr smarter, junger Vorstand, war begeistert von der Idee und dem Engagement der Potenzialkandidaten. Er sagte seine Unterstützung zu.

Bereits im Design des Experiments stellten sich mehrere Fragen: Welche Kosten sind damit verbunden, wenn die Mitarbeitenden einen halben Tag nur kreativ, aber nicht produktiv sind? Welche Anfeindungen aus anderen Abteilungen sind zu befürchten? Während wir mit diesen Fragen rechneten, überraschten uns die folgenden ganz erheblich: »Wie gelingt es, dass Mitarbeitende ihre Kreativzeit wirklich auch als solche nutzen? Kurzum: Wie löst man den Konflikt zwischen der zu erledigenden Tagesaufgabe und der Kreativzeit?« Die einen schlugen vor, die Kreativzeit zu strukturieren. Die anderen widersprachen, weil man nicht auf Befehl kreativ sein könne. Die einen verlangten Dokumentation, die anderen wollten genau das nicht. Es zeigte sich, dass es sich hier um unlösbare Probleme handelte. Unserer Ansicht nach sollte einfach ohne jedwede Vorgabe ausprobiert werden, und man sollte sich vom Ergebnis überraschen lassen. Schließlich wurden ein Gesamtkonzept für das Experiment entwickelt und eine Testgruppe ausgewählt. Es wurden Kick-off-Workshops geplant, in denen man das Vorhaben erklären wollte. Man wartete nur noch auf den Startschuss.

Doch dann schlug die Organisationslogik zu. Weil Herr S. die Ergebnisse seinen Kollegen in der nächsten Vorstandssitzung präsentieren wollte, wurde das Experiment Kreativzeit in die Schablonen eines Investitionsantrags übersetzt. Es wurden Nutzen und Ziele antizipiert, wurde der Mittelbedarf berechnet, und letztlich wurde das offene Experiment mithilfe von Meilensteinen zum Projekt degradiert. Und da in diesem Gremium auch nur Vorstände präsentieren durften, hielt sich unsere Forschergruppe für Rückfragen zur Verfügung. Herr S. präsentierte hinter verschlossener Tür.

Im Vorfeld wurde mehrfach betont, dass es sich nur um einen formalen Akt handele. Das Experiment stehe nicht auf dem Spiel, da Herr S. seine Kollegen kenne und er es ja auch nur im eigenen Verantwortungsbereich durchführen werde. Doch es kam ganz anders: Ohne nähere Begründung stoppte der Vorstand alle Initiativen. Einziger Kommentar: In Zeiten von Einsparung und Effizienzsteigerung passe diese Art von Experiment nicht zum Kurs der Organisation.

Auf unser Drängen hin war Herr S. bereit, diese Entscheidung den Potenzialkräften persönlich mitzuteilen. Zwei Monate später kam es zum Showdown. Am Ende seines Monologes sagte Herr S.: »Ich habe mittlerweile gelernt, dass es auch für mich kaum eine andere Chance gibt, als mich nach 18.00 Uhr zu Hause bei der Familie zu verwirklichen. Damit schafft man ein Gegengewicht, weil die echte Entfaltung in der Firma nicht gelingt.«

Dieses Experiment verdeutlicht, wie wichtig Führung als Gegengewicht zum innovationsfeindlichen Organisationsumfeld wäre. Führung müsste – im Sinne der Metapher des Fühlens in psychischen Systemen – andere Optionen wählen als die von der Organisation bereits standardmäßig vorgesehenen. Andernfalls kann das Neue nur noch subversiv oder organisationsfern entstehen – oder überhaupt nicht.

Robert I. Sutton, Professor an der Stanford Graduate School of Business, buchstabiert es radikal aus: »Managen von Kreativität bedeutet letztlich, alles, was wir über gutes Management wissen, auf den Kopf zu stellen. Es bedeutet, auf Ideen zu setzen, ohne auf den Return zu achten. Es bedeutet, zu ignorieren, was bisher funktionierte. Es bedeutet, glückliche Menschen zusammenzubringen und sie in Streit zu verwickeln. Es bedeutet, Bewerber einzustellen, die einem im Bauch ein ungutes Gefühl bereiten. Und Mitarbeiter, die nicht zuhören wollen, wenn Kunden ihnen Vorschläge machen, gilt es zu loben und zu befördern.«[44] Die von Sutton geforderte Radikalität mag irritieren. Und wie er in seinem Buch *Weird Ideas That Work*[45] schreibt, will er damit Aufmerksamkeit erregen. »Schließlich sind ungewöhnliche, ja verquere Führungsgrundsätze aufregender und einprägsamer als fade herkömmliche Rezepte.« Es gibt aber noch einen zweiten wichtigen Punkt für ihn. Die Ideen, die er anführt, bezeichnet er als kontraintuitiv. Das leuchtet ein:

**Wenn Unternehmen wirklich das Neue wollen, müssen sie Dinge tun, die im Widerspruch zum Bekannten stehen.**

Man könnte jetzt fragen: Schließt die Kontraintuition nicht das Gefühl aus? Wir haben in unserer Forschung und Praxis genau das Gegenteil erlebt. Kontraintuitiv wird meist als »dem gesunden Menschenverstand widersprechend« verstanden – treffender erscheint uns: »dem antrainierten Menschenverstand widersprechend«. Wir meinen mit kontraintuitiv eben nicht rational. Sondern eine Haltung, die dem ersten Reflex, der Standardreaktion, der gängigen Einschätzung, dem schnellen Schluss widersteht.

Sie werden im weiteren Verlauf dieses Buches eine ganze Reihe von kontraintuitiv denkenden und handelnden Unternehmern kennenlernen:

- einen Unternehmer der Automobilzulieferbranche, der die Abteilungslogik aufgelöst hat und seine Leiharbeiter über Tarif und besser bezahlt als seine Festangestellten;
- einen Hotelier, der die Hälfte seiner Arbeitszeit in die Ausbildung der Mitarbeitenden seiner Hotels und Ferienanlagen investiert;
- ein Beratungsunternehmen, in dem die Mitarbeitenden ihr Gehalt selbst festlegen;
- den Gründer eines Drogeriekonzerns mit über 40 000 Mitarbeitenden, in dem auf interne Kostenrechnung verzichtet wird;
- einen Möbelhersteller, der sich seine Kunden selbst aussucht;
- oder einer, für den Möbel zweit- und Menschen erstrangig sind.

Die meisten dieser Menschen haben im Laufe ihres Schaffens gefühlt, dass es zum Naheliegenden auch eine Alternative gibt.

## Innovation setzt kontraintuitives Handeln voraus.

Neues kann in klassisch gemanagten Strukturen nur dann entstehen, wenn diese missachtet oder übergangen werden. Fassen wir zusammen:

1. Musterbrecher mögen keine »Fischstäbchen«. Sie haben den Glauben an das Innovationsmanagement verloren.

2. Musterbrecher schaffen rechtfertigungsfreie Räume. Diese Räume entziehen sich der Logik der Organisation und geben Menschen den Freiraum, gefahrlos Dinge auszuprobieren.

3. Musterbrecher geben dem Zufall eine Chance. Er ist einer Ideenauswahl nach rein rationalen Kriterien überlegen.

4. Musterbrecher haben den Mut zur kontraintuitiv-fühlenden Fuhrung. Sie bilden ein starkes Gegengewicht zur rationalen Organisationslogik.

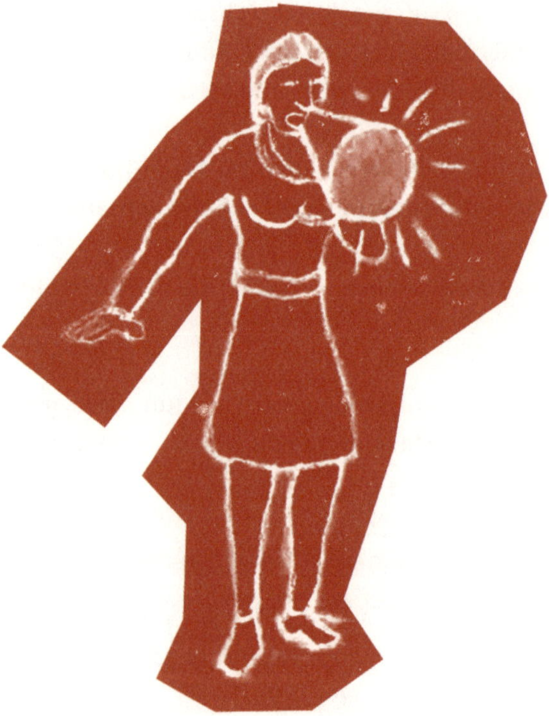

# 04

# Ausgesprochen sprachlos.
# Warum Begriffsarbeit nottut

Wäre es nicht schön, begrifflich noch einmal ganz von vorne anzufangen? Wie würde sich das anfühlen, wenn durch einen an sich unverdächtigen Satz wie »Wir müssen die Kommunikation über die Hierarchieebenen hinweg verbessern« nicht sofort unzählige Geschichten reaktiviert würden? Wenn die Angesprochenen darauf nicht mit Gleichgültigkeit oder gar Zynismus reagierten, sondern sich wirklich herausgefordert fühlten? Und wenn Mitarbeitende ein typisches und häufig erlebtes Drehbuch wie das folgende löschen könnten?

- Durchführung einer Mitarbeiterbefragung;
- Defizite bei Kommunikation und Transparenz werden festgestellt;
- Programm »CommunActionPlus 2015« wird vorgestellt;
- CEO trägt »CommunActionPlus 2015«-T-Shirt auf der Top-40-Konferenz, er betont, ab sofort eine »Open Door Policy« zu verfolgen;
- Poster mit den zehn goldenen Dialogregeln werden in mindestens zwei Sprachen aufgehängt;
- »Open-Door-Impact« wird als Ziel in das Mitarbeitergespräch aufgenommen;
- Programm »CommunActionPlus 2015« wird nach zwölf Monaten evaluiert;
- CommunAction-Index hat sich um 0,45 Prozentpunkte verbessert;
- CEO dankt seiner Mannschaft, fordert dranzubleiben – startet aber eine Woche später das Programm »CustomerCarePassion« ...

Wir fühlen uns von diesen Begriffen, die zur Nullaussage verkommen sind, buchstäblich provoziert. Und dabei geht es bei Weitem nicht nur um ärgerliche und unnötige Anglizismen.

## Wie sähe die Unternehmenswelt aus, wenn nicht immer alles und jedes zum Thema gemacht würde?

Wenn noch nie zuvor jemand angekündigt hätte, ab jetzt seinen »Talk zu walken«? Wenn nicht jeder Workshop »Workshop« hieße und nicht mit einem lockeren »Wrap-up« endete? Wenn noch keine »Give-aways« erfunden wären, die Werte, Pillars, Statements, Commitments oder was auch immer transportieren sollen? Wenn einem die Dinge nicht »bilateral kommuniziert«, sondern schlicht und einfach noch unter vier Augen gesagt würden? Kaum noch vorstellbar, oder?

Nun wird das Managementdeutsch schon seit Längerem ironisch bis bissig kommentiert. Es handelt sich dabei fast um eine eigene Gattung innerhalb der inzwischen populär gewordenen Sprachkritik. Nicht nur in Tageszeitungen, sondern sogar in Wirtschaftsmagazinen finden sich Rubriken, in denen die Hohlphrasen der Managementwelt angeprangert werden. So hat sich eine recht lebendige Beziehung zwischen Hülsenproduzenten und Medien entwickelt. Das Interessante: Letztere verwenden die Phrasen sowohl im Wirtschaftsteil als auch in der Sprachglosse – hier als akzeptierten Fachjargon, dort als Instrumente unterhaltender Polemik, wie etwa der »Phrasenmäher« in der *Süddeutschen Zeitung* oder der »Wörterbericht« in der *Zeit*. Das könnte man als Synergie bezeichnen.

Die Phrasenschelte ist ein dankbares Unterfangen. Denn der Stoff scheint nicht auszugehen. Immer wieder tauchen neue Unwörter auf, die manchmal sogar von denen, die sie unentwegt selbst aussprechen, als solche bezeichnet werden. Interessant ist deshalb die Frage, weshalb der unverständliche Jargon trotz aller Kritik nach wie vor so beliebt ist. Eine Antwort könnte sein:

**An Universitäten steht ein wissenschaftlich-verklausulierter Text oft höher im Kurs als eine in einfachen Worten verfasste Abhandlung – auch dann, wenn die Substanz in beiden Fällen in gleichem Maße gegeben ist.**

Die akademische Sozialisation ist so prägend, dass man später buchstäblich nicht mehr anders schreiben und sprechen kann. Ein weiteres, womöglich stärkeres Argument hat mit dem Phänomen der Macht zu tun. Insbesondere Führungskräfte wissen, dass der Gebrauch einer bestimmten Sprache zu einer – durchaus nicht immer gewollten – Abschottung gegenüber unteren Ebenen führt: »Diesen Führungskräften gelingt es nicht, die sprachliche Vernebelung aufzugeben, wenn die Kommunikation sich nicht mehr an ihre Kunden oder Auftraggeber, sondern an ihre Mitarbeiter richtet. Sie sind gefangen im Käfig des eigenen Jargons und merken oft nicht einmal, daß sie gar nicht mehr verstanden werden.«[46] Der Schweizer Schriftsteller Urs Widmer, der bereits vor 17 Jahren in seinem Theaterstück *Top Dogs* die Worthülsen der Wirtschaft anprangerte, bezeichnet den Sprachcode des Managements als einen »rhetorischen Mitgliedsausweis«. Dieser Jargon sichere nicht nur Gefolgschaft und Konformität, sondern besitze auch etwas sehr Beruhigendes. Er vermittle die trügerische Gewissheit, dass es eine klare Aufgabe und ein definiertes Ziel gebe und dass man letztlich die Wirklichkeit im Griff habe.[47] Es mag verwundern, dass gerade eine ausgrenzende Sprache dazu geeignet sein soll, Menschen zu beruhigen und sich ihrer Gefolgschaft zu versichern. Man würde das Gegenteil vermuten.

Doch es könnte auch einen anderen Effekt geben, den Thomas Steinfeld in seinem Buch *Der Sprachverführer* aufzeigte: Menschen achten nicht mehr auf die Worte, wenn sie in einer Sprache transportiert werden, die nur scheinbar lebt, aber eigentlich schon immer tot war.[48] Er bezieht sich damit auf einen im negativen Sinne bemerkenswerten Satz von Josef Ackermann. Der ehemalige Vorstandsvorsitzende der Deutschen Bank sagte 1998 in der Jahrespressekonferenz: »Wir haben zeitnah ... über unsere Engagements in den von

Turbulenzen betroffenen Marktsegmenten und deren Auswirkungen informiert. Seitdem haben wir die Märkte regelmäßig auf dem neuesten Stand gehalten. Ich kann Ihnen versichern: Wir werden unseren Kurs der zeitnahen Transparenz fortsetzen und uns unvermindert für zielführende Reformen des Finanzsystems insgesamt einsetzen.«[49] Es dürfte zum einen unstrittig sein, dass es sich hier um nicht nur von Germanisten zu kritisierendes Deutsch handelt: aufgeplustert, nichtssagend, distanzierend. Zum anderen macht die Wortwahl den Sprecher in einem gewissen Sinne unangreifbar. Man weiß am Ende eigentlich gar nicht, um was es geht und wer sich letztlich in welcher Form für was einsetzen wird.

**Die Schlagworte sind bekannt, das Zuhören erfolgt im Routinemodus, eine Gegenwehr bleibt meist aus, und der Sprecher kann weitermachen wie bisher.**

Diese Art des Sprachgebrauchs hat insofern einen defensiven Charakter, soll sie doch der Machterhaltung und der Abgrenzung dienen. Unternehmen nutzen Sprache überdies zum Zweck der aktiven Selbstdarstellung, wenn sie etwa gegenüber der Öffentlichkeit ihre Unternehmenspolitik und ihre strategische Ausrichtung darlegen wollen. Im Jahr 2011 veröffentlichten mit nur zwei Ausnahmen alle DAX-30-Unternehmen ihre Strategien und Leitbilder. Wir ließen im Rahmen eines Seminars durch unsere Masterstudenten eine sprachliche Analyse dieser Publikationen vornehmen. Ergebnis: 27 Unternehmen trafen eine Aussage hinsichtlich der Ausrichtung des Unternehmens und der Entwicklung des Geschäftswerts. Stets fand sich eine Variation des folgenden Ausdrucks: »nachhaltige Steigerung des Unternehmenswerts«.

**Die Suche nach wiederkehrenden Schlagwörtern gestaltete sich – wie erwartet – einfach. Auf den ersten drei Plätzen fanden sich: Innovation, Nachhaltigkeit und Wachstum.**

Die Unternehmen nutzen genau jene Begriffe, gegen die niemand etwas einwenden kann. Wer hat schon Bedenken gegenüber dem Neuen? Wer könnte sich ernsthaft gegen Nachhaltigkeit aussprechen? Diese Begriffe sind konsenstauglich, weil sie einerseits für moderne Unternehmensführung stehen und andererseits unbestimmt sind. Sie sind »... bedeutungsschwanger und unverbindlich zugleich; Unverbindlichkeit führt zu Unentschiedenheit, denn nur so besteht genügend Freiraum zur Interpretation«.[50] So nervtötend die Häufung der immer gleichen Schlüsselwörter auch sein mag, die externe Unternehmenskommunikation scheint in gewisser Weise nicht an ihnen vorbeizukommen. Wer in seinem Geschäftsbericht die entsprechenden Vokabeln ausspart, macht sich möglicherweise verdächtig, von gestern zu sein.

Insofern handeln die PR-Profis ganz im Sinne einer zum Klassiker gewordenen Theorie der 1970er-Jahre.[51] Die US-Amerikaner John Meyer und Brian Rowan arbeiteten heraus, dass Organisationen gezwungen sind, den Erwartungen ihrer Umwelt zu entsprechen. Sie müssen also, um es im Sprachkontext zu formulieren, in ihren Leitbildern und Strategien genau das sagen, was gemeinhin als rational und effektiv gilt. Und weil das früher oder später natürlich alle Unternehmen tun, weil sie alle ein CSR-Statement abgeben und weil sie alle von Nachhaltigkeit sprechen, muss sich auch die Verwunderung über die häufig beklagte Austauschbarkeit von Leitbildern in Grenzen halten.

**Sprache ist also ein wesentliches Mittel, um sogenannte »Rationalitätsmythen« zu errichten.**

Es gibt jedoch durchaus Gründe dafür, sich diesem Anpassungsdruck nicht sklavisch zu unterwerfen. So stellt der Linguist Rudi Keller in einem Aufsatz über die Sprache von Geschäftsberichten fest: »Es gibt eine Reihe von Tugenden, von denen man nicht ohne Weiteres sagen kann, dass man über sie verfügt.« Und weiter: »Wer sagt: *Ich bin vertrauenswürdig*, der sagt, dass er vertrauenswürdig ist, und zeigt, dass er es nicht ist.«[52] Es ist also auch Vorsicht geboten bei der penetranten Aussendung bestimmter Schlüsselwörter, mit denen man sich bestimmte Qualitäten zuschreibt. Denn die Öffentlichkeit und die Mitarbeiter können sehr genau feststellen, ob das, was auf der symbolischen Ebene gesagt wird, mit dem harmoniert, was auf der symptomischen Ebene wahrgenommen wird. Sie wissen, ob Transparenz in ihrer Organisation nur auf der symbolischen Ebene existiert (also nur behauptet wird), auf der symptomischen Ebene dagegen als nicht oder kaum existent wahrgenommen wird.

Menschen interpretieren den Symptomwert von Wortwahl und Sprachstil, das heißt, sie ziehen Rückschlüsse auf die Eigenschaften dessen, der die jeweiligen Äußerungen tut.

**Wenn sie in Reden und Texten permanent mit technokratischen, leblosen Formeln konfrontiert sind, die eher auf Verheimlichung als auf Transparenz schließen lassen, misslingt der Kommunikationsversuch.**

Dabei ist es nicht von Belang, ob der symptomische Schluss richtig oder falsch ist – relevant ist nur, dass er gezogen wird. Daraus folgt: Selbst der wahrhaftigste Kämpfer für Vertrauen würde nur skeptisch beäugt werden, wenn er Folgendes sagte: »Wir treten mit allem Nachdruck für die effektive und nachhaltige Gestaltung von Vertrauensbeziehungen ein.«

Wenn es um die Gestaltung von Veränderungen geht – und genau darum geht es in Organisationen angeblich immer –, scheint man sich noch immer auf die pure Kraft der Worte zu verlassen. Anders ist es kaum zu erklären, dass im Zuge eines »Change« früher oder später eine bestimmte Anzahl von Werten oder erwünschten Verhaltensweisen in Begriffe verpackt und »in die Organisation getragen« werden soll. Wir wollen hier nicht auf die oft festgestellte und allseits erlebbare Chancenlosigkeit dieses Vorgehens eingehen. Es ist vielmehr interessant, zu versuchen, hinter die Bühne der konsenstauglichen Leerformeln zu blicken.

»Es ist unglaublich mühsam, sich diesen emotional so aufgeladenen und permanent neu in die Landschaft geschmissenen Begriffen zu stellen«, sagt Regina Mundel zu Beginn unseres Gesprächs und lachend spricht sie weiter: »Aber das darf man ja nicht mehr sagen, es ist nicht mühsam, es ist eine Herausforderung.« Wir sitzen in der Cafeteria eines großen Schweizer Telekommunikationsunternehmens in der Berner Altstadt. Um uns herum wird über die Einführung von neuen Online-Bezahlmodellen und über Netzabdeckungsquoten gesprochen, während wir uns Themen zu nähern versuchen, deren Messbarkeit jenseits der x- und y-Achsen verläuft, deren Bedeutung aber nicht weniger gering ist.

Mundel, von ihrer Ausbildung her Philosophin und Historikerin, kennt sehr gut die Widrigkeiten, auf die man stößt, wenn man, wie sie, seit vielen Jahren dafür kämpft, die Business-, Personal- und Kulturthemen nicht nur von den Instrumenten her zu denken. Sie plädiert für eine, wie sie es nennt, »Rückeroberung des menschlichen Denkens und Handelns«. Dabei sucht Mundel, die vor ihrem Wechsel in die Wirtschaft in interkulturellen universitären Forschungsprojekten, im Verlagswesen und am Theater arbeitete, während ihrer Tätigkeit in der Luftfahrt- und Logistikbranche und als Organisationsberaterin immer wieder die Auseinandersetzung mit jenen anderen Welten des Zählens, Messens und Wiegens.

»Man muss die Grundlogiken des Denkens der anderen verstehen, man muss etwa, um es pragmatisch auszudrücken, das Personalcontrolling und dessen Vorgehen verstehen, auch um ihm fundiert widersprechen zu können. Ich wollte die Sprachen lernen, die von anderen Professionen und Experten gesprochen werden«, so Mundel. »Nur so ist echte Interdisziplinarität in Projekten möglich, ansonsten arbeiten die Experten zwar in einem Raum, aber dennoch nicht zusammen. Es ist die Grundlage für ein Denken über das eigene Expertentum hinaus, welches sich insbesondere in der Sprache zeigt. Aber genau dies ist die Krux: Experten lernen nicht, sich mit der eigenen Sprache auseinanderzusetzen, sie ist für sie Mittel zum Zweck und nicht eigentlicher Arbeitsgegenstand«, erläutert sie weiter.

Und erzählt ein Beispiel aus ihrem Arbeitsalltag: »In immer schnelleren Rhythmen konfrontieren Manager ihre Mitarbeiter mit Begrifflichkeiten wie ›Verantwortung‹ oder ›dem Kunden nahe sein‹. Führungskräfte, die im Delegationsmodus agieren, müssen in diesem Zusammenhang lernen, dass die Auseinandersetzung mit den Begriffsinhalten nicht delegierbar ist. Sie müssen sich mit den Inhalten selbst auseinandersetzen und sich deren Bedeutung mühsam ›zurückerobern‹. Wir leben in einer Zeit, in der wir Ereignisse nur noch konsumieren. Im Umgang mit dem Wort ist es nicht anders – mit der Folge, dass wir nur noch scheinbar miteinander sprechen. Deshalb beobachte ich in Besprechungen zuerst genau, ob die Menschen wirklich miteinander reden.«

Uns interessiert vor allem, wie es angesichts des Drucks im Tagesgeschäft zu schaffen sei, einen Kreis von Verantwortlichen dazu zu bringen, Tage für etwas scheinbar Unproduktives zu »opfern« – nämlich für die gemeinsame Arbeit an vermeintlich klaren Begriffen. Mundel ist realistisch und ehrlich genug, die Schwierigkeiten zu benennen: »Manager, zu denen ich ja selbst gehöre, neigen dazu, Themen zu delegieren. Andere sollen etwas tun, andere sollen sich entwickeln und begeistert sein. Doch ich bin nach wie vor davon überzeugt, dass Menschen intuitiv erreichbar sind, egal, unter wie viel Restriktionen sie arbeiten. Ich glaube, dass man sie wieder an einen Dialog heranführen kann, dort, wo sie ihr Gegenüber über alle ihre Sinne und in seiner Gesamtheit wahrnehmen. Und sie merken, dass es sich gut anfühlt, wenn man den Dingen hinter den Begriffen näherkommt. Ich kann das schwer in Worte fassen, ohne dass es leicht ›esoterisch‹ klingt. Es ist vielleicht am ehesten mit dem Beispiel zu beschreiben, das jeder kennt, wenn der berühmte Funke überspringt zum Publikum im Theater oder in einem Konzert. Ich überlege mir bei meiner Arbeit immer, wie ein solches Momentum entstehen kann.«

Mundel hält die »Arbeit am Begriff« auch deshalb für so wichtig, weil sie bei den Teilnehmenden unter anderem zu der Erkenntnis beitrage, dass sie Akteure in einem manipulativen System seien. Beispielhaft erläutert sie dies anhand der Teamstrukturen, die es heutzutage in stabiler Form meist überhaupt nicht mehr gebe. Demzufolge sei Teamentwicklung ein realitätsferner Begriff, der im Grunde dazu diene, emotionale Sehnsüchte der Menschen weiter zu bündeln und eine Illusion zu stabilisieren. »Diese Teambildung wird dann durch die Strukturveränderung unweigerlich wieder zerstört«, so Mundel, »und es muss Trauerarbeit geleistet werden. Darunter leiden sehr viele Menschen, Führungskräfte wie Mitarbeitende. Die Verwertbarkeit des Moments dient wenig der Bildung von Fähigkeiten, mit anderen, meist sehr instabilen Vernetzungs-strukturen umzugehen, sich auf Veränderungen einzulassen und kraft-voll seinen Blick nach vorne zu richten.«

Vielleicht muss es in Zukunft darum gehen, ehrliche Begriffsarbeit zu leisten und den Mut zu haben, das Auseinanderklaffen von Wort und Wirklichkeit klar zu erkennen und zuzugeben. Mundel drückt das am Ende unseres Gesprächs so treffend aus: »Wir müssen endlich laut sa-gen, dass der Kaiser nackt ist.«

Wäre der Philosoph Harry G. Frankfurt bei diesem Gespräch dabei gewesen, hätte er vermutlich zustimmend genickt und Mundel dazu ermuntert, weiter an der Reflexion über »Bullshit« zu arbeiten. Mit diesem etwas ordinären Begriff, der gleichzeitig Titel seines Überra-schungsbestsellers[53] aus dem Jahre 2006 ist, meint er eine bestimmte Form der Geschwätzigkeit. Bullshit ist nach Frankfurt nicht unbe-dingt eine Lüge, dient aber dazu, im Sinne einer beabsichtigten Wir-kung die Wahrheit zu verbergen beziehungsweise zu verbiegen, oft mit dem Ziel, den Gesprächspartner mit weitschweifigem Gerede zu manipulieren.

Die direkt geäußerte ungeschönte Wahrheit könnte ihn treffen; insofern sei »Bullshit ein effizientes Mittel, um soziale Beziehungen zu erleichtern«.[54] Die Gefahr der Bullshit-Technik sieht Frankfurt darin, dass sie schlimmer sein kann als die Lüge – weil dabei die Vor-stellung von Wahrheit ganz verschwindet. Wer also von – der letzt-lich unmöglichen – Beziehung in Teamstrukturen spricht, muss nicht unbedingt lügen. Er kommt womöglich nur nicht mehr auf die Idee, des Kaisers neue Kleider für seltsam zu halten.

Vielleicht ist die Verwendung von Bullshit manchmal auch ein Zeichen von Hilflosigkeit, die dadurch entsteht, dass man gezwun-gen ist, in eine fremde Sprache auszuweichen – auch wenn diese fremde Sprache »nur« das Englische ist.

**In vielen Veranstaltungen, vorwiegend in solchen von Konzernen, aber auch von Mittelständlern, erleben wir einen spürbaren Substanzverlust in der Diskussion, wenn die Konferenzsprache Englisch ist.**

Es ist natürlich sinnvoll, genau diese Sprache als Verständigungsmedium zu nutzen – schließlich wird sie, zumindest auf mittlerem Niveau, von den meisten Menschen in Unternehmen beherrscht. Der Qualitätsverlust in Gespräch und Diskussion ist jedoch unvermeidbar, weil sich in der Regel nur sehr wenige in einer anderen Sprache mit einer der Muttersprache vergleichbaren Präzision ausdrücken können. Problematisch wird es jedoch, wenn es gar nicht nötig wäre, auf eine fremde Sprache zurückzugreifen: So waren wir bei einem deutschen Konzern zu einer Diskussionsrunde geladen, an der neben einem Österreicher, einem Schweizer und fünf Deutschen ein italienischer Manager teilnahm, der in Graz aufgewachsen war und dort studiert hatte. Dennoch hatte man sich nach dem Konzernstandard zu richten, der die Debatte in englischer Sprache vorschrieb. Im Ergebnis war festzustellen, dass das Niveau und die Tiefe gelitten hatten – viele der Teilnehmer, wir eingeschlossen, mussten auf feststehende Phrasen zurückgreifen, die Differenzierung in der Argumentation fiel schwer. Unternehmen wären gut beraten, die Nebenwirkungen im Sinne des möglicherweise durch »Sprachlosigkeit« entstehenden »Bullshit« im Auge zu behalten.

Wir haben in vielen Beratungsprojekten unseren Kunden die Frage gestellt, was eigentlich gemeint sei, wenn mehr Transparenz gefordert wird. Es handelt sich bei diesem Wunsch um einen der klassischen Befunde von Mitarbeiterbefragungen. Ebenso klassisch und vorauszusehen ist die Reaktion der Führungsebenen: Das Intranet wird mit noch umfangreicheren PDF-Dokumenten gefüllt, in der gut gemeinten, jedoch irrigen Annahme, damit dem Wunsch nach Transparenz zu entsprechen. Anschließend verweisen die Befüller auf die »Holschuld« der Mitarbeitenden, die sich allerdings schon lange über die Flut bereitgestellter Informationen lustig machen.

Bei der Begleitung eines Trägers sozialer und karitativer Einrichtungen stellten wir nach einem längeren Interviewprozess fest, dass die Forderung von Transparenz nicht sonderlich viel mit Informationsdurst zu tun haben muss. Es stellte sich heraus, dass es den Mitarbeitenden um eine wertschätzende Resonanz auf ihr Tun ging. Sie wollten nicht noch mehr Daten und Fakten, sondern hatten das Bedürfnis, in ihrer Arbeit wieder von den Führungskräften gesehen zu werden. Man sollte wieder wissen, was an der Basis geleistet wurde. Diese Interpretation von Transparenz hat zweifellos mehr mit Beziehungsgestaltung und Wertschätzung zu tun als mit nackten Informationen. Aber auch hier scheint es niemand – ähnlich wie bei Hans Christian Andersens Märchen – wirklich laut herausbrüllen zu wollen:

## »Die Informationen sind nackt!«

Dieses und andere Beispiele aus den letzten Jahren machten uns deutlich, dass es dringend angesagt ist, Begriffsarbeit zu leisten. Damit meinen wir keine akademische Übung, sondern die Notwendigkeit, sich auch im rasenden Organisationsalltag der Substanz hinter den Schlagwörtern bewusst zu werden.

Die Entwicklung von Sprachbewusstsein ist noch aus einem anderen Grund von entscheidender Bedeutung. Der bereits zitierte Linguist Rudi Keller schreibt in einem Aufsatz über die Sprache von Geschäftsberichten: »Man braucht die Sprache nicht nur, um den Gedanken auszudrücken, man braucht sie bereits zum Denken!«[55] Wenn man diese – für sich genommen nicht neue – Erkenntnis weiterverfolgt, wird deutlich, dass Organisationen gut beraten sind, auch ernsthafte Spracharbeit zu leisten.

## In einer von inhaltsleeren Floskeln durchdrungenen Unternehmenskultur ist das Entstehen von Innovationen unwahrscheinlich.

Spracharmut verhindert substanzielle Dialoge. Sie macht es in der Folge unwahrscheinlich, dass Menschen gemeinsam über Wege nachdenken, die nicht bereits tausendfach beschritten wurden. In diesem Sinne ist die Förderung des Sprachbewusstseins alles andere als ein bildungsbürgerlich inspirierter Selbstzweck.

Es hätte nicht zu Bodo Janssen gepasst, das Interview wenige Minuten vor der vereinbarten Zeit abzusagen. Als wir an der Rezeption des Hotels Deichgraf in Wremen nach ihm fragen, sieht es jedoch zunächst genau danach aus. Janssen komme leider erst in zwei Stunden, so die freundliche Rezeptionistin, und habe dann gleich Schulungstermine vereinbart. Glücklicherweise handelt es sich um ein Missverständnis, denn wenige Minuten später betritt der gebürtige Emder die Lobby. Er ist Geschäftsführer der Upstalsboom Hotel + Freizeit GmbH, mit derzeit rund 50 Hotels und Ferienwohnanlagen der an der Nord- und Ostsee führende Ferienanbieter im oberen Preissegment.

Janssen wählt seine Worte sorgfältig, er spricht mit Bedacht, ruhig und klar. Wir merken, dass ihm Sprache etwas bedeutet. »Die Mitarbeiter erhalten nicht nur das notwendige Fachwissen, sondern durchlaufen ein Curriculum zur Persönlichkeitsentwicklung, das aus drei Modulen besteht. In den ersten beiden beschäftigen sie sich mit der Frage, wie man sich selbst beziehungsweise andere führt. Im dritten Modul werden die Instrumente nachhaltiger und wirksamer Führung behandelt. Klingt sehr klassisch, ist es aber nicht. Denn es geht dabei insbesondere um die Schulung des Sprachbewusstseins. Die Sprache, die ein Mensch verwendet, ist ganz entscheidend dafür, wie er sich selbst und andere führt. Sie ist ein Instrument. Sie ermöglicht einen Blick ins Innere des Menschen.«

Der 39-jährige Hotelier, der Sinologie und Betriebswirtschaftslehre studiert hat, trennt bewusst zwischen Führung und Management. Er befasse sich so gut wie nicht mit Zahlen und Prozessen. »Dafür habe ich Kollegen, die sich mit den klassischen Managementthemen hervorragend auskennen. Ich will mit Menschen arbeiten, sie inspirieren, ihnen neue Wege aufzeigen, die sie dann allerdings selbst gehen müssen. Das ist für mich Führung«, so Janssen, der sich jahrelang mehrmals im Monat in Benediktinerklöstern eine Auszeit zur Reflexion nahm. Die Hälfte seiner Zeit investiere er in die Entwicklung seiner knapp 700 Mitarbeiter – ganz persönlich, indem er die Curricula entwerfe, Dialoge führe, Workshops und Seminare selbst leite. Bei allen Entwicklungsangeboten greife er auf die Erkenntnisse der positiven Psychologie und der modernen Hirnforschung zurück. Immer wieder merke er im Austausch mit seinen Mitarbeitenden, dass Sprache unmittelbare Auswirkungen auf das Befinden eines Menschen habe und Emotionen auslösen könne. »In Workshops mache ich oft eine einfache Übung. Zunächst bitte ich die Teilnehmer, die Augen zu schließen und zur Ruhe zu kommen. Dann stelle ich Begriffe in den Raum, mitunter ganz einfache. Ein jeder führt bei den Leuten zu ganz unterschiedlichen Aktivierungsmustern im Gehirn. So werden beispielsweise durch ein und denselben Begriff Gefühle unterschiedlicher Qualität und Intensität ausgelöst – je nachdem, welche konkreten Erinnerungen durch den Begriff aktiviert werden. Das ist eine überaus simple Übung, die zeigt, dass Sprache etwas darüber aussagt, woher jemand kommt und was er erlebt hat.«

Bodo Janssen ist in der Lage, diese Szene so nachzuerzählen, dass man sich gut vorstellen kann, was diese Übungen bewirken. Es sei ihm sehr wichtig, dass die Upstalsboom-Mitarbeiter lernen, achtsam mit Sprache umzugehen. So sagte er kürzlich einer Mitarbeiterin, die ihn nach Abschluss des Curriculums fragte, wie sie selbst an ihrer Entwicklung weiterarbeiten könne: »Es ist ein nur scheinbar kleiner Schritt, aber vermeiden Sie in Ihrem mündlichen Sprachgebrauch den Konjunktiv zwei, und es wird sich viel ändern!« Janssen, der mit einem Institut zusammenarbeitet, das den bewussten Umgang mit Sprache lehrt, begründet seinen Rat wie folgt: »Wir sind uns oft nicht darüber im Klaren, wie sehr eine solche Form distanzierender Ausdrucksweise dazu beiträgt, Menschen zu entmündigen. Sprache wurde historisch schon oft in manipulativer Weise dafür verwendet, dass Menschen sich von sich selbst entfernen.« Als uns Bodo Janssen dies erzählt, merken wir, dass wir unsere Fragen nicht mehr so spontan stellen. Offenbar prüfen wir nun unbewusst jede unserer Formulierungen sehr genau.

In der Unternehmenszentrale in Emden, so erfahren wir, wird seit einiger Zeit in besonderer Weise mit Sprache gespielt: »Wir haben ein Set mit Karten, auf deren Vorderseite die normale, die typische Formulierung steht. Auf der Rückseite werden Vorschläge für eine alternative

Ausdrucksweise gemacht. Damit experimentieren wir regelrecht in unseren Besprechungen, machen Rollenspiele, reflektieren immer wieder über das jeweils auslösende Moment einer Formulierung. Wir überprüfen sie auf ihre Authentizität hin. Diese Sprachspiele mache ich mit meinen Mitarbeitern auch regelmäßig im Rahmen von Kamingesprächen, wenn ich durch unsere Häuser reise.« Es beeindruckt uns, dass sich in einer Zeit, in der häufig, wie Janssen es nennt, eine »Wischiwaschi-Sprache« gepflegt wird, ein Unternehmen so intensiv mit der Arbeit an der Sprache befasst.

Auf dem Weg zum Mittagessen erkundigen wir uns bei unserem Gesprächspartner, ob diese Spracharbeit im Grunde nicht doch ein wenig Luxus sei, fragen ihn, worin letztlich der Nutzen liege. Der außergewöhnliche Unternehmer antwortet voller Überzeugung: »Wir setzen der Spracharmut aktiv etwas entgegen. Meine Mitarbeiter spiegeln mir immer wieder zurück, dass sie eine Veränderung in ihrem eigenen Sprachgebrauch und dadurch in ihrem Umfeld bemerken. Viele sagen, dass sie wieder besser auf ihre eigene Spur kommen. Sie können zwar nicht genau sagen, was sich verändert hat, spüren aber deutlich, dass sich etwas verändert hat. Diese Rückmeldung reicht mir als Bestätigung.«

Bodo Janssen arbeitet im Rahmen der Mitarbeiterentwicklung kraftvoll gegen die Spracharmut, die sich in einigen Teilen der Gesellschaft und in fast allen Unternehmen breitmacht. Jeder von uns sollte prüfen, wenn er wieder in einer Besprechung sitzt oder einfach nur den Ausführungen eines TV-Experten lauscht, wie selbstverständlich der Gebrauch dieser »Plastikwörter« geworden ist. Es war Uwe Pörksen, emeritierter Freiburger Sprachwissenschaftler, der diese so bildhafte Bezeichnung vor 25 Jahren erfand. Sein damals erstmalig erschienenes Buch *Plastikwörter – Die Sprache einer internationalen Diktatur* hält für diese Überprüfung eine ganze Reihe von Kriterien bereit, zum Beispiel:[56]

- »Durch ihre unendliche Allgemeinheit erwecken sie den Eindruck, eine Lücke zu füllen, befriedigen sie ein Bedürfnis, das vorher nicht bestand.
- Ihr Gebrauch hebt den Sprecher ab von der unscheinbaren Alltagswelt und erhöht sein soziales Prestige; sie dienen ihm als Sprosse auf der sozialen Leiter.
- Die Wörter tauchen in ungezählten Kontexten auf, sie sind räumlich oder zeitlich in ihrem Anwendungsbereich kaum begrenzt.
- Der (...) Referent ist nicht leicht zu fassen; die Wörter sind gegenstandsarm, wenn nicht gegenstandslos.
- Durch ihre wissenschaftliche autorisierte Objektivität und die ihr entsprechende Universalität lassen sie die älteren Wörter des Umgangs als ideologisch erscheinen. Ein Wort wie ›Kommunikation‹ lässt bisherige Wörter – Gespräch, Unterhaltung, Plausch – plötzlich veralten.«

Wir können unsere Erkenntnisse über Sprache nun zusammenfassen:

1. Musterbrecher fangen sprachlich und begrifflich noch einmal von vorne an.

2. Musterbrecher mögen keine tote Sprache, die nur scheinbar lebt.

3. Wenn es nötig ist, sagen Musterbrecher: »Die Worte sind nackt!«

4. Musterbrecher wissen, dass sie im Spiel der »Rationalitätsmythen« teilweise mitspielen müssen. Sie sind aber schlau genug, die Symptome hinter den Begriffen zu deuten.

5. Musterbrecher lassen sich nicht durch Plastikwörter blenden. Sie wissen, dass ein neues Denken nur durch Begriffsarbeit entsteht.

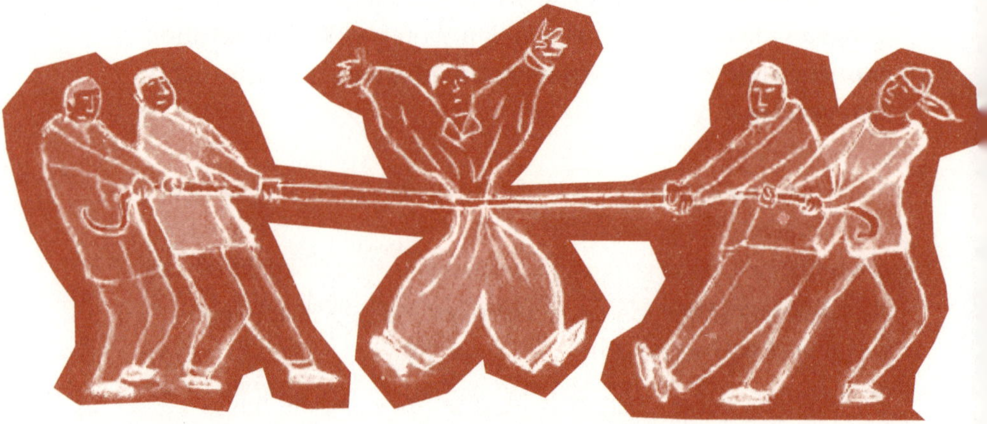

# 05

## Effizient verschwenderisch.
## Weshalb Taylor nie Taylorist war

»Menschen haben unterschiedliche Potenziale, die entsprechend genutzt werden müssen. Einfache Produktionsprozesse sollten nach klaren und fundierten Standards ablaufen. Der Bezug zur eigenen Tätigkeit im Unternehmen muss für jede Mitarbeiterin und jeden Mitarbeiter gegeben sein. Die Entlohnung hat in direktem Bezug zur erbrachten Leistung zu stehen. Veränderungsprozesse müssen in kleinen Schritten erfolgen.«

Das sind Aussagen, wie wir sie auch von gut ausgebildeten Managern regelmäßig hören. In Wirklichkeit sind es die sprachlich etwas an die heutige Zeit angepassten Überzeugungen eines Mannes, der mit seinen Ideen vor mehr als 100 Jahren die industrielle Gesellschaft bis heute maßgeblich geprägt hat: Frederick Winslow Taylor. Bereits auf der ersten Seite von Taylors Hauptwerk von 1911 *Die Grundsätze wissenschaftlicher Betriebsführung* wird klar, welches Ziel er verfolgte: »Wir sehen, wie die Wälder dahinschwinden, die Wasserkräfte vergeudet, der Boden und seine Schätze in das Meer gewaschen werden; die Erschöpfung der Kohle- und Eisenerzlager ist nur noch eine Frage der Zeit. Weniger offensichtlich, weniger leicht zahlenmäßig darstellbar und deshalb leider bisher nur hier und da in ihrer Bedeutung erkannt, ist die viel größere tagtägliche Vergeudung menschlicher Arbeitskraft durch ungeschickte, unangebrachte oder unwirksame Maßnahmen ...«[57]

Taylor beschreibt zwei sich feindlich gegenüberstehende Seiten: Arbeitnehmer und Arbeitgeber. Er beobachtet sozialen Druck zwischen den Arbeitern, aber auch fehlende Anleitung, die es ermöglichen könnte, wirklich effizient zusammenzuarbeiten. Hinzu kommt, dass zu Beginn des 20. Jahrhunderts selbst in einfachsten Produktionsprozessen enorme Einsparungspotenziale steckten. Taylor bemerkte, dass »manchmal 40, manchmal 50, manchmal 100 verschiedene Methoden zur Erzielung ein und desselben Zweckes«[58] nebeneinander existierten. Die Grundgedanken Taylors fußen auf empirischen Studien zur Festlegung und Standardisierung der Produktionsprozesse, zur konsequenten Trennung der Denk- von der Ausführungsarbeit, zur Nutzung des Lohsystems als Anreiz für die Leistungssteigerung und die gezielte Vermeidung von Abfall. Der ehemalige Rektor der RWTH Aachen, Adolf Wallichs, der 1907 und 1909 zwei Werke von Taylor übersetzte, umschrieb das Vorgehen Taylors wie folgt: »Er regelte, ordnete, schematisierte die hauptsächlichen und scheinbar nebensächlichen Dinge so eingehend und gründlich, dass alle einmaligen und alle wiederkehrenden Arbeitsvorgänge ... durch die geeigneten Organe durchdacht und schriftlich festgelegt und somit mit dem geringstmöglichen Aufwand an Zeit zur Ausführung gebracht werden konnten. Er sonderte die Denkarbeit von der mechanischen Ausführungsarbeit und gab jedem Organ die dafür geeignete Arbeit, welche seine Zeit voll ausfüllte, ohne ihn zu überlasten.«[59]

Doch schon mit dem Erscheinen der taylorschen Theorien und deren steigender Popularität traten Kritiker auf den Plan. Der Hauptvorwurf: Taylors Konzeption sei geprägt von einer menschenverachtenden Haltung. Gegen diesen Vorwurf hat er sich selbst vor einem Untersuchungsausschuss des US-Kongresses massiv gewehrt. Er war de facto um einen Ausgleich der Interessen von Arbeitern und Unternehmern bemüht.[60] Es ging ihm darum, »Regeln, Gesetze und Formeln zu bilden, zur Hilfe und zum Besten des Arbeiters bei seiner täglichen Arbeit«.[61] Indessen ist einiges an der Kritik auch berechtigt, etwa hinsichtlich des einseitigen Bildes, das Taylor vom Arbeiter hatte. So ging er zum Beispiel davon aus, dass Anweisungen nicht beachtet würden, wenn es nicht die Kontrolle der »Funktionenmeister« gäbe.[62] Als zentralen Auslöser für die Motivation der Arbeiter identifizierte er den Lohn. Vermutlich ist dies auch der Grund, warum Taylor oft in einem Atemzug mit dem Modell des »Homo oeconomicus« genannt wird.[63] In Wirklichkeit erlebte er die Arbeiter in ihrem

Handeln emotional und unstrukturiert, nicht nach wirtschaftlicher Effizienz strebend. Zur damaligen Zeit handelten die Menschen in Organisationen eben nicht wie wirtschaftliche Nutzenmaximierer.

Beschäftigt man sich mit dem Werk Taylors und berücksichtigt man die Rahmenbedingungen der arbeitsteiligen Produktion, muss man mit Abstand von mehr als 100 Jahren zu dem Schluss kommen, dass weniger die Theorien Frederick Winslow Taylors kritisch gesehen werden müssen als vielmehr der »Taylorismus«, der sich in der Folge durch Überzeichnung und Nichtbeachtung des historischen Bezugs entwickelt hat.

Heute glauben wir, in einer humanisierten Arbeitswelt zu leben und den Taylorismus längst hinter uns gelassen zu haben. Die gängige Überzeugung: Der Mensch steht im Fokus, im Mittelpunkt oder auch im Zentrum. Doch wenn wir genau hinschauen, dann erleben wir etwas anderes.

»Ich hatte schon Kursteilnehmer, die merkten erst am Nachmittag des ersten Seminartages, dass sie schon zum dritten Mal im selben Kurs zu Lean Management saßen.« Das erzählt uns ein leitender Manager aus dem Ausbildungsbereich einer deutschen Airline bei einem Treffen am Flughafen München. Seine Frustration ist offenkundig. Er beklagt, dass eine Effizienzinitiative auf die andere folge. »Jeder dieser gut gemeinten und teilweise auch sinnvollen Versuche, das Effizienzpotenzial in unserem Unternehmen zu heben, scheiterte bisher oder brachte nur auf dem Papier die gewünschten Erfolge. Mittlerweile ist es so weit, dass die Linienverantwortlichen Einsparpotenziale bewusst so lange nicht nutzen, bis die nächste Initiative dies von ihnen einfordert.«

Wie wir in weiteren Gesprächen hören, empfinden alle das bisherige System als Bevormundung. Mit viel Geld werden die Topmanager nach Japan geflogen, um sich Toyota anzuschauen und um dann den eigenen Mitarbeitenden mit konkreten Anweisungen vorzuschreiben, wie sie in Zukunft zu handeln haben. Auf Plakaten werden die Mitarbeiterinnen und Mitarbeiter auf die »sieben Arten von Verschwendung« oder die »fünf Grundprinzipien einer schlanken Organisation« hingewiesen. Hoch qualifizierten Fachkräften wird gesagt, dass die Art, wie sie bisher gehandelt hätten, falsch sei. Man solle in der Flugzeuginstandsetzung so handeln wie ein japanischer Autobauer. Dieser Appell kam ausgerechnet zu dem Zeitpunkt, als Toyota wegen nicht richtig funktionierender Gaspedale mehrere Millionen Fahrzeuge zurückrufen musste und hohe Verluste einfuhr!

Ohne Zweifel verdanken wir dem »Scientific Management« Taylors und auch seinen »Nachfolgern« gewaltige Produktivitäts- und Wohlstandsfortschritte. Es erstaunt deshalb auch nicht, dass die systematischen Versuche, Effizienzgewinne zu erzielen, heute aktueller sind denn je.

## Kaizen, Lean Management, Total Quality Management oder Business Process Reengineering setzen die Tradition Taylors fort, Produktivität zu steigern und effizienter zu werden.

Doch das darf nicht dazu führen, dass Best-Practice-Beispiele aus einem anderen kulturellen Kontext unreflektiert übernommen werden oder dass man glaubt, sich auf vorgefertigte Schulungsinhalte verlassen zu können.

Das erkannte bereits Taylor selbst. Sein Bestreben war es, die Führung in die Pflicht zu nehmen und dem Arbeiter seine Tätigkeit zu ermöglichen, »ohne daß er dabei körperlichen oder seelischen Schaden«[64] nahm. »Die Grundsätze wissenschaftlicher Betriebsführung« enden mit der Bemerkung: »Wenn man jedoch die innere Philosophie des Betriebs unberücksichtigt läßt und nur die Mittel zum Zweck, den äußeren Mechanismus wie Zeitstudien, Einrichtungen von Spezialmeistern etc. einführt, dann sind die Folgen oft recht verhängnisvoll.«[65]

Masaaki Imai, Chairman und Mitbegründer des KAIZEN® Institute aus Tokio, berichtete auf einer Tagung in Stuttgart 2010,[66] dass er einen engen Dialog zwischen Führung und Mitarbeitenden als entscheidend für die erfolgreiche Einführung effizienzsteigernder Methoden ansehe. Die Ideen und das Wissen der Belegschaft müssten dabei Berücksichtigung finden. Tools und Techniken gebe es genug. Was fehle, sei eine entsprechende Haltung. Die Arbeit an dieser Haltung werde aber vernachlässigt.

Mit dem Rückgang der Massenproduktion in den Industriestaaten und mit der in den 1960er-Jahren entstandenen Human-Relations-Bewegung nahm der Einfluss der taylorschen Theorien mehr und mehr ab. Doch gerade in den letzten Jahren gewinnt im sozialen Bereich und in der Dienstleistungsbranche, also in Krankenhäusern, in der Pflege, in Banken oder in der Telekommunikationsbranche, das Effizienzstreben wieder enorm an Boden. Oder wie es Walter Bungard, Professor für Arbeits- und Organisationspsychologie an der Universität Mannheim, formuliert:

**»Man lehnt den Taylorismus als menschenverachtend ab und führt ihn simultan in verschlüsselter Form radikal auf einem neuen Expansionsfeld ein.«**[67]

Ein warmer Sommertag in der Nähe von Frankfurt. Im weitläufigen Weiterbildungszentrum einer deutschen Großbank diskutiere ich mit 22 High Potentials über Fragen des strategischen Managements. In einer Seminarpause erzählen mir zwei Teilnehmende vom allseits spürbaren und stark zunehmenden Effizienzdruck in der Bank. Mehrere wichtige Führungspositionen wurden im letzten Jahr gezielt durch Senior Consultants namhafter Beratungsfirmen besetzt. Ihre Mission: Produktivität und Professionalität erhöhen.

Im Zentrum steht die Initiative zur Vertriebssteuerung. Aufgebracht und mit sarkastischem Unterton erläutern mir meine beiden Gesprächspartner die Grundidee dieses Vorhabens wie folgt: »Den Kundenberatern werden Tagesziele vorgegeben, die ihnen minutiös aufzeigen, welche Dienstleistungen sie mit welcher Priorität zu verkaufen haben und wie viele Kontakte mit bestehenden und neuen Kunden aufzunehmen sind. Alle drei Tage findet eine Telefonkonferenz mit dem Regionaldirektor statt, anlässlich deren jeder Berater seine Aktivitäten kommentieren und begründen muss.« Der persönliche Vertrieb sei die teuerste Form der Kundenakquisition. Hier schlummerten die größten Reserven, die man sich durch »Sales Engineering« erschließen wolle.

Meine Gesprächspartner kommentieren: »Die einzelnen Stufen des Verkaufsprozesses werden umfassend analysiert und optimiert. Mithilfe standardisierter Anforderungsprofile erfolgt die Zielkundenauswahl, detaillierte Telefonskripte bestimmen die Erstansprache, umfassende Checklisten und Argumentationskataloge begleiten das Erst- und Zweitgespräch, und ein Konfigurator unterstützt die Angebotserstellung.«

**Man bemüht sich allenthalben, Nichtmessbares messbar zu machen, und unterliegt dabei der Illusion, Qualität, Leidenschaft und Begeisterung effizient organisieren und verordnen zu können.**

Diese auf Produktionsprozesse hin entwickelten Ideen scheinen mehr und mehr andere Bereiche zu okkupieren. Ähnlich wie im Kolonialismus werden auch im Taylorismus die ureigensten Interessen der besetzten Gebiete nicht berücksichtigt.

In Krankenhäusern wird die Verweildauer der Patienten seit 2004 durch Fallpauschalen geregelt; nach Operationen ist sie abhängig von der Art des Eingriffs. Zuvor wurde nach Liegetagen abgerechnet. Ziel des neuen Abrechnungssystems war es dann, der Zunahme der Verweildauer ein Ende zu setzen und das Gesundheitssystem transparenter zu machen. Zusätzlich galt es, die medizinische Versorgung der Patienten effizienter zu gestalten sowie die Wirtschaftlichkeit der Krankenhäuser zu verbessern.[68]

Man sollte dieses Abrechnungssystem nicht deswegen kritisieren, weil es an der einen oder anderen Stelle zu mehr Effizienz führt. Vielmehr muss man die einseitige ökonomische Ausrichtung tadeln. Während in den meisten Unternehmen schon lange klar ist, dass der Taylorismus gefährliche Nebenwirkungen hat, war man im Gesundheitswesen auf diesem Auge blind. Ergebnis: Man spricht mittlerweile von »blutigen Entlassungen«, wenn man Patienten mit noch nicht

verheilten Wunden verabschiedet, um sie dann über den »Drehtür-
effekt« etwas später wieder der Nachbehandlung zuzuführen. Nicht
selten wird von unnötigen Operationen berichtet und einem Schie-
len nach den lukrativsten Eingriffen. Viele dieser beobachteten Phänomene werden immer offensichtlicher. Allerdings konnten die Studien in der Regel keine eindeutigen Beweise erbringen. Was jedoch
alle feststellen, ist ein Anstieg der Fallzahlen – bei gleichzeitiger Per-
sonaleinsparung. Zudem hat der Verwaltungsaufwand enorm zugenommen – und das mit paradoxen Folgen: Von zwei Millionen durch
den Medizinischen Dienst der Krankenversicherungen beurteilten
Fällen waren 45 Prozent fehlerhaft.[69]

Auch im Bildungsbetrieb hält das Effizienzdenken Einzug. Im
Bologna-System werden einheitliche Inhalte und Ziele der Bildung
definiert. Man geht von einer Plan- und Steuerbarkeit des Bildungs-
erwerbs aus. Die Studienzeiten werden verkürzt, die Leistungsnach-
weise vereinheitlicht und die Ausbildungsgänge standardisiert. Der
Wiener Philosoph Konrad Paul Liessmann kommentiert: »Bildung
wird als Ganzes industrialisiert, genormt, standardisiert. Da haben
wir die Modularisierung von Studien, die dem Muster funktional
differenzierter Fertigungshallen gehorchen. Die Einführung der sogenannten ECTS-Punkte ..., die die Leistung eines Studierenden
messen sollen. Eine Norm, die bis ins letzte Detail von Industrie-
normen abgeleitet wird. ... Das ist klassisches Maschinendenken.«[70]
Das humboldtsche Ideal – Lernen fürs Lernen und Lernen fürs Leben – bleibt dabei allzu oft auf der Strecke.

Solche Beispiele des wiedererstarkten Taylorismus lösen begreif-
licherweise Irritationen aus. Sie haben auch zu der wissenschaft-
lichen Betriebsführung, wie sie Taylor gefordert hat, keinerlei Bezug.
Seine Vision war die Art des Zusammenarbeitens, »bei dem jeder
Einzelne die Arbeit tut, die für ihn am besten paßt, jeder seine Indivi-
dualität wahrt und sein spezielles Gebiet voll beherrscht, wo trotzdem
niemand etwas von seiner Originalität und seinem persönlichen Ar-
beitsinteresse (Initiative) verliert und doch unter dem dauernden
kontrollierenden Einfluß vieler steht, mit denen er harmonisch zusammenarbeitet«.[71]

Auf gesellschaftlicher Ebene erkennen wir, dass Krisenanfälligkeit und Verletzlichkeit unserer hocheffizienten Systeme zunehmen.

**Die Vergangenheit hat gezeigt, dass das Finanzsystem deshalb nicht mehr funktioniert, weil es einst zu gut funktionierte.**

Oder wie es Bernard Lietaer, Professor für internationales Finanzwesen, formuliert: »Das Problem ist sein Übermaß an Effizienz.«[72] Die Resilienzforschung zeigt, dass ein zu hoher Grad an Effizienz zur Instabilität eines Systems führt. Effizienz wird im wirschaftlichen Kontext über die Wirtschaftlichkeit definiert, betrifft also die Frage der Kosten-Nutzen-Relation. Die Frage lautet: Wie gelingt es, mit geringstmöglichem Aufwand einen definierten Ertrag zu erwirtschaften oder eben mit festem Aufwand den höchstmöglichen Ertrag? Dabei ist festzustellen, dass man den Erfolg fast immer in Geld bemisst. Andere Zielgrößen, wie Nachhaltigkeit, Zufriedenheit oder gar Glück, haben leider in der Praxis keinen besonderen Stellenwert.

In Gesprächen mit vielen Mitarbeitern und Führungskräften beschrieb man uns immer wieder die gleiche Logik: Es schwappen Einsparungswellen über die Organisation herein. Davon ist die erste noch erfolgreich: Freier Kaffee und Kekse für die Mitarbeiter werden abgeschafft. Das Verbrauchsmaterial wird pro Jahr und pro Mitarbeitendem kontingentiert. Das frustriert mancherorts, ist aber noch nachvollziehbar und wird meist auch von der Belegschaft verstanden. Die nächste Welle ist dann schon dramatischer: Einstellungsstopp, Entlassungen, Outsourcing. Mitarbeiter, die im zentralen Wertschöpfungsprozess verzichtbar sind, werden an Subunternehmen »ausgelagert«. Meist als Erstes betroffen sind die eigene Kantinenbelegschaft und der hauseigene Sicherheitsdienst. Die Auswirkungen werden in der Regel schlichtweg ignoriert: Aus Angst, zum Einsparpotenzial zu werden, fällt man keine Entscheidungen mehr. Unternehmerisches Denken wird eingestellt. Im System macht sich eine »Dienst-nach-Vorschrift-Mentalität« breit.

**Übrigens: Es erscheint paradox, wenn Mitarbeitende damit drohen, die Vorschriften und Regeln genauestens zu befolgen.**

Damit ökologische Systeme nachhaltig überleben können, muss der Aufwand, der zur Systemerhaltung betrieben wird, in einer sinnvollen Relation zum Ertrag sehen. Doch nur durch Effizienz allein ist der nachhaltige Bestand der Art nicht gesichert. Es braucht noch eine zweite »verschwenderische« Ebene. Hier werden Robustheit, Belastbarkeit und Vernetzung benötigt. Das heißt: Im Falle eines Engpasses in der bestehenden Nahrungskette muss es möglich sein, den effizientesten Weg zu verlassen, um einen weniger effizienten, aber das System erhaltenden Umweg zu gehen. Zwei sich gegenseitig beeinflussende Variablen sind hierbei entscheidend: Vielfalt und Vernetzungsgrad. Beide beeinflussen Effizienz und Robustheit, jedoch in gegensätzlicher Richtung.

**Je vielfältiger und vernetzter ein natürliches System, desto robuster ist es.**

Im Falle von Schwierigkeiten gibt es mehr Ausweichmöglichkeiten. Natürliche Systeme sind dann nachhaltig überlebensfähig, wenn sie doppelt so belastbar wie effizient sind.[73] Diese Dimension der Robustheit und Belastbarkeit wird im Effizienzwahn der Unternehmen vernachlässigt.

**Das Wirtschaft und Gesellschaft prägende Primat der Effizienz führt dazu, dass Organisationen zunehmend verletzbar werden.**

Stromnetze werden zum Beispiel immer effizienter ausgelegt, aber gleichzeitig auch anfälliger für Ausfälle. Automobilhersteller reduzieren die Anzahl der Zulieferer und stellen dann in Krisensituationen fest, was fehlende Redundanz im technischen Sinne kosten kann. Einseitigkeit, Rationalisierung und Standardisierung verursachen Anfälligkeit, das zeigt auch die kommunistische Planwirtschaft. Man glaubt, dass es planungs- und produktionstechnisch effizient sei, nur wenige Monopolisten zentral zu steuern. Doch es fehlt das marktwirtschaftliche Moment der Vielfalt und der Konkurrenz. Und die zentrale Steuerung erweist sich als Illusion.

Die Optimierung des Verhältnisses von Aufwand zu Nutzen ist nicht nur gefährlich, sie hinterlässt auch ihre negativen Spuren bei den Mitarbeitenden. Die standardisierten Prozesse und die Ökonomisierung zwingen Menschen, Dinge zu tun, die mit der eigentlichen Ausbildung und dem Beruf als Berufung nichts mehr zu tun haben. Sie unterminieren das Zusammengehörigkeitsgefühl. Im Gesundheitswesen verbringen Ärzte und Pflegekräfte einen Großteil ihrer Zeit mit der Erfüllung von Dokumentationspflichten – und nicht mehr mit der Sorge um die Patienten.

Doch der Ausbruch aus der Effizienzfalle kann gelingen, ohne dass man sich von einer nachhaltigen Effizienz verabschieden muss.

Wir besuchen Detlef Lohmann, den geschäftsführenden Gesellschafter der allsafe JUNGFALK GmbH & Co. KG in Engen am Bodensee. Das Unternehmen stellt Ladegutsicherungssysteme her. Von Lohmann stammt das mehrfach ausgezeichnete Buch mit dem Titel *Und mittags geh ich heim: Die völlig andere Art, ein Unternehmen zum Erfolg zu führen.* Wenn man bedenkt, dass er ein auf Effizienz angewiesenes Produktionsunternehmen in der Zulieferindustrie führt, drängt sich der Verdacht auf, dass der Geschäftsführer wertvolle Ressourcen verschwendet. Die Post teilt er täglich selbst aus. Er will den Mitarbeitern keine Anweisungen geben. Materialeinkauf, Reparaturen und Investitionen werden nicht nach der Synergielogik zentral geregelt, sondern die Mitarbeiter entscheiden eigenverantwortlich darüber innerhalb grob formulierter Leitlinien. Man verzichtet auf jegliche Zeiterfassung. Und noch deutlicher wird die offensichtliche Ineffizienz dadurch, dass Lohmann seine Leiharbeiter über Tarif und sogar besser bezahlt als die Festangestellten.

Wie tickt dieses »verschwenderische Unternehmen«? Unser Gesamteindruck: allsafe JUNGFALK scheint seine Effizienz aus einer sinnvollen Verschwendung zu ziehen.

Aber zurück zum Anfang!

Wir betreten den Eingangsbereich, kein Empfang, keine Anmeldung. Eigentlich stehen wir gleich mitten im Unternehmen. Links und rechts Glaswände, dahinter Schreibtische, geradeaus ein kurzer Gang, eine Tür, dann die Fabrikhalle. Eine nette Frau begrüßt uns, teilt uns mit, dass Herr Lohmann gleich komme. Das Auffälligste im Raum ist eine Wand, auf der »Verantwortung« zu lesen ist und auf der viele Zitate in unterschiedlichen Farben stehen. Als wir bei einem Zitat von Giovanni Trapattoni angekommen sind, begrüßt uns Lohmann. »Bevor wir mit dem Interview beginnen, führe ich Sie erst einmal durch das Unternehmen.« Wir sehen überall Stellwände, Schwarze Bretter oder Magnetboards mit Infomaterial, Statistiken, Kennzahlen. Es gibt auch eine zentrale Wand, an der man etwas über die Strategie findet, etwas über die Prozesse, über die Mitarbeiter und die Kunden – abgeleitet von der Balanced Scorecard. Jeder Bereich hat seine eigene Art, das Relevante darzustellen. Detlef Lohmann kann nicht immer begründen, warum gerade diese oder jene Zahl abgebildet wird. Aber er weiß: Wenn sie da steht, haben die Mitarbeiter sich etwas dabei gedacht.

Wir erfahren, dass es keine Abteilungen mehr gibt. Detlef Lohmann erklärt uns, dass das Wort »Abteilung« sich von »teilen« herleite und seinen Ursprung im Taylorismus habe. Die Abteilungen hätten in einer arbeitsteiligen Welt des 20. Jahrhunderts auch ihre Berechtigung gehabt. Lohmann selbst habe aber viele negative Nebenwirkungen des Teilens bemerkt. Das größte Problem von Abteilungen sei ihre Selbstoptimierung, die ein Denken im Gesamtprozess nicht zulasse. Aus seiner Konzernerfahrung kannte er das Konzept des internen Kunden. Aber das war für ihn nur ein Arbeiten an den Symptomen. Er fragte sich: »Wofür benötigt mein Unternehmen Abteilungen?« In einem Workshop mit allen Abteilungsleitern beschlossen diese, sich in Zukunft nur noch nach Prozessen zu organisieren. Heute gibt es zum Beispiel ein Team »Produktion«, das völlig selbständig eingehende Aufträge nach Kundenbedürfnissen priorisiert, produziert, verpackt und versendet. »Ein-Stück-Fließproduktion« nennt es Lohmann, abgeleitet von der Toyota-Idee der »One Piece Flow Production«. Ziel sei es, dass der Mitarbeiter nicht an seinem Platz bleibe, sondern das Werkstück über den gesamten Produktionsprozess begleite und dafür die Verantwortung übernehme. Aufgrund der nur geringen Wertschöpfungstiefe der allsafe-JUNGFALK-Produkte sei dieses Vorgehen ideal und werde auch konsequent bis in die Büros hinein umgesetzt.

Bei der Besichtigung der Produktionshallen sehen wir fast keine Lager mehr. Die meisten Regalmeter nehmen Kisten ein, in denen die nach gesetzlichen Vorgaben zu archivierenden Dokumente gelagert werden. Detlef Lohmann erklärt uns dazu, dass man seit über einem Jahr auf elektronische Archivierung umstelle. So könne jeder Mitarbeiter sehen, wie sich nach und nach die Regalmeter verkürzten.

Wir treffen auf entspannte Mitarbeiter, die sich durch unsere Anwesenheit oder die des Chefs in keiner Weise gestört fühlen. In der Fabrikhalle stehen eine Tischtennisplatte und ein Kicker. Das führt uns im Gespräch auf das Thema Pausenregelung. Bei allsafe JUNGFALK gibt es keine. »Da es auf das Ergebnis ankommt, kann jeder nach Bedarf seine Arbeit unterbrechen. Das ist immer auf die Kolleginnen und Kollegen abgestimmt«, erklärt uns der Chef. »Es ist doch sinnvoll, man macht Pause, wenn man sie benötigt. Da werde ich nicht mit Kontrollsystemen eingreifen. Die kosten Geld, müssen überwacht werden und drücken außerdem Misstrauen aus.«

Nach einer Stunde Rundgang gehen wir ins Büro von Lohmann. Zwei große Platten mit appetitlich angerichteten Brötchen stehen auf dem Tisch. Nach dem ersten Imbiss erklärt er uns, wie er Geschäftsführer und Gesellschafter bei allsafe JUNGFALK wurde: »Bevor ich mich hier einkaufte, hatte ich schon als junger Ingenieur große Freiräume erlebt. Mein damaliger Arbeitgeber aus der Automobilzulieferindustrie war weit weg in den USA. Ich lernte viel über die Branche, konnte unternehmerisch tätig sein und wäre vermutlich immer noch dort, wäre ich nicht in einen massiven persönlichen Wertekonflikt geraten. Daraufhin verließ ich den Konzern, war bei einigen anderen Unternehmen der Branche und musste selbstkritisch feststellen, dass ich kein angenehmer Mitarbeiter war. Ich widersprach ständig. Aber nicht, weil ich ein Querulant war, sondern nach besseren Lösungen suchte. Außerdem musste ich mir eingestehen, dass ich mit 35 Jahren auf der untersten Führungsebene angekommen war und keine Chance hatte, wirklich gestaltende

Verantwortung zu übernehmen. Also beschloss ich, mir meine Arbeit zu kaufen.« Lohmann lacht. Mithilfe eines Beraters fand er ein geeignetes Unternehmen, bei dem er sich als Geschäftsführer einkaufte. Dann veräußerte er sein noch nicht ganz abbezahltes Haus, zog mit Frau und Kindern in eine Mietwohnung und erwarb ein Viertel des Unternehmens, das damals noch Ancra Jungfalk hieß.

Alles, was er dann machte, widersprach dem klassischen Unternehmerdenken. Der vorherige Inhaber und Geschäftsführer war noch im Unternehmen und sollte zwei weitere Jahre als Entwickler tätig sein. »Ich hatte ihm gesagt, dass er in seinem Büro bleiben könne. Also suchte ich mir einen freien Schreibtisch. Den fand ich in der Buchhaltung«, erinnert sich Lohmann. »Ich muss den Mitarbeitern im ersten Jahr wahnsinnig suspekt vorgekommen sein. Kannte mich überhaupt nicht mit Ladegutsicherung aus. Ich wusste über Betriebswirtschaft wenig. Nur das, was ich im Projektmanagement gelernt hatte. Ich war somit der, der am meisten lernen musste. Darum ließ ich auch alles laufen, saß der kaufmännischen Leitung auf dem Schoß und fragte ihr Löcher in den Bauch. Ich war ein Gegenpol zum alten Chef, der sehr effizient und patriarchalisch geführt hatte. Er traf fast alle Entscheidungen selbst. Ich dagegen war nicht greifbar und vermied es, Entscheidungen zu treffen. Wenn ich beispielsweise unterwegs war, hatte ich das Handy immer aus. Man konnte sich bei mir nicht absichern, sondern musste selbst entscheiden. Wenn ich dann zurückkam, hatten sich die meisten Probleme bereits geklärt. Das war ein sehr wichtiger Lernprozess für alle. Ich wusste schon damals, wohin ich das Unternehmen entwickeln wollte. Es sollte so transparent und vielfältig sein, wie ich Konzerne erlebt hatte, andererseits aber auch die unternehmerische Schnelligkeit, Konsequenz und Kultur des Mittelstandes haben. Das bedeutet für mich ein offenes, gläsernes Unternehmen, in dem allen alle Zahlen zugänglich sein sollten, gepaart mit viel Menschlichkeit, vor allem in der Führung. Ein sehr egoistisches Modell, denn so wollte ich immer arbeiten.«

Diese Kombination muss sehr erfolgreich sein; denn Lohmann konnte von 1999 bis 2011 den Umsatz vervierfachen, den Gewinn verzwölffachen und die Zahl der Mitarbeitenden fast verdreifachen.

Um seinen damals etwa 40 Mitarbeitern seine Ideen verständlich zu machen, hat er viel Energie auf den Dialog verwandt. Mit externer Hilfe hat er in einer Reihe von zweitägigen Workshops, in die alle Mitarbeiter mindestens einmal eingebunden waren, die Menschen abgeholt. »Ich habe ihnen vermittelt, wie ›der Lohmann‹ so tickt. Erst nach einem Jahr habe ich begonnen, über inhaltliche Themen zu diskutieren.«

Für uns wird es nach und nach deutlich: Detlef Lohmann ist kein Verschwender. Er investiert in Menschen. »Wir beschäftigen zum Beispiel einen promovierten Biologen für die Geschäftsentwicklung. Er muss dort anders denken. Es wäre gar nicht gut, wenn er ein Fachmann in den heutigen Anwendungen wäre«, erklärt uns Lohmann zu dieser Stellenbesetzung. »Wir haben einen extrem ›teuren Kopf‹ von 17 Akademikern bei 135 Festangestellten und 35 bis 40 Leiharbeitern. Aber wir benötigen diesen ›Kopf‹, damit wir neue Ideen entwickeln und umsetzen können. Das schafft kein Alpha-Chef alleine.«

Lohmann löste Abteilungen auf und schaffte mit ihnen die Abteilungsleiter ab. Stattdessen gibt es heute Prozessleiter, die 40 Prozent der Arbeitszeit für die Potenzialentfaltung der Mitarbeiterinnen und Mitarbeiter aufwenden sollen und 60 Prozent für die Prozessoptimierung. Ständig wird Neues ausprobiert, manches wieder verworfen. Er lässt seine Mitarbeiter laufen, diskutiert über die gemachten Fehler und versucht, mit allen gemeinsam daraus zu lernen. Dafür nutzt er seine Zeit, investiert ständig in Weiterbildung und Coaching der Prozessleiter. Er selbst reist immer wieder mit seinem Außendienst zum Kunden und lässt sich dort als neuen Kollegen vorstellen, der lernen will. »Ich kann dann in Ruhe beobachten, zuhören und hinterfragen.«

Kulturarbeit zahlt sich nach Lohmann aus: »Durch die gemeinsame Arbeit an der Unternehmenskultur haben wir 2007/08 nochmals einen riesigen Sprung im Gewinn vor Steuern gemacht. Lag dieser davor bei vier bis fünf Prozent, so konnten wir ihn jetzt, trotz Schwankungen im Markt, auf stabile zehn Prozent steigern. Ich sage dazu: Nachhaltigkeit in der Profitabilität.«

Das Beispiel zeigt, dass Produktionsprozesse dann besonders effizient werden, wenn man den Menschen in diesem Prozess mit Großzügigkeit, ja sogar verschwenderisch mit Wertschätzung begegnet. Götz Werner, Gründer von dm-drogerie markt, sagte uns, dass Effizienzsteigerung im industriellen Kontext lange sinnvoll gewesen sei und vielfach auch heute noch ihre Berechtigung habe. Auch bei dm versucht man, das Verhältnis zwischen Aufwand und Nutzen zu optimieren. Doch in einer Gesellschaft, in der Dienstleistung und Wissensaustausch die Geschäftsmodelle dominieren, kommt es auf das Zwischen- und Mitmenschliche an. Hier darf nicht gespart werden. Letzteres gilt für das private Umfeld. Wollen wir die Zuneigung unserer Freunde nach Effizienzgesichtspunkten erfahren? Wollen wir, dass uns unser Nachbar nur dann hilft, wenn er seinen eingesetzten Aufwand »zurückbekommt«? Sollte nur noch Effizienz der Maßstab sein, dann werden diese Beziehungen scheitern.

Wir haben gesehen, dass eine einseitige und blinde, meist nur technisch gedachte Effizienzsteigerung von den Begründern der diversen Modelle – von Taylor bis zur Lean Production – nie beabsichtigt war.

**Es scheint uns wichtiger denn je, nicht alles Wirtschaften der Effizienz unterzuordnen, nicht jeden gesellschaftlichen Bereich mit ihr zu infiltrieren:**

1. Musterbrecher sind keine »...ISTEN«, auch keine TaylorISTEN. Sie erkennen die Grenzen von Modellen und passen sie dem eigenen Kontext an.

2. Musterbrecher sind sich der Nebenwirkungen der einseitigen Effizienzorientierung bewusst. Sie fragen sich: Was kosten uns unsere Einsparungsprogramme?

3. Musterbrecher fragen sich: Wie viel Effizienz verträgt der Austausch zwischen Menschen? Sie schätzen den Wert der Großzügigkeit.

4. Musterbrecher steigern Effizienz durch Robustheit. Sie investieren »verschwenderisch« in Dialoge, Lernen und Verstehen.

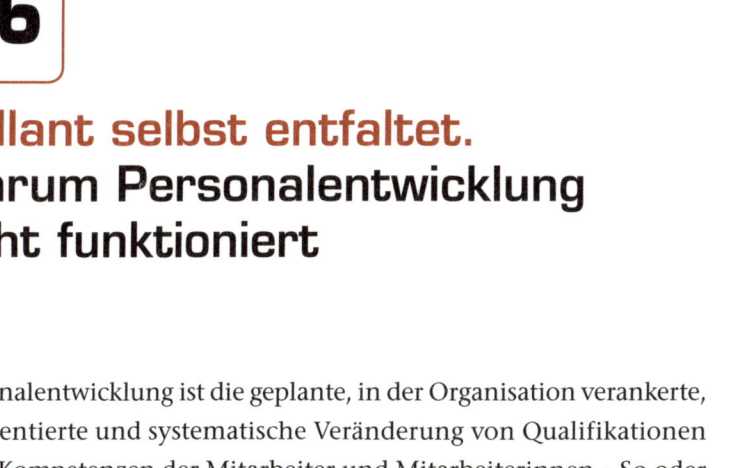

# Brillant selbst entfaltet.
# Warum Personalentwicklung
# nicht funktioniert

»Personalentwicklung ist die geplante, in der Organisation verankerte, zielorientierte und systematische Veränderung von Qualifikationen sowie Kompetenzen der Mitarbeiter und Mitarbeiterinnen.« So oder so ähnlich findet man Personalentwicklung immer wieder erklärt. Sie hat prinzipiell die Aufgabe, alle Mitglieder der Organisation für die gegenwärtigen und zukünftigen Aufgaben zu qualifizieren.[74] Dabei geht es um zweierlei Zielrichtungen, die miteinander in Einklang gebracht werden müssen: zum einen um das Erreichen der Unternehmensziele, zum anderen um das der individuellen Entwicklungs- und Karriereziele von Führungskräften und Mitarbeitenden.

Bei allem steht der Effizienzgedanke im Vordergrund. Unternehmen benötigen effizient ausgebildete Mitarbeitende, die die Aufgaben noch effizienter erledigen können. Organisations- und Personalentwicklung sind zwei miteinander vernetzte Maßnahmen, deren Übergang von der einen in die andere Ebene fließend ist.[75] Ökonomische und soziale Zielkategorien sind nicht voneinander zu trennen. Die Kompetenzen und Qualifikationen, die man Mitarbeitenden antrainiert, sind sehr unterschiedlich: Außer fachlichen Fähigkeiten versucht man gerade in den letzten Jahrzehnten, soziale Fähigkeiten zu vermitteln und zu schulen.

Das heißt: Während man früher den Blick fast ausschließlich auf die Beseitigung fachlicher Defizite richtete, rücken im Rahmen einer modernen Personalentwicklung zunehmend die Potenzialentfaltung und auch die Entwicklung nicht fachlicher Kompetenzen in den Vordergrund. Nicht zuletzt, weil man sich erhofft, Leistungs- und Kompetenzträger im Unternehmen zu halten.[76]

## Personalentwicklung ist geprägt vom Kompetenzbegriff.

Es geht um den Erwerb von Fach- und Schlüsselkompetenzen, von Methoden- und zunehmend auch von sogenannten Sozialkompetenzen. Sind diese Kompetenzen erlernt und zertifiziert, dann werden Durchführungskompetenzen in Form von Ausführungs-, Verfügungs- oder Antrags- beziehungsweise Leitungskompetenzen – meist Weisungs-, Kontroll- oder Entscheidungskompetenzen – vergeben. In diesem gesamten Denken ist das aus dem Lateinischen entliehene Begriffsverständnis von »Zuständigkeit, Fähigkeit und Sachverstand«[77] allgegenwärtig. Die Maschinenmetapher ist die Prämisse in der Personalentwicklung. Als Ergebnis eines Inputs in die Maschinerie sollen Kompetenzen entstehen.

Vor einigen Jahren suchten wir einen Gesprächspartner, dessen Interview in einer betriebswirtschaftlichen Zeitschrift veröffentlicht werden sollte. Unter der Überschrift »Lernen von anderen Disziplinen« wollten wir mit einem Neurowissenschaftler sprechen. Zum Glück hatte der bekannte Neurobiologe Gerald Hüther Zeit. Im Telefoninterview kamen wir auf die Steuerbarkeit und Motivierbarkeit von Menschen zu sprechen. Dazu stellte er fest: »Was die meisten Führungskräfte, Ausbilder, Lehrer und Erzieher ständig versuchen, nämlich andere Menschen zu motivieren, ist hirntechnischer Unsinn. Dieses Vorgehen führt nicht in die Selbstverantwortung und Selbstgestaltung, sondern erzeugt bestenfalls Dressur- und Abrichtungsleistungen, also erzwungene Anpassungen an die Wünsche und Anordnungen des jeweiligen Dompteurs.«[78] Was wir schon länger aufgrund unserer Erkenntnisse in der Führungsforschung vermutet hatten, bestätigte sich. Es beginnt ein wissenschaftlicher Austausch mit ihm und dem Psychologen Klaus-Dieter Dohne.

Wir treffen uns erstmals in einem Weinkeller in der Würzburger Innenstadt. Es ist zehn Uhr morgens, und außer uns sind keine weiteren

Gäste anwesend – wer geht schon um diese Uhrzeit in einen Weinkeller? Und so hat unser Gespräch in diesem Kellergewölbe irgendwie eine konspirative Note.

Uns beschäftigen verschiedene Probleme. Gerald Hüther ist viel in Schulen unterwegs, und wir diskutieren, ob dort nicht die meisten Muster »zementiert« werden. Dann kommen wir auch auf das Thema Gesellschaft zu sprechen. Unsere Dialogpartner beschreiben uns eine Kultur der Ressourcennutzung in allen Bereichen, in der Menschen immer noch oder immer wieder zum Objekt der Bemühungen anderer gemacht werden. Das gilt natürlich ganz speziell für die Wirtschaft. Dort werden Menschen nach ihren offensichtlichen Fähigkeiten eingeteilt. Im Sinne des Maschinenverständnisses, das auch noch im letzten Jahrhundert die Hirnforschung selbst geprägt hat, versucht man, die vorhandenen Ressourcen effizient, schnell und erfolgreich auszuschöpfen. Ein Vorgehen, das dem heutigen Wissen über das menschliche Gehirn in keiner Weise mehr entspricht.

Wir lernen, dass das Gehirn viel weniger genetisch determiniert ist, als die Wissenschaft noch vor wenigen Jahren dachte. Dafür ist es das Organ, das sich entsprechend dem Maß an Intensität und Begeisterung entwickelt, welche die Nutzung bestimmen. Wir erfahren von den beiden Experten, dass sich durch die sexuelle Selektion seit Hunderttausenden von Jahren diejenigen unserer Vorfahren durchgesetzt haben, die mit einem langsamer ausreifenden Gehirn ausgestattet waren. Schuld daran soll ein spezielles Regulatorgen sein. Dieses Gen führt dazu, dass wir Menschen von allem etwas können, aber nichts besonders gut. Im Laufe unseres Lebens werden wir dann immer besser. Wir können sogar bis ins hohe Alter lernen. Doch dazu müssen wir Erfahrungen machen, die uns unter die Haut gehen. Hüther meint: »Und diese Erfahrungen, die kann man nicht verordnen. Man kann nicht sagen: ›Jetzt machen Sie doch mal eine andere Erfahrung!‹ Es werden stattdessen Rahmenbedingungen benötigt, die es den Menschen erlauben, eine andere, eine neue und emotional bedeutsame Erfahrung zu machen.« Er veranschaulicht das an folgendem Beispiel: »Was geht euch durch den Kopf, wenn ihr erfahrt, dass euer 82-jähriger Nachbar Chinesisch lernt? – Vor 20 bis 30 Jahren hätte man mit Sicherheit gesagt:

›Das kann nicht gehen!‹ Es wird mit großer Sicherheit auch tatsächlich scheitern, wenn sich der greise Herr im Volkshochschulkurs ›Chinesisch für Einsteiger‹ anmeldet. Aber natürlich kann es gelingen. Nämlich dann, wenn sich unser Nachbar in eine hübsche 70-jährige Chinesin verliebt und zu ihr nach Xi'an ziehen will. Dann wird er auch im hohen Alter – aufgrund der Neuroplastizität des Gehirns – in der Lage sein, die Sprache zu erlernen.« Wir erfahren, dass man unter Neuroplastizität die Fähigkeit von Synapsen, Nervenzellen oder ganzen Hirnrealen versteht, die Vernetzungen untereinander zu verändern, sich also flexibel und selbstorganisierend an neue Gegebenheiten anzupassen. »Neuroplastizität wird jedoch nur dann wirksam, wenn der Gehirnbesitzer eine Erfahrung macht, die ihm unter die Haut geht.«

Weshalb gelingt es in der Personalentwicklung so selten, diese Plastizität zu nutzen? Klaus-Dieter Dohne fasst zusammen: »Das Gehirn wird so, wie man es mit Begeisterung nutzt. Das Wörtchen Begeisterung ist dabei entscheidend!« Das heißt, wir müssten versuchen, uns gegenseitig einzuladen und zu begeistern für das, was es zu entdecken gibt, das, was es zu gestalten gilt, statt in Kategorien wie Wettbewerb, Konkurrenz, Belohnung und Bestrafung zu denken. Dann würden wir zu einer Potenzialentfaltungsgesellschaft werden. Und unsere Potenziale können wir besonders gut entfalten, wenn wir Probleme lösen. Wir wachsen sozusagen über uns hinaus, wenn es uns gelingt, eine Lösung zu finden, die funktioniert. Gerald Hüther berichtet von einer Studie aus den 1950er-Jahren. »Ein Biologe hat Eselshirne in Südamerika vermessen. Einerseits von solchen Tieren, die beim Bauern im Stall stehen, umsorgt werden und sich um das tägliche Überleben keine Gedanken machen müssen. Und dann wurden verwilderte Esel der gleichen Rasse untersucht. Diese müssen jeden Tag aufs Neue um ihr Überleben kämpfen, sich um Futter, Partner und Nachwuchs kümmern. Es zeigte sich, dass die verwilderten Esel ein bedeutend leistungsfähigeres Gehirn hatten. Es wird eben so, wie es genutzt wird. Bei Menschen noch viel mehr als bei Eseln.« Wir hören noch einige interessante Metaphern und beschließen, auch in den Folgejahren immer wieder den Austausch mit den beiden zu suchen. Wir lernen viel über das menschliche Gehirn und sind gleichzeitig erstaunt, dass man das meiste davon schon seit langer Zeit weiß, ohne sich dessen bewusst zu sein. »Das Entscheidende«, erklärt uns Dohne, »ist nicht die Erkenntnis an sich, sondern die Tatsache, dass man vieles jetzt neurobiologisch erklären kann.« Am Ende sind wir uns einig: Wir haben in Gesellschaft, Wissenschaft und Wirtschaft kein Erkenntnis-, sondern ein Umsetzungsproblem.

Dieses Treffen verursachte eine deutliche Akzentverschiebung – auch bei uns. Unsere Vorstellung von Lernen, Bildung und Weiterbildung hat sich verändert: Die für uns bisher entscheidende Frage »Was kann jemand nicht?« wird abgelöst oder zumindest ergänzt durch die Frage: »Welche unerkannten oder verborgenen Möglichkeiten besitzt ein Individuum?«.

**Wir haben durch diesen interdisziplinären Austausch verstanden, dass die Vorstellung, man könne Defizite objektiv von außen erkennen und allein durch Schulungsmaßnahmen beseitigen, unrealistisch ist.**

Vielmehr gilt es zu berücksichtigen, dass wirkliches Lernen nur dann stattfindet, wenn das emotionale Erfahrungswissen gleichermaßen angesprochen wird. Insofern ist es unerlässlich, an vergangene positive Lernerfahrungen anzuknüpfen und Menschen etwas zu ermöglichen, das weitgehend auf ihre tatsächlichen Neigungen ausgerichtet ist. Es geht also um weitaus mehr als nur darum, die Möglichkeiten zu erkennen. Es geht in noch stärkerem Maße darum, Erfahrungen zuzulassen, die uns emotional berühren.

Dies macht natürlich die klassischen Maßnahmen und Instrumente der Aus- und Weiterbildung nicht überflüssig. Es wird immer fachliche Veränderungen im Umfeld geben, auf die man sich einzustellen hat. Zum Beispiel geänderte Rechtsgrundlagen, eine neue Software oder eine bessere Technik. Doch dieses Wissen bleibt auf die kognitive Dimension beschränkt. Wir nehmen das Gehörte wahr, und wenn wir Glück haben, speichern wir es ab. Die Frage, die sich stellt, lautet: Wie kommt dieses Wissen auch zur Anwendung?

Gerald Hüther beschreibt 2011 auf der gemeinsam mit uns durchgeführten Konferenz »Lebendige Führung« in Zürich das Problem sinngemäß wie folgt: Wenn wir immer wieder an die Handlungsebene des Individuums appellieren, wird sich keine Haltungsänderung ergeben. Doch genau das ist es, was wir mit unseren kläglichen Motivationsversuchen in Unternehmen ständig versuchen. »Verhalte dich so!« »Tue das nicht mehr!« »Du musst doch einsehen, dass jenes für dich besser ist!«

Und so ist es kein Wunder, dass wir immer wieder in Organisationen zu hören bekommen, dass die Entwicklungsmaßnahmen nicht greifen. So auch kürzlich, als man uns Folgendes über eine Führungskraft berichtete: »Frau X hat an jeder Schulung, die wir anbieten, teilgenommen. Sie meldet sich bei jedem neuen Führungsseminar als Erste an. Doch all das greift nicht. Ihr Verhalten bleibt unverändert, ebenso das ihres Teams. Die Stimmung bleibt schlecht, Mitarbeiter fühlen sich entwürdigend behandelt. Frau X weiß alles besser, und schuld an allem, was nicht läuft, ist immer das Team. Die Mitarbeiter rebellieren offen gegen sie. Alle Kosten und Mühen der Seminare waren erfolglos.«

**Das Verhalten jedes einzelnen Menschen beruht auf seiner Haltung, die sich durch die Erfahrungen entwickelt hat, die ihm unter die Haut gingen.**

Doch genau diese Erfahrungen können wir nicht steuern. Erinnern Sie sich? Gerald Hüther sagte in unserem Gespräch: »Und diese Erfahrungen, die kann man nicht verordnen. Man kann nicht sagen: ›Jetzt machen Sie doch mal eine andere Erfahrung!‹« Frau X machte offenbar in allen von ihr besuchten Seminaren keine Erfahrungen, die ihr unter die Haut gingen und eine Haltungsänderung bewirkten. Außerdem muss man zu ihrer Verteidigung sagen, dass sie in ihrem Verhalten auch auf das der Mitarbeiter reagiert. Es wäre zu kurz gesprungen, würde man das Problem nur ihr zuschreiben.

**Die einzige Möglichkeit, die wir haben, um Verhalten zu verändern, besteht darin, neue Erfahrungsräume zu schaffen.**

Betroffen wären beide davon, Frau X und ihr Team. Doch wie schafft man neue Erfahrungsräume? Wir tasten uns langsam heran.

Wir kennen Samar Perez Lennart seit vielen Jahren. Sie hat Charisma und Charme, kann Menschen für sich gewinnen. Sie ist eine echte Power-Frau (um diese Floskel zu bemühen) – und das trotz oder gerade wegen einer starken Gehbehinderung.

Sie wurde in Jordanien als eines von 23 Kindern eines Taxiunternehmers geboren; ihr Vater hatte zwei Frauen. Und obwohl er wohlhabend war, wurde sie, als bei ihr im Alter von drei Jahren Kinderlähmung auftrat, in ein Heim abgeschoben. Die Zustände dort waren menschenverachtend. Sie sagt heute, dass die Kinderlähmung insofern für sie ein großes Glück gewesen sei, als sie so in einem Land aufwachsen konnte, in dem Mädchen und Jungen unter gleichen Bedingungen leben können. Eine Frau adoptierte Samar schließlich und brachte sie nach Schweden, wo sie ihre Schulzeit verbrachte und ein Informatikstudium absolvierte. Nach dem Abschluss zog es sie ins Ausland. Sie wollte Europa kennenlernen. In Köln jobbte sie bei IKEA, um sich ihre Reise zu finanzieren. Sie lernte dort ihren heutigen Mann kennen und blieb über 20 Jahre bei dem schwedischen Möbelhersteller. Hier war sie unter anderem Abteilungsleiterin, PR-Verantwortliche für das Einrichtungshaus in Eching, Ausbildungsleiterin für die kaufmännische Ausbildung und zum Schluss HR-Businesspartnerin in Brunnthal bei München. Samar war für uns immer IKEA – trug schon mal in ihrer Freizeit IKEA-Polos, und wenn sie zu Besuch kam, dann brachte sie oft IKEA-Kekse mit. Darum konnten wir es zuerst gar nicht glauben, als sie uns mitteilte, dass sie zu Telefónica wechseln würde.

Sie hatte parallel zu Familie und Beruf noch ihren MBA gemacht. In ihrer Masterarbeit befasste sie sich mit dem Thema »Frauen in Führungspositionen«. IKEA konnte ihr zum damaligen Zeitpunkt keine für sie passende Perspektive bieten, also entschloss sie sich zum Wechsel.

Bei Telefónica sollte sie die Führungskräfteentwicklung übernehmen und unter anderem das Ausbildungsprogramm für diese Zielgruppe neu gestalten. Die Aufgabe faszinierte sie, und sie stieg mit voller Leidenschaft ein.

Wir hatten in dieser Zeit oft Kontakt und diskutierten viele Ideen miteinander. Nach etwa einem halben Jahr spürten wir, dass sie die Dinge, die sie voranbringen wollte und für die sie brannte, nicht wirklich umsetzen konnte. Sie hatte ein sehr interessantes Programm konzipiert: Raus aus den Seminarräumen der Hotels, rein in die Praxis! Jeder sollte sich seinen eigenen Rucksack mit Inhalten packen können, so ganz nach seinen Bedürfnissen als Führungskraft. Es sollte ein Programm werden, durch das man sich selbst kennenlernen kann, das stark auf Eigenverantwortung aufbaut. So plante sie beispielsweise zum Abschluss der Führungskräfteausbildung ein Atelier, in dem die Teilnehmerinnen und Teilnehmer ihre größten Fehler transparent machen konnten und aufzeigen sollten, was sie daraus gelernt hatten. Viele gute Ideen, viel Lob für das Konzept im Unternehmen, doch der Startschuss wurde nie gegeben. Für sie jedoch kein Grund zum Hadern. Sie nahm es sportlich und verließ, ohne etwas Neues zu haben, und trotz verlockender Versuche des Unternehmens, sie zu halten, Telefónica. Sie war sich sicher, dass sie etwas Geeigneteres finden würde.

Ein paar Wochen später ruft sie uns an und sagt, sie ziehe zurück nach Schweden. Dort werde sie für IKEA of Sweden und IKEA Supplying globale Programme innerhalb der Bereiche von »Core Competence« und »Leadership Development« designen.

Bevor sie Deutschland verlässt, treffen wir uns nochmals. Wir fragen sie, was sie in diesem Jahr bei Telefónica am meisten enttäuscht habe. »So wirklich enttäuscht hat mich nichts«, antwortet sie nach kurzem Überlegen. »Ich gehe dort auch mit keinerlei Groll weg. Ich habe viel gelernt. Zum Beispiel, dass die, die entscheiden wollen, meist nicht entscheiden dürfen, und die, die entscheiden dürfen, nicht entscheiden wollen. Viele finden sich damit zurecht. Für mich war das nichts. Also muss ich mich weiterentwickeln, mir eine neue Aufgabe suchen. Es war für mich auch kein Scheitern, sondern ein interessanter Versuch – in euren Worten: ein Experiment.« Wir reden darüber, wie die optimale Personalentwicklung aussehen müsse. »PE sollte sich an der Eltern-Kind-Beziehung orientieren. Die meisten Eltern wollen doch, dass ihre Kinder selbständig werden. Sie wollen, dass die Kinder irgendwann sogar das Elternhaus verlassen, aber immer noch mit ihm verbunden sind und sogar in schwierigen Zeiten für die Eltern sorgen. Das können sie aber nur, wenn sie selbstverantwortlich durchs Leben gehen. Ich lerne heute ständig Neues von meinen beiden Jungs dazu. Warum werden in so wenigen Organisationen die Mitarbeiter als selbständige Menschen behandelt? Warum wird dort versucht, das Gegenteil von dem zu tun, was wir in der Familie erleben?« Aus Samars Sicht muss Entwicklung in Organisationen so gestaltet sein, dass man sich selbst seine Ausbildungsbausteine zusammenstellt und die Personalabteilung möglichst viele Optionen anbietet. Also Räume, in denen man sich entwickeln kann. Die Aufgabe der Führungskraft ist es, den Mitarbeitenden diese Räume zu eröffnen. Sie zu ermutigen, sich in diese Räume zu begeben, sie zu unterstützen, im Idealfall sogar zu begleiten. Diese Begleitung kann aber auch eine andere Person im Unternehmen übernehmen. Wichtig ist, dass sich jemand für die Entwicklung der Mitarbeiter interessiert. »Das klingt doch alles nach zielloser Selbstentwicklung«, so unser Einwand. »Hörst du da nicht oft, dass sich Mitarbeitende dann nur noch die Rosinen aus dem Programm picken und sich überhaupt nicht im Sinne der Organisation entwickeln?« Sie kennt diese Einwände, meint aber: »Ich glaube, dass die meisten Menschen in den Unternehmen sich nicht gegen das Unternehmen entwickeln wollen, wenn sie die Ziele kennen und mittragen, die man im Unternehmen verfolgt. Ich habe vielmehr den Eindruck, dass in den durchregulierten Aus- und Weiterbildungskonzepten, die man so allgemein kennt, alles an Veranstaltungen ›mitgenommen‹ wird, was gerade im Angebot ist – ohne Rücksicht auf praktische Verwertbarkeit.«

Wir sind gespannt, wie Samar ihre neue Aufgabe meistern wird. Aber bei der Kraft, die sie ausstrahlt, und der Bereitschaft, sich selbst immer wieder zu entwickeln, sind wir sicher, dass IKEA viel von ihr profitieren kann.

**Nicht selten erleben wir in Organisationen Teufelskreise.**

Personalabteilung oder Führungskräfte versuchen, durch Überzeugung, Belohnung, Bestrafung, Schulung Mitarbeitende zu verändern und oft auch Druck auf sie auszuüben.[79] Druck erzeugt bekanntlich Gegendruck, mit der Folge großer Frustration. Alle Seiten verlieren. Die Personalabteilung ist frustriert, weil ihre Programme schlecht ankommen. Die Führungskräfte verlieren das Interesse, weil sie das Gefühl haben, die Ausbildungsformen seien nicht wirklich geeignet, den Mitarbeitenden mit neuen Fähigkeiten auszustatten. Die Person fehlt dem Team mit ihrer Arbeitskraft über Stunden, Tage oder sogar Wochen. Und schließlich sind die betroffenen Mitarbeitenden unzufrieden, weil sie a) eine Ausbildung erlebt haben, die sie nicht wollen, oder b) Dinge lernen sollen, die sie nicht benötigen, oder c) etwas gelernt haben, was sie nicht anwenden dürfen, oder d) das, was sie bisher gemacht haben, als falsch abgewertet wird.

**Es gilt also, die Prämisse zu reflektieren: Die meisten in der Praxis bestehenden Konzepte gehen davon aus, dass Menschen sich nach einem bestimmten System und von außen entwickeln lassen.**

Wie wir bei Hüther erfahren haben, geht aber genau das nicht. Motivation entsteht nur von innen und nur dann, wenn Menschen das Gefühl haben, ihre Potenziale in die Arbeit einbringen zu können und dabei Wertschätzung und Beziehung zu erfahren. Moderne Personalentwicklung setzt genau hier an – unabhängig davon, ob die Zielgruppe aus Führungskräften oder Sachbearbeitern besteht. Nicht mehr eine weit von der Alltagsproblematik entfernte Abteilung übernimmt die Entwicklung der Mitarbeiter und Mitarbeiterinnen, sondern es muss die direkte Führungskraft sein, die mit dem Personal in Beziehung ist und authentisch Wertschätzung für das Erreichte ausdrücken kann.

»Wenn meine Mitarbeiter zu mir kamen und sagten: ›Entwickle mich!‹, dann hat mir das immer schon Unbehagen bereitet.« Ein Satz, den wir so von einem Manager in einem großen Telekommunikationskonzern nicht erwartet hätten. Sich nicht als Personalentwickler der eigenen Mitarbeiter zu verstehen, da kommt fast schon der Verdacht der Political Incorrectness auf.

Marko Spegel-Grünberger – wir sitzen beim Mittagessen in einem Restaurant im österreichischen Linz – merkt offenbar, dass wir etwas erstaunt und gleichzeitig betroffen dreinschauen. Der promovierte Physiker, der seit mehr als zwölf Jahren für die Deutsche Telekom arbeitet, erklärt uns, dass er das einfach nicht könne: Menschen entwickeln. Darum hat er auch seine Personalverantwortung abgegeben, ist auf Teilzeit gegangen und arbeitet jetzt als Projektverantwortlicher. »Viele Mitarbeiterinnen und Mitarbeiter im Konzern erwarten von ihren Vorgesetzten, dass diese sie entwickeln. Das verstehe ich nicht. Ich sehe und sah meine Aufgabe schon immer darin, im Dialog mit allen zu stehen. Ich brauche die Eins-zu-eins-Situation. Darum verbringe ich auch fast die Hälfte meiner Arbeitszeit im Gespräch mit Mitarbeitern und Kollegen. Und wenn sich dann einer entwickeln will, dann soll er das tun. Aber dass ich wissen müsste, wie und wohin ich jemanden entwickeln soll, das ist mir komplett fremd.«

Auf der Zugfahrt zurück nach München diskutieren wir noch lange, ob der von uns immer wieder geäußerte und als State-of-the-Art-Ansicht geltende Slogan »Die Führung ist der wichtigste Personalentwickler« tatsächlich so gilt. Ist nicht vielmehr der Mitarbeiter selbst der eigentliche, zentrale und entscheidende Personalentwickler?!

Zwei Vorstellungen sind offensichtlich nicht mehr zeitgemäß: die omnipotente Entwicklungsabteilung und die Führungskraft, die Mitarbeitende entwickelt. Beiden Ansätzen wohnt der Machbarkeitsmythos inne. Beide gehen davon aus, dass es einen gibt, der es weiß, und einen, der entwickelt werden muss. Und diese beiden Ansatze erleben wir in einer Vielzahl von Organisationen; sie sind selten dazu geeignet, Mitarbeiterinnen und Mitarbeitern Erfahrungen zu ermöglichen, die ihnen unter die Haut gehen.

»Wenn das so ist, dann kann ja die Personalabteilung wieder zum Verwalten von Humanressourcen übergehen und die Führungskraft sich endgültig auf ihre Fach-, Weisungs- und Kontrollkompetenzen zurückziehen«, könnte man jetzt denken. Doch genau das ist nicht die Botschaft, die wir hier transportiert wollen.

Das Gespräch mit der Führungskraft des Telekommunikations-konzerns verdeutlichte uns, wie ein neuer Raum für gelingende Entwicklung auch aussehen kann:

**Ich muss andere nicht entwickeln wollen, kann mich ihnen aber als Dialogpartner anbieten.**

Doch dazu benötigen wir ein klares Verständnis von Dialog. Dieser sollte nicht dazu dienen, den Mitarbeiter mit Druck von irgend-welchen Maßnahmen zu überzeugen. Jesper Juul, einer der renom-miertesten Familientherapeuten Europas, schreibt: »Ein Dialog setzt Offenheit, Interesse und Engagement von beiden Seiten voraus.«[80] Ein entsprechendes Verhalten sollte nicht nur vom Mitarbeitenden, sondern auch von der Führungskraft oder dem Personalentwickler erwartet werden. In vielen Organisationen erleben wir eine andere Kultur. Auch wenn man sich vonseiten der Führung zum ergebnis-offenen Austausch bekennt, so zählt letztlich doch die eigene Über-zeugung. Die Führungskraft ist überzeugt, zu wissen, was für den Mitarbeiter gut ist. Es findet eine Verhandlung, manchmal eine De-batte, nicht selten ein Monolog statt, aber fast nie ein echter Dialog. Jesper Juul hat dazu einen umwerfend einfachen Tipp, wie dieser Dialog gelingen könnte: »Man kann seine Erwägungen, Ansichten und Erfahrungen ins Feld führen, sollte jedoch darauf eingestellt sein, durch den Dialog neue Einsichten zu gewinnen. Man muss sich, mit anderen Worten, dem Risiko aussetzen, klüger zu werden.«

Sind Sie als Führungskraft dazu bereit? Wollen Führungskräfte im Entwicklungsgespräch mit dem Mitarbeitenden klüger werden? Hier sollte Personalentwicklung ansetzen: an der Entwicklung hin zum echten Dialogpartner!

*»Wie Sie sehen, hängen bei uns überall Kunstwerke im Gebäude. Herr Wittenstein ist Kunstförderer, und wir machen hier auch immer wieder*

Vernissagen für junge Künstler. Er kauft dann oft Bilder und Kunstwerke. Nicht für sich, sondern für alle Mitarbeitenden. Die Kunst soll inspirieren und neue Perspektiven ermöglichen.« Sascha von Berchem aus dem zentralen Stab der Konzernsteuerung führt uns durch die Hauptgebäude der WITTENSTEIN AG. Das Unternehmen produziert hochpräzise Planetengetriebe, elektromechanische Antriebssysteme, Servosysteme und -motoren unter anderem zum Einbau in Werkzeugmaschinen für die Verpackungs-, Förder- und Verfahrenstechnik, den medizinischen Bereich sowie für die Luft- und Raumfahrt.

Man ist sehr erfolgreich und in den letzten Jahren stark gewachsen. Neben dem modernen sternförmigen Hauptgebäude, das, umgeben von einer schönen Gartenanlage, in die Hügellandschaft im nordöstlichsten Winkel von Baden-Württemberg eingebettet ist, wird gerade ein fast gigantisch anmutendes neues Fabrikgebäude gebaut. In ihm sollen, so von Berchem, in Zukunft alle unter einem Dach produzieren, verwalten, leben und vor allem innovativ sein. Unser Rundgang führt uns noch in den firmeneigenen Hörsaal, den sich so manche Uni für Schulungen und Weiterbildung wünschen würde, dann warten wir darauf, unser Gespräch mit Manfred Wittenstein führen zu dürfen. Es läuft gerade noch der Vortrag einer jungen Mitarbeiterin vor der Geschäftsleitung. Die Dame war am Ende ihrer Ausbildung für drei Monate auf der Walz. Vermutlich fragen Sie sich jetzt auch: »Das ist doch ein internationales Industrieunternehmen, warum sind denn da junge Menschen auf der Walz?«

Kurz darauf sitzen wir Manfred Wittenstein gegenüber, links von ihm nimmt Frau Winkel Platz. Sie hat vor zwei Jahren den Bachelor of Engineering in einem dualen Studiengang bei WITTENSTEIN gemacht und war eine der Ersten, die auf die Walz ging. Wittenstein stellt uns Winkel als eine der mutigsten »Walzlerinnen« vor: »Sie hat sich gleich die ›Herkulesaufgabe Indien‹ aufgebürdet und über drei Monate die indische Arbeitskultur untersucht!« Beim erstmaligen Aufruf zur Walz hatte sie sich gleich beworben. »Nach einem stark strukturierten Studium war das eine Herausforderung, der ich mich stellen wollte«, sagt Winkel. Sie bekam viel positiven Zuspruch aus dem privaten und geschäftlichen Umfeld. Auch wenn noch niemand wusste, was diese »Pioniere auf der Walz« – so der offizielle Titel – tatsächlich tun und erleben würden. Man merkt Winkel die Begeisterung auch nach über einem Jahr noch an. Sie sitzt als Vertriebsingenieurin neben dem Vorstandsvorsitzenden, scherzt, lacht und hat keinerlei Berührungsängste. Eine ausgesprochen selbstbewusste, offene junge Frau, deren Persönlichkeit mit Sicherheit auch auf der Walz gestärkt wurde.

Wie kommt ein mittelständisches Unternehmen mit 1600 Mitarbeitenden dazu, Lehr- und Studienabsolventen über drei Monate lang zu finanzieren, ihnen einen Flug irgendwohin in die Welt zu bezahlen und den Arbeitsplatz in dieser Zeit zu garantieren? Steht das nicht dem in den eigenen Unternehmensbroschüren zu lesenden Effizienzgedanken des Unternehmens entgegen? »Man darf nie meinen, man könne alles in berechenbare Größen gießen«, ist die spontane Antwort von Wittenstein. »Wir sind davon überzeugt, dass die jungen Menschen als gereiftere Personen zurückkommen. Sie bringen Ideen mit, die irgendwo Wirkung zeigen werden. Das hat einen Wert, der sich nicht in Heller und Pfennig berechnen lässt. Diese neuen Erfahrungen führen bei uns zu irgendwelchen neuen Inputs, und daraus ziehen wir eine neue Selbstdefinition. Es entstehen neue Freundschaften, man lernt neue Menschen kennen, das führt zu mehr Offenheit. Wir lernen ja nichts Neues, wenn wir uns nicht infrage stellen. Und genau das passiert auf der Walz.«

Wir erfahren im weiteren Verlauf des Gesprächs, dass man seit ungefähr acht Jahren bei WITTENSTEIN immer wieder auf der Suche nach der eigenen Identität ist. Man nähert sich hier gerade einem gemeinsamen Selbstverständnis an. Und bei allem Konsens, der sich immer wieder herauskristallisiert, ist man überzeugt, dass dieser Prozess niemals wirklich abgeschlossen sein wird. Die Organisation zwingt sich selbst immer wieder auf den Prüfstand. Das, was man sonst in Organisationen Personalentwicklung nennt, das heißt hier Personalentfaltung. »Das Unternehmen muss sich den Herausforderungen stellen.« Das ist die Überzeugung von Manfred Wittenstein. »Es wäre fatal, wenn wir uns in der Bequemlichkeit einrichten würden. Da ist die Walz ein Thema. Unsere urbane Produktion in Fellbach ein anderes oder die neue Innovationsfabrik nebenan. Wir wollen Bekanntes in einen anderen Kontext stellen. Zum Beispiel muss Innovation ständig und überall stattfinden. Darum wollen wir das neue Gebäude als Innovationsfabrik aufbauen. Wenn wir gute Mitarbeitende in die Provinz holen wollen, dann müssen wir uns überlegen, was Leben hier bedeutet und wie wir attraktive Kontexte herstellen können.«

Peter Senge, der Urvater der lernenden Organisation, schlägt vor: »Manager von heute müssen Forscher sein, die ihre eigenen Unternehmen genau studieren. Sie müssen Gestalter sein, die jene Lernprozesse anstoßen, die Selbstorganisation erst ermöglichen und zu fruchtbaren Leistungen in einer sich ständig verändernden Welt führen.«[81] Hier sehen wir einen weiteren interessanten Ansatz. Weniger fertige Konzepte, weniger Weiterbildungskataloge, aus denen ich nur »stufengerecht« auszusuchen brauche, keine Führungskraft, von der ich erwarten kann, dass sie mich entwickelt – sondern der Freiraum, den ich zur eigenen Entwicklung nutzen kann. Das ist die Hohe Schule der Personalentwicklung in der WITTENSTEIN AG.

Aussagen wie »Wir befinden uns in einem ständigen Prozess der Entwicklung mit offenem Ende« begegnen uns immer wieder. Doch die wenigsten, die sich in dieser Weise äußern, initiieren diesen Entwicklungsprozess bewusst. Meist lässt man die Unsicherheit auf sich zukommen. Dann versucht man in der Personalentwicklung, die Mitarbeitenden auf die aktuelle – weniger zukünftige – Problemsituation vorzubereiten. Bei WITTENSTEIN legt man es aktiv darauf an, Herausforderungen mittels Personalentfaltung selbst zu erzeugen.

**Man will den Mitarbeitenden die Chance geben, vielleicht will man sie sogar dazu bewegen, die eigene Komfortzone zu verlassen.**

Wenn ein »Walzler« in Malaysia danach forscht, wie dort die Kultur im Maschinenbaumarkt ist, dann ist diese Fragestellung sicherlich nicht uninteressant für das Unternehmen. Spannend ist aber, ob ein Studienabsolvent auf der Walz die Möglichkeit genutzt hat, mit Fremdheit, mit Problemen und mit Scheitern umzugehen. Wenn er dann daraus lernt, dass es wichtig ist, die Walz nicht zu genau zu planen, da sich das meiste vor Ort ergeben wird,[82] dann könnte es sein, dass dieser Mitarbeiter, der diese Erfahrung gemacht hat, in Zukunft ein von geplanten Prozessen bestimmtes Produktionsunternehmen immer wieder auf den Prüfstand stellt. Scheitern wird bewusst in Kauf genommen und mehr noch, im Scheitern wird kein Widerspruch zum Erfolg gesehen. Lars Burmeister, der ein Buch über das Scheitern geschrieben hat,[83] bringt es in einem Interview auf den Punkt: »Es geht darum, klarzumachen, dass Scheitern ein ganz normaler Entwicklungsschritt ist, der keine destruktive Kraft haben muss, sondern – nach angemessener Zeit – Inspiration für einen besseren Weg sein kann.«[84] Es ist kein Misserfolg, wenn man erkennt, dass man keinen Mitarbeitenden entwickeln möchte; wenn man erkennt, dass das Personalentwicklungsprogramm vom Vorstand abgelehnt wird, oder wenn ich auf der Walz mit Problemen konfrontiert werde, die ich im ersten Anlauf nicht lösen kann. Wenn ich dazu stehen kann, entsteht daraus Entwicklung.

Echte Potenzialentfaltung ist mit der klassischen Personalentwicklung nicht zu schaffen, sie spielt sich in gänzlich anderen Dimensionen ab. Es darf nicht primär um Defizitbeseitigung gehen, sondern um die Konfrontation mit den eigenen Grenzen. Es geht nicht um Machbarkeit, sondern um das Ermöglichen von Unvorhersehbarkeit. Es geht nicht mehr um die Defizitbeseitigung, sondern um den Umgang mit Unzulänglichkeit.

1. Musterbrecher suchen nach Erfahrungen, die unter die Haut gehen.

2. Musterbrecher fragen nach Potenzialen und erst dann nach Kompetenzen.

3. Musterbrecher benötigen keinen Weiterbildungskatalog. Sie entwickeln sich selbst.

4. Musterbrecher sind bereit, sich dem Risiko des Dialoges auszusetzen und dazuzulernen.

5. Musterbrecher thematisieren ihr eigenes Scheitern.

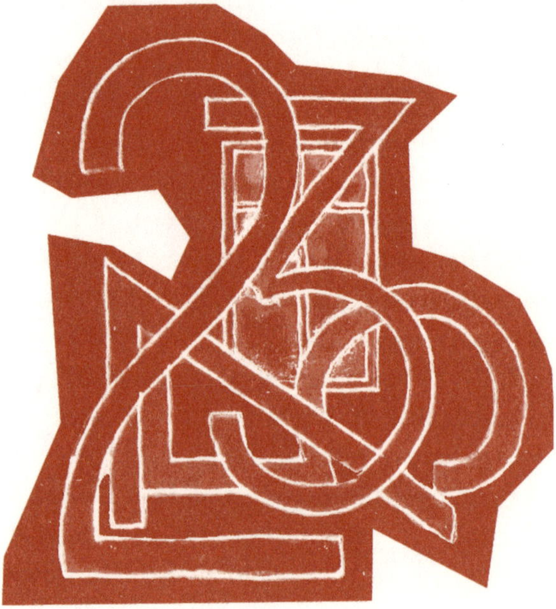

# 07

## Gelassen kalkuliert.
## Warum man mit Zahlen nicht rechnen kann

Der deutsche Fußballrekordmeister FC Bayern München hat seinen 22. Meistertitel mit seit Bestehen der Bundesliga nie da gewesenen 91 Punkten gewonnen. Bei einem Abstand von 25 Punkten zum Zweiten, Borussia Dortmund. Damit belegt der Verein bei insgesamt 626 Spieltagen als Tabellenführer den Spitzenplatz in der ewigen Liste der Bundesliga. Der Saisonhöhepunkt für den FCB war das erste deutsch-deutsche Finale der Champions-League-Historie. Endlich, nach der dritten Endspielteilnahme in vier Jahren, siegte der Verein mit 2:1. Das Spiel gegen den BVB war ausgeglichen, mit leichten Vorteilen für die Bayern, die 52,4 Prozent gewonnene Zweikämpfe und 57,4 Prozent der Ballkontakte auf ihrer Seite verbuchen konnten. Um das Triple erstmalig in der Bundesligageschichte komplett zu machen, gewann man am 1. Juli 2013 überdies noch das 70. DFB-Pokalfinale – zum 16. Mal, bei 19 Finalteilnahmen.

**Wir fragen uns, warum selbst in einem Bereich, der einmal als die schönste Nebensache der Welt beschrieben wurde, Zahlen und Statistiken so wichtig sind.**

Die Verfechter dieses akribischen Umgangs mit Zahlen werden vielleicht sagen: Zahlen können wir uns merken. Sie machen es einfacher, über den Sachverhalt zu sprechen. Sie sind ein belastbares Faktum. Wie wollen wir ohne Tabelle den Fußballmeister, ohne gemessene Entfernung die beste Speerwerferin und ohne ermittelte Zeit die schnellsten Läufer bestimmen? Schon richtig, aber geht es nicht auch etwas bescheidener?

Zahlen sind allgegenwärtig. Jede Wetter-App gibt an, wie hoch die Regenwahrscheinlichkeit ist. Dummerweise wissen wir meist nicht, was eine Regenwahrscheinlichkeit von 25 Prozent besagt. Bedeutet es, dass es während sechs Stunden am Tag oder vielleicht doch in einem Viertel der betroffenen Region regnen wird? Oder sagt jeder vierte Meteorologe Regen voraus?[85]

Im Gesundheitswesen wird Männern und Frauen ab einem gewissen Alter zu Krebsfrüherkennungsuntersuchungen geraten. Bei der Information zu Erkrankungsrisiken und Überlebenschancen werden sie mit einer Vielzahl von Zahlen überhäuft. Leider, so stellte der Risikoexperte und Direktor am Max-Planck-Institut Gerd Gigerenzer fest, war die Mehrheit der Ärzte nicht dazu in der Lage, die statistischen Daten adäquat zu interpretieren, geschweige denn, sie den Patienten verständlich zu machen.[86]

Was würde passieren, wenn ein Kind in der Schule die Rechenaufgabe »2 x 2« mit »grün« beantworten würde? Aus der Sicht von Heinz von Foerster, dem Kybernetiker und Mitbegründer des Konstruktivismus, erschiene uns diese Antwort unzulässig und würde unsere Sehnsucht nach Sicherheit verletzen. »Die Konsequenz ist, daß wir es in eine Trivialisationsanstalt schicken, die man offiziell als Schule bezeichnet. Und auf diese Weise verwandeln wir dieses Kind Schritt für Schritt in eine triviale Maschine, das unsere Frage ›Was ist zwei mal zwei?‹ auf immer dieselbe Weise beantwortet.«[87] Als Physikprofessor ist sich von Foerster natürlich darüber im Klaren, dass es sinnvoll ist, vereinbarte Regeln zu befolgen, andernfalls würde man sich aus dem Spiel verabschieden.[88] Er will mit seinem Beispiel aber deutlich machen: Obwohl die Welt eine »nicht-triviale Maschine« ist, glauben wir, sie durch die Mathematik berechenbar machen zu können. Sie erscheint dadurch für uns zuverlässig, vergangenheitsunabhängig und analytisch bestimmbar. Und in der Wirtschaft?

Niemand wird bestreiten, dass hier die Zahl als Maß für Gewinn, Umsatz, Kundenzufriedenheit, erbrachte Arbeitsleistung, Produktivität, Eigenkapitalrendite, Liefertreue, Maschinenauslastung usw. eine noch entscheidendere Rolle spielt als in anderen Bereichen des sozialen Miteinanders.

## Nicht selten nimmt dieser Zahlenkult jedoch fragwürdige Ausmaße an.

Die Mitarbeiter des Industriebetriebes sind es seit Jahrzehnten gewohnt, dass ihre Arbeitszeiten erfasst werden. Alle sind vertraglich dazu verpflichtet, sich morgens bei Betreten des Gebäudes ein- und abends wieder aus dem System auszuloggen. Auch die Mitglieder der Geschäftsleitung – alle mit außertariflichen Verträgen – erfassen ihre Anwesenheit auf diese Art und Weise.

Die Stechuhr stand bis vor Kurzem im zentralen Eingangsbereich des Unternehmens. Dann fiel der Geschäftsleitung auf, dass dies für die beabsichtigte Berechnung der effektiven Arbeitszeit nicht richtig sei. Schließlich vergingen ja einige Minuten, bis ein im fünften Stock des Bürogebäudes arbeitender Ingenieur an seinem Arbeitsplatz sei. In dieser Zeit könne er nicht produktiv für das Unternehmen tätig sein. Dieser festgestellte Mangel müsse behoben werden.

In der Folge wurde dann mit hohem Aufwand die zentrale Zeiterfassung im Eingangsbereich durch Einzelerfassungsterminals auf allen Stockwerken ersetzt. Damit ist nun endlich gewährleistet, dass die zuvor als Arbeitszeit erfasste »Freizeit« eliminiert wurde. Auch die Pausenzeiten sind strikt geregelt: Automatisch wird täglich eine Stunde für Frühstücks- und Mittagspause abgezogen. Auch dann, wenn beispielsweise Besprechungen oder Kundentermine keine Pausen ermöglichen. Die beiden Pausenzeiten sind nicht kombinierbar und zeitlich nicht variabel: 25 Minuten für die Frühstücks- und 35 Minuten für die Mittagspause, jeweils zu exakt definierten Zeiten. Mit diesen genauen, für alle geltenden Festlegungen soll dem Gerechtigkeitsprinzip Genüge getan werden. Die betroffenen Mitarbeiterinnen und Mitarbeiter sehen es freilich anders: Sie empfinden dieses System keineswegs als gerecht. Da die individuellen Gehzeiten zur Kantine um bis zu fünf Minuten variieren, ist die tatsächliche Essenspause nicht für alle von gleicher Dauer.

Der Zahlenfanatismus geht sogar so weit, dass die Mitarbeitenden auf Dienstreisen ihren Tagesablauf individuell festhalten und nach ihrer Rückkehr beim Lohn- und Gehaltsbüro melden müssen. Der jeweils zuständige Vorgesetzte hat die Zeiten zuvor inhaltlich und rechnerisch zu überprüfen – auch wenn dies besonders mit Bezug auf weite Auslandsreisen nur begrenzt möglich ist.

Sobald aus Versehen einmal vergessen wird, sich ins System ein- oder auszubuchen, muss dies umgehend nachgemeldet werden – wiederum auf dem Weg über den zuständigen Vorgesetzten, damit jedweder Missbrauch ausgeschlossen wird. Nur dadurch ist, laut Auffassung der Verantwortlichen, gewährleistet, dass die für die Anschlusskalkulationen so wichtigen Arbeitszeiten exakt berechnet sind und keine Lücken aufweisen.

In einem Großteil der deutschen Unternehmen werden Arbeitszeiten systematisch erfasst. Doch die Exaktheit zahlenmäßiger Erfassung der Arbeitszeit hat – entgegen bester Absicht – keinerlei positive Auswirkungen für die Mitarbeitenden gebracht: Gerechtigkeit wird nicht hergestellt, sondern verhindert.

**Diese Beobachtung offenbart eine unausrottbare Fehleinschätzung: Die Zahl liefert Klarheit, Gerechtigkeit und Sicherheit.**

»Was sich nicht in Zahlen ausdrücken lässt, ist weich – und verliert, bevor das Spiel überhaupt angefangen hat.«[89] Das Argument des Mitarbeiters, er habe doch seine Arbeit erledigt, eventuell sogar schneller und besser als vorgesehen, ist nicht objektivierbar und daher wertlos. Von vielen wird der begrenzte Nutzen von Zahlenangaben nicht gesehen. Was wir gemessen, gewogen und dann berechnet haben, das gibt uns die Überzeugung, über sicheres, verwertbares Wissen zu verfügen.

Es ist also nachvollziehbar, dass wir auch in Unternehmen versuchen, alles zu berechnen. Vielerorts als Rechnungswesen, Unternehmensrechnung oder dominanter und pauschaler als Controlling bezeichnet, wird gleichermaßen strebsam wie akribisch gerechnet. Wir sind uns bewusst, dass es in Unternehmen ganz ohne Zahlen nicht geht. So hat der Kaufmann im Sinne der einschlägigen Handelsgesetzgebung die Pflicht zur Führung der Bücher.[90] Unbeachtet aber bleibt oft, dass außer der externen Rechnungslegung von gesetzlicher Seite keinerlei weitere Zahlenwerke gefordert werden.

Der Soziologe Richard Sennett bemerkt zu unserem Problem: »Damals wie heute suchten die Menschen nach der Gewissheit, dass Dinge, die man durch eine Zahl darstellen konnte, als sichere Tatsache gelten konnten. Apian, einer der Ersten, der die Buchführung methodisch erfasste, wusste es besser: Zahlen sind Darstellungen, die der Diskussion bedürfen.«[91] Unsere Organisationen sehen das in der Regel anders: Zu internen Steuerungs- und Kontrollzwecken werden eine Vielzahl von Erfolgs-, Liquiditäts- und Rentabilitätskennzahlen, Kennzahlen zur Kapitalstruktur und zur Umschlaghäufigkeit sowie wertorientierte Kennzahlen berechnet.

»Ich glaube nicht an Fügung und Schicksal, als Techniker bin ich gewohnt, mit den Formeln der Wahrscheinlichkeit zu rechnen.« Mit diesem Ausspruch lässt Max Frisch in seinem bekannten Roman *Homo faber* den Ingenieur Walter Faber die Welt entmystifizieren. Er glaubt an die Mathematik und die Berechenbarkeit der Zukunft. Doch das hilft ihm nur wenig. Die ganze rationale mathematische Weltsicht bewahrt Walter Faber nicht davor, sich ahnungslos in seine eigene Tochter zu verlieben und mit ihr eine inzestuöse Beziehung einzugehen. Mit einer schlichten Überlegung hätte er die wahre Identität des Mädchens erkennen können; aber dies kam ihm nicht in den Sinn. War Ende der 1950er-Jahre noch der Ingenieur das Sinnbild des Rationalisten, so hätte Frisch vermutlich in einer heutigen Fassung des *Homo faber* seinem Protagonisten einen anderen Beruf gegeben – vermutlich den eines Managers oder Bankers.

## Warum ist die Mathematik so mächtig?

Warum sind ihre Berechnungen so unantastbar? Warum gibt sie uns so viel – oft nur scheinbare – Sicherheit, und warum hat sie sich aller Lebensbereiche bemächtigt?

»Einer meiner Freunde sagte einmal: ›Mathematiker sind spontane Platoniker.‹ Das heißt, sie glauben an eine platonische Welt der Ideen und sehen diese verkörpert in ihren mathematischen Gebilden. Was aber diese Gebilde vergessen machen, das ist ihre reale irdische Herkunft. Mathematisches Denken funktioniert so, dass man über mathematische Strukturen nachdenkt und daraus neue generiert. Wir haben es also mit einer Hierarchie von Reflexionen zu tun, die sich vom konkreten Gegenstand entfernt haben. Diese Reflexionen können aber, da sie in der gegenständlichen Welt verwurzelt sind, eine ungeheure Denkmacht entfalten. Darum muss die Mathematik wieder ein Stück weit entzaubert werden, indem man sich diesen Hintergrund ins Gedächtnis ruft.«
Wir sitzen mit Jürgen Renn in der Generalverwaltung der Max-Planck-Gesellschaft in München. Der promovierte Mathematiker und Direktor am Max-Planck-Institut für Wissenschaftsgeschichte in Berlin formuliert präzise und pointiert. Er merkt wohl, dass wir mathematische Laien sind, und erklärt daher sehr konkret: »Die Mathematik hat ihren Ursprung in den Verwaltungswesen der frühen Großreiche. In Mesopotamien und Ägypten entstanden erstmalig und fast gleichzeitig die Schrift und das Rechnen. Beides waren eng verwandte Zeichensysteme, die für die Organisation dieser Großreiche eine wichtige Funktion hatten. Schrift und Rechnen dienten der Ressourcenverwaltung. Es entstanden erste Symbole, sogenannte ›Token‹, die ganz konkrete Gegenstände repräsentierten, zum Beispiel ein Schaf oder einen Menschen. Je komplexer die Systeme wurden, desto mehr musste man vom bezeichneten Objekt abstrahieren. Es bildeten sich Standards.

Diese Entstehung von Abstraktion durch die Integration von Erfahrungen kann man sehr gut am Entfernungsverständnis erklären. Ein Körpermaß – zum Beispiel ›ein Fingerbreit‹ oder ›eine Elle‹ – hat im praktischen Leben erst einmal sehr wenig mit dem Wegmaß von ›einer Stunde Weg‹ oder ›fünf Tagesmärschen‹ zu tun. Bis dahin ergab es wenig Sinn zu fragen: ›Wie viele Ellen hat denn ein Tagesmarsch?‹ Erst als es konkrete Gründe gab, diese Maße aufeinander zu beziehen, entstand in den antiken Großreichen zum ersten Mal so etwas wie ein abstraktes Längenmaß. So führten die Jakobiner kurz nach der Französischen Revolution in Frankreich ein einheitliches Maßsystem ›für alle

Zeit, für alle Völker‹ ein. Durch die Vernetzung in komplexer werdender Gesellschaft entstand die Notwendigkeit einer abstrakten Mathematik. Es entwickelte sich ein Zeichensystem, das in Schulen gelehrt werden musste. Schulen haben dabei natürlich immer die Funktion – das haben wir alle erlebt –, die Dinge von den realen Kontexten zu abstrahieren. Es können Gedankenspiele angestellt werden, die teilweise keinen Bezug mehr haben zu dem, was man alltäglich erlebt. In Schulaufgaben berechnet man zum Beispiel, wie viele Felder einer bestimmten Größe auf den Mond passen. Mit zunehmender Abstraktion entwickelten sich die ersten abstrakten Wissenschaften.« Renn erklärt uns, dass es in der Geschichte immer wieder Momente gab, wo reale Probleme auftraten, die mit der bisherigen Mathematik nicht lösbar waren.

»Machen wir jetzt einen Zeitsprung in die frühe Neuzeit«, fährt Jürgen Renn fort. »Damals stand man vor einer Reihe von Themen, die man nicht lösen konnte: Bewegungsprobleme in der Ballistik, Probleme beim Umsetzen von Bauvorhaben etc. In diesem Zusammenhang entstand – ich sage das jetzt mal verkürzt – zum Beispiel die Infinitesimalrechnung. Die Statistik entwickelte sich später zum Beispiel in engem Zusammenhang mit Bevölkerungswachstum. Dieses erzeugte große soziale Probleme, die eine Herausforderung für die bis dahin bekannte Mathematik darstellten. Die Technik der Statistik wurde dann viel später auf die Erfassung aller möglichen Probleme angewendet.«

Da Jürgen Renn sich intensiv mit Einstein befasst hat, interessiert es uns, wie es dazu kam, dass die spezielle und die allgemeine Relativitätstheorie entstehen konnten. Das könne man nur im Kontext der damaligen Zeit verstehen, erklärt er uns: »Die Entwicklung der klassischen Physik hatte vor etwa 100 Jahren zu einem sehr hohen Reifestand des Wissens geführt. Und es gab einen größer werdenden Widerspruch ihrer Teilbereiche, etwa der Mechanik und der Elektrodynamik.

Es klingt jetzt fast paradox, aber ohne einen hohen Entwicklungsstand und eine vielfache Vernetzung des Wissens entstehen solche Widersprüche nicht. Sie sind eine ganz wichtige Voraussetzung dafür, dass etwas Neues entstehen kann. Das war genau die Situation zu Einsteins Zeiten. In der Wissenschaft ist es sehr selten so, dass man alles Alte vergessen muss, um dann wieder bei null zu beginnen. Es gibt Widersprüche, die fordern einen Umbau des Alten. Und das konnte Einstein: Eine Erklärung für die Widersprüche finden und gleichzeitig das Alte nicht über Bord werfen.«

Dass es die Relativitätstheorie so schnell geschafft hat, allgemein akzeptiert zu werden, lag also daran, dass sich Einstein nicht aus dem Spiel verabschiedet hat, sondern es um neue Regeln erweiterte.

## Wir dachten, mathematische Gesetzmäßigkeiten existieren universell, und man müsse sie einfach nur noch entdecken.

Von Jürgen Renn haben wir gelernt, dass dem nicht so ist. Die Mathematik hat sich aus realen handfesten Problemen entwickelt, die man experimentell lösen konnte. Das heißt, man steht vor einer Herausforderung und experimentiert mit Mathematik, bis man das Problem lösen kann. Idealerweise verabschiedet man sich nicht komplett aus dem Spiel, sondern man baut es um. Doch wo findet dieser Umbau in den Wirtschaftswissenschaften statt? Wir erleben eigentlich nur eine immer feinere Regelauslegung, als ob die einmal gemachten Erkenntnisse umso besser würden, je intensiver man sie berechnet.

Interessanterweise ist den Realwissenschaften die Begrenztheit der mathematisch abbildbaren Welt durchaus bekannt. In den Naturwissenschaften und insbesondere in den Ingenieurwissenschaften sind die errechneten Lösungen im Experiment überprüfbar. Kein Flugzeug wird jemals Passagiere transportieren dürfen, ohne in einer Reihe von Prototypen bewiesen zu haben, dass es fliegt. Kein Auto entsteht nur am Computer. Selbst in der IT testet man mit Beta-Versionen das, was man zuvor berechnet hat. Leider sind uns bisher keine Unternehmens- oder gar Volkswirtschaftsprototypen bekannt. Der Hamburger Mathematikprofessor Claus Peter Ortlieb formuliert eine harte Kritik an der Ökonomie. Er attestiert ihr, dass sie nur noch eine mathematische Disziplin sei. »Sie erstellt mathematische Modelle, die man real nie nachbauen könnte und die trotzdem verwendet werden, um auf deren Grundlage Berechnungen anzustellen

und komplexe ökonomische Vorgänge auf wenige Zahlen zu reduzieren.«[92]

## Als Mathematiker bezweifle er sogar, dass man die Mathematik in der Ökonomie überhaupt einsetzen dürfe.

Sein Argument wirkt überzeugend: Diese Prozesse sind von Menschen gemacht und gehorchen keinen naturwissenschaftlichen Regeln. Wenn diese aber fraglich sind, dann liegt eine große Gefahr in
den auf mathematischen Berechnungen basierenden Zukunftsprog-
nosen. Die Pythagoreer glaubten, die Welt lasse sich auf ihre nume-
rische Form reduzieren. Sie sahen die Zahl als das Wesen von allem
an.[93] Spätestens an dieser Stelle begeben wir uns jedoch in den Bereich der Mythen. Hier geht es um Glauben und nicht mehr um Wissen. Oder wie es Tomáš Sedláček, Chefökonom der größten tsche-
chischen Bank und Mitglied des Nationalen Wirtschaftsrats in Prag,
im Gespräch mit dem kanadischen Mathematiker David Orrell sagt:
»Jeder Glaube, zu dem wir uns bekennen, also auch der Glaube an die
Ökonomie, stützt sich auf Mythen. ... Wir glauben, dass es möglich
ist, die Zukunft mithilfe mathematischer Formeln zu beschreiben.
Wir glauben an die Möglichkeit, das Unerwartete zu erwarten, was
ein Oxymoron darstellt.«[94]

Wenn es also nicht Gewissheit, sondern Glaube ist, der uns dazu
veranlasst, die Zusammenhänge der Welt in mathematische Formeln
zu gießen, sind wir frei, diesen Mythos jederzeit gegen einen anderen einzutauschen. Ganz praktisch könnte das heißen: Stellen wir
alle Zahlen auf den Prüfstand, die wir in unseren Unternehmen berechnen: Fehlzeiten, Überstunden, Prämien, Einzel- und Gemeinkos-
ten, Projektkosten, Gemeinkostenzuschlagssätze im Verlauf der Kal-
kulationsfaktorenermittlung etc. Sie alle sind nur »Glaubenszahlen«.

Wir treffen Ulrich Loth, einen der ehemaligen Geschäftsführer und Leiter der Rechtsabteilung von W. L. Gore & Associates GmbH Deutschland. Als wir 2004 für unser Buch *Musterbrecher: Führung neu leben*

über Gore recherchierten, lernten wir ihn kennen. Seitdem stehen wir in engem Kontakt. Uli Loth wird in Kürze in Rente gehen. Irgendwie spürt man bei ihm etwas Schwermut, je näher das Ende seiner Zeit bei Gore rückt. Und wenn man ihn leidenschaftlich über das Unternehmen reden hört, dann ist es kaum vorstellbar, dass er in den Ruhestand geht. Als einer der wenigen im Unternehmen kennt er noch den Firmengründer Bill Gore und dessen Frau Vieve. Die Tatsache, dass bei Gore die Beziehung zwischen Menschen seit der Gründung 1958 im Mittelpunkt stand, ist nach seiner Überzeugung verantwortlich für den großen wirtschaftlichen Erfolg des Unternehmens. »Bill Gore versuchte nicht, die Organisation mittels Kennzahlen und Managementinformationssystemen zu führen. Er baute ein Unternehmen auf, das auf freiwillige Selbstverpflichtung, auf Selbstverantwortung und Teilhabe setzte und nicht auf das Management von Zahlen.«

Für den Erhalt dieser Kultur, die auf individuelle Potenziale setze, müsse man kämpfen. Gerade dann, wenn ein Unternehmen sehr stark auf internationaler Ebene wachse, erklärte uns Uli Loth. »Wir bei Gore erfassen auch eine ganze Reihe von Daten und Zahlen, doch wir machen uns nicht die Mühe, eine jede von ihnen auch wirklich auszuwerten. Wir setzen niemanden dran, der die Zahlen die ganze Zeit kontrolliert und überwacht. Das passiert nur mit sehr zentralen Kennzahlen in der Produktion und im Verkauf. Generell ausgedrückt: Wir kontrollieren nur, wenn erforderlich, und dann sind wir auch wie andere Unternehmen 1000 Prozent exakt, korrekt und konsequent.« Wir fragen Loth, auf welche Steuerungsgrößen bei Gore verzichtet werde. »Bei uns kennen wir zum Beispiel keine internen Verrechnungspreise. Um diese festzulegen, müssten wir sehr viele Menschen mit der internen Preisfindung beschäftigen. Eventuell würde ein langwieriger Verhandlungsprozess entstehen. Dann müssten wir uns auch noch gegenseitig Rechnungen stellen. Das würde dauern und absolut unnötig wertvolle Ressourcen verbrauchen. Wieso sollten wir das tun? Schafft das Mehrwert? Andererseits kommen wir natürlich unserer steuerlich vorgeschriebenen Dokumentationspflicht nach. Wir kennen unsere Kostenstrukturen sehr genau, aber im Innenverhältnis spielt das praktisch keine Rolle. Interne Verrechnungspreise hat es bei uns noch nie gegeben, und auch heute

wehren wir uns immer wieder erfolgreich gegen allzu starke kosten-
rechnerische Ausuferungen. Im Endeffekt ist es doch ein und dieselbe
Kasse, oder nicht?« Auch bei der Standortwahl stünden die Zahlen nicht
im Vordergrund, fährt er fort. Ausschlaggebend sei nicht, wo die güns-
tigsten Gewerbesteuerhebesätze anzutreffen seien. Es werde auch nicht
danach entschieden, wo die Arbeit am kostengünstigsten sei. »Gore
geht dahin, wo das Potenzial der Mitarbeitenden am größten ist«, sagt
Loth. »Ansonsten wären wir wohl auch nicht hier in Putzbrunn bei München mit vier Werken vertreten.«

Dieses Beispiel charakterisiert weder den radikalen Verzicht auf Zahlen noch die generelle Abkehr von einer mathematischen Ermitt-
lung rechenbarer Größen. Gore erhebt die Zahlen, die zu erheben
man nicht umhinkommt. Bei allen weiteren stellt man die Frage
nach den Nebenwirkungen. Zum Beispiel: Welche Kosten entstehen
durch die Erfassung und Verbuchung interner Verrechnungspreise?
Sind sich all die Organisationen, die intern verrechnen, bewusst,
welche Ressourcen sie damit binden? Und wo werden die Kosten für
Frustration, Bevormundung, Ärger, internen Konkurrenzkampf, gegeneinander Agieren, innere Kündigung etc. aufgeführt? Weil es sich
dabei um sogenannte weiche Themen handelt, können diese natürlich nicht abgebildet werden. Gore macht's vor:

**Der Wert von Zahlen für funktionierende
Steuerungsmechanismen sollte also wesentlich
nüchterner, differenzierter und damit deutlich
kritischer gesehen werden.**

Betrachtet man den Shareholder Value, wird die Problematik man-
cher Zahl noch augenfälliger: Hermann Raab, vereidigter Sachverständiger für Unternehmensbewertung der IHK, bemerkt in seiner
Dissertation, dass wir es beim Versuch einer einheitlichen Defini-
tion des Shareholder Value mit einer babylonischen Sprachverwir-
rung zu tun haben: »Ich bin erschüttert, denn unter Experten scheint
keine Einigung dahin gehend zu bestehen, ob der Shareholder Value

durch Gewinn, Unternehmenswert, Dividendenausschüttung, Börsenkurs oder Dividendenausschüttungen plus Börsenkursveränderungen bestimmt wird. Außerdem verstehen manche von ihnen unter Shareholder Value die Steigerung oder Mehrung der genannten Größen, andere unter ihnen dagegen die Maximierung einer oder mehrerer Größen, obwohl es sich dabei anscheinend jedoch um Grundverschiedenes handelt!«[95] Und der verstorbene Professor für Controlling, Wolf F. Fischer-Winkelmann, attestiert dieser wichtigen Kennzahl, mit deren Hilfe ganze Konzerne gesteuert werden, grundlegende Konstruktionsfehler, die »den Modellen inhärent sind und deshalb sich nicht beheben lassen.«[96]

**Je länger man sich mit den Unternehmenszahlen befasst, desto klarer fällt das Urteil aus: Sie sind stark manipulierbar und schaffen nicht das, was sie versprechen: Objektivität und Klarheit.**

Jedoch wäre es ausgesprochen naiv, auf Zahlen einfach zu verzichten. Man würde sich gänzlich aus dem Spiel verabschieden, da man im Wirtschaftssystem nicht mehr anschlussfähig wäre. Wie wäre es aber, würde man die Regeln erweitern? Sozusagen andere Zahlen erheben? Vielleicht sogar ein Gegengewicht zur Zahl schaffen? Denken Sie an das Beispiel von Einstein, der neu auf das Problem schauen konnte und die alte Theorie so um eine neue ergänzte?

Wir warten im Eingangsbereich des neuen Erweiterungsbaus der Münchner Sparda-Bank-Zentrale auf den Vorstandsvorsitzenden der Bank. Er verspätet sich. Entgegen seiner sonstigen Gewohnheit ist er mit dem Auto gekommen und hat prompt im Stau gestanden. »Sonst nimmt er die S-Bahn«, entschuldigt Christine Miedl, Direktorin und verantwortlich für die Unternehmenskommunikation, ihren Chef, »doch heute fährt er noch zum Vorstandsdialog in eine unserer Geschäftsstellen.«

Wir müssen mit ihr einige »Sicherheitsschleusen« passieren, bis wir im Büro von Herrn Lind sind. Später erfahren wir, dass man mit dieser

Abschottung gegenüber dem Kunden nicht glücklich ist, sie aber zum Sicherheitsstandard in der Bankenwelt gehört, dem man sich nicht entziehen kann. Doch auch wenn die Sparda-Bank München von der BaFin klar vorgeschrieben bekommt, was alles im Sinne der Risikovermeidung zu tun ist, ist sie die erste Bank in Deutschland, die eine Gemeinwohlbilanz veröffentlicht. Die größte Genossenschaftsbank Bayerns stellt damit seit 2011 außer der Finanzbilanz eine zweite Bilanz auf, die in vollem Umfange darüber Auskunft geben soll, wie sich das Unternehmen für die Menschen, die Umwelt und die Gesellschaft einsetzt.

Im Büro des Vorstandsvorsitzenden werden wir vom Gastgeber freundlich begrüßt und nehmen Platz. Wir fragen Helmut Lind, ob es mutig von ihm gewesen sei, die Bank zur Sorge fürs Gemeinwohl zu verpflichten. Er überlegt recht lange, bevor er antwortet: »War ich mutig? Ich würde eher sagen, naiv. Doch meine Naivität war getragen von absoluter Klarheit. Es gab in der Entscheidungsphase keine Zweifel. Das soll aber nicht bedeuten, dass nicht später dann Zweifel kamen. Ich wusste, dass es keine Alternative gab.« Er berichtet, dass man vieles ausprobiert habe, um auch die nicht finanzwirtschaftliche Seite der Bank abzubilden, doch keines der Tools sei aus seiner Sicht so mächtig gewesen wie die Gemeinwohlbilanz. »Es war das erste Instrument, das mich vollauf überzeugte. Vielleicht gerade deshalb, weil es nicht in einer Hochglanzbroschüre dargestellt wurde. Die Gemeinwohlbilanz basiert auf Werten, die im Einklang mit den Verfassungen stehen. In Artikel 151 der Verfassung Bayerns steht: ›Alle wirtschaftliche Tätigkeit dient dem Gemeinwohl.‹« Er macht wieder eine lange Pause. »Sie hat eine hohe Verbindlichkeit und ist eine echte Bilanz, die zusammen mit der Finanzbilanz eine Universalbilanz ergibt. Außerdem bilanziert sie neben klassischen Tauschwertindikatoren Nutzwertindikatoren. Das kannte ich in dieser Form nicht.« Man merkt sofort: Helmut Lind hat eine Vision. Er sieht das, was die Sparda-Bank München macht, als einen ersten Schritt hin zu mehr Einbindung der Menschen in die unterschiedlichsten Bereiche der Gesellschaft. Am Ende sollen die Bürgerinnen und Bürger in der Lage sein, zu entscheiden, ob sie ein Unternehmen wollen, das Werte wie Menschenwürde, Solidarität, ökologische Nachhaltigkeit, soziale Gerechtigkeit sowie demokratische Mitbestimmung und Transparenz unterstützt oder nicht. Er will nichts anderes, als Wirtschaft neu zu denken, um Gesellschaft neu zu gestalten. Sein persönlicher Antrieb sei es bereits vor über zehn Jahren gewesen, eine neue Art von Unternehmen zu schaffen: den Prototyp einer neuen Kultur, der zeigen sollte, wie Wirtschaften auch funktionieren kann.

Im Allgemeinen tauchen Begriffe wie Solidarität, Nachhaltigkeit und Transparenz in vielen Unternehmensleitbildern auf. Darum wollen wir von Lind wissen, wie er dem Vorwurf des werbewirksamen Präsentierens einer Showbilanz und des Jonglierens mit Begriffshülsen begegnen würde.

»Genau hier sind wir an einer ganz schwierigen Stelle. Es ist teilweise unmöglich, die Dinge, die wir leben, in Worte zu fassen. Wie soll man das in Sätze oder Zahlen fassen, was unter die Haut geht?« Er erzählt uns von Mitarbeitern, von Lehrlingen und von Praktikanten, die über die Kultur der Sparda-Bank Folgendes berichtet hätten: »Da fühle ich mich wie in einer Familie, da erlebe ich authentische Freundlichkeit, Geborgenheit, aber auch Spaß und Leidenschaft. Das aber in Worte oder Zahlen zu fassen, das geht nicht. Wo Berührung, wo Gerührtsein stattfinden, da taugen Worte nicht. Es gibt ohne Zweifel viele Skeptiker dieses Ansatzes. Denen könnte ich nur entgegen halten, dass sie sich unser Unternehmen anschauen müssten, wenn sie uns zutreffend beurteilen wollten.«

»Steht die Gemeinwohlbilanz am Anfang oder am Ende eines Prozesses, den ein Unternehmen durchläuft?«, fragen wir ihn. Helmut Lind nickt: »Meine ehrliche Antwort lautet: Wir waren in einigen Bereichen schon sehr weit und haben dann mit der Gemeinwohlbilanz ein Instrument gefunden, mit dem wir Transparenz schaffen konnten. Auf der anderen Seite zeigt uns die Gemeinwohlbilanz heute, wo wir noch Luft nach oben haben. Und da gibt es einiges. Wir haben erst 385 von 1000 möglichen Punkten erreicht.«

Im Gemeinwohlbericht kann man zum Beispiel lesen, was die Sparda-Bank München für die innerbetriebliche Demokratie leistet: Im Zweimonatsrhythmus bietet der Vorstand in der Zentrale einen Dialog an, an dem alle interessierten Mitarbeiter teilnehmen können. Einmal im Jahr besucht ein Vorstandsmitglied jede Abteilung und jede Geschäftsstelle, um sich mit den Mitarbeitern auszutauschen. Es gibt regelmäßig Großgruppenveranstaltungen, so zum Beispiel im letzten Jahr zum Thema »Hoffnungen und Befürchtungen im Zuge der Gemeinwohlausrichtung der Bank« mit über 500 Teilnehmerinnen und Teilnehmern. Teams entscheiden eigenverantwortlich über die Wege zur Zielerreichung. Es gibt kein schematisches Beurteilungssystem, sondern ein Stärkenprofil eines jeden Mitarbeiters. Bei Einstellung neuer Mitarbeiter von außen werden alle Mitarbeitenden der Abteilung gehört. Man verzichtet auf eine leistungsabhängige Incentivierung, stattdessen zahlt man allen Mitarbeitern bei Überschreitung eines Mindestgewinns der Bank ein 14. Gehalt. Außerdem ist der Vorstand für alle Mitarbeiter immer direkt ansprechbar. Trotz all dieser Maßnahmen erhält die Sparda-Bank in der Kategorie der innerbetrieblichen Demokratie und Transparenz nur 20 von 90 möglichen Punkten. Wenn man das mit anderen Unternehmen – speziell der Finanzdienstleistungsbranche – vergleicht, ist das enorm viel.

Darauf angesprochen, was man noch tun könne, antwortet Lind: »Die Gemeinwohlphilosophie geht hier so weit, dass die Mitarbeitenden ihre Führungskräfte selbst wählen. Andererseits können wir nicht von heute auf morgen alles umbauen. Dazu müssen wir die Menschen langsam mitnehmen. Das beeinflusst ja nicht nur die Mitarbeiter, sondern auch die Vertreter, die Aufsichtsräte etc. Sie sehen, die Gemeinwohlbilanz hilft uns sehr wohl, an den strategischen und kulturellen Themen zu arbeiten.«

Die Pausen, die Lind in seinen Ausführungen macht, werden kürzer, und die Inhalte werden persönlicher. Er spricht davon, dass er aus einem Elternhaus stamme, in dem das Prinzip galt: Liebe gegen Leistung. Er sei lange Zeit sehr rational durch die Welt gegangen. Habe sich damals vorgenommen, 50 Bücher im Jahr zu lesen. Bis ihm jemand klar gesagt habe, er müsse sich entscheiden, ob er etwas an seiner Einstellung grundlegend ändern oder lieber krank werden wolle. Er habe sein Leben geändert, auch im Privaten. Er habe gelernt, seiner eigenen Arroganz in die Augen zu schauen oder seiner eigenen Lüge. Heute könne er Gefühle zulassen und Themen loslassen. Heute versuche er nicht mehr, über das Mandat als Vorstandsvorsitzender zu führen, sondern durch seine Persönlichkeit.

Am Ende resümiert er: »Der Prozess ist nur so lange nicht einfach, solange wir glauben, er sei nicht einfach. Und es ist erstaunlich, wie sehr unser Verstand doch in der Lage ist, uns die Geschichten und Glaubenssätze zu erzählen, die wir uns selbst weitererzählen. Wir ersetzen die alten Konzepte durch immer neue. Aber die Wahrheit liegt außerhalb von Konzepten.«

Die beste Mathematik erfasst immer nur den mathematisch abbildbaren Teil der Realität. Es wäre also äußerst fatal, sich im Wirtschaftsbereich auf die Ergebnisse der Zahlenmathematik zu verlassen. Gerade hier sollten wir den Zahlen etwas gegenüberstellen, was sie relativiert.

**Die Zahlen sind alles andere als harte Fakten. Sie sind ein Konstrukt, an das wir glauben.**

Wir könnten jederzeit auch an ein anderes Konzept glauben. Doch wir sollten alles Bekannte nicht einfach über Bord werfen. Im Gegenteil. Wir glauben einfach daran, dass Organisationen wieder Inhalte benötigen, die nicht mit Zahlen erfasst werden. Der bereits mehrfach zitierte Mathematiker David Orrell verdeutlicht das, worauf es auch in der Ökonomie ankommt: »Zahlen werden von uns überbewertet. Wir schreiben ihnen und der Mathematik ganz allgemein eine viel zu große Bedeutung zu. So ist es zwar möglich, dass wir letztlich sogar das Glück zu berechnen versuchen – derlei Einfälle hat es in der Tat gegeben! Genauso gut könnten wir aber auch sagen, dass wir das Glück hochschätzen. Es lässt sich weder messen noch berechnen. Wir wissen aber alle, worum es geht. Punktum.«[97] In der Gemeinwohlbilanz der Sparda-Bank München bekommt das Wort gegenüber der Zahl wieder eine große Bedeutung. Es lohnt der Blick in den Bericht.

1. Musterbrecher wissen, dass 2 x 2 häufig auch »grün« sein kann.

2. Musterbrecher lassen sich von Zahlen nicht sprachlos machen.

# 08

# Beschwingt zu Hause.
# Warum wir Resonanzachsen brauchen

Der Begriff der Resonanz wurde lange Zeit nur in der Physik verwendet. Er bezeichnet einen Vorgang, bei dem eine äußere Kraft ein System zu immer größeren Schwingungen anregt. Dieses Ansteigen der Amplitude kommt dann zustande, wenn die äußere Kraft im »richtigen« Rhythmus einwirkt, also mit einer Frequenz, die der Eigenschwingung des Systems entspricht. Resonanzphänomene dieser Art erleben wir häufig: Wenn wir mit einem Glas in der Hand durch den Raum gehen und schließlich das Wasser herausschwappt oder wenn wir Kinder auf der Schaukel im richtigen Takt anstoßen.

Außerhalb der Welt der Technik sprechen wir im Alltag häufig von Resonanz im Sinne einer Rückmeldung, eines Feedbacks, einer Antwort: Beispielsweise ist von einer großen Medienresonanz oder von der positiven Resonanz auf einen Vortrag die Rede. In der Soziologie war es Niklas Luhmann, der in seiner Systemtheorie den Begriff in spezieller Weise verwendete.[98] Er meinte damit die Fähigkeit eines Systems, durch geeignete Schwingung mit der Umwelt in ein Austauschverhältnis einzutreten. Je mehr beispielsweise ein Unternehmen zur Resonanz mit seiner Umwelt fähig ist, desto wahrscheinlicher ist sein Überleben.

In der Managementliteratur finden sich vereinzelte Autoren, die explizit von Resonanz sprechen. Der Wissenschaftsjournalist Daniel Goleman etwa untersuchte in seinem Buch über emotionale Führung verschiedene Führungsstile daraufhin, ob sie Resonanz erzeugen können oder nicht.[99] Letztlich ist mit dem Begriff im Managementkontext – sowohl bei Goleman als auch in der Berater- und Coachingpraxis – jedoch keine spezifische Bedeutung verbunden. Man meint im Grunde ein wertschätzendes, anerkennendes Austauschverhältnis innerhalb einer Beziehung zwischen Menschen.

Der Jenaer Soziologe Hartmut Rosa beschäftigt sich intensiv mit dem Resonanzthema. Rosa, der sich selbst als Sozialphilosoph bezeichnet, stellt die These auf, dass Resonanzerfahrungen nicht nur in zwischenmenschlichen Beziehungen auftreten, die von wechselseitiger Anerkennung geprägt sind. Darüber hinaus könnten Menschen auch dann Resonanz spüren, wenn sie ästhetische Erfahrungen machen, also ein Konzert besuchen, auf die Berge blicken oder aber in der Religion eine Antwort finden.

Die These wird klarer, wenn man den von Rosa vorgeschlagenen Gegenbegriff zur Resonanz beleuchtet. Er lautet: Entfremdung. »Die Beschleunigung unseres Lebens führt dazu, dass uns die Dinge und andere Menschen tendenziell fremd werden. Wir interagieren mit ihnen nur noch instrumentell. Es fehlt die Zeit dafür, dass man sich Dinge zu eigen macht und dass man sich von ihnen berühren lässt. Diese Entfremdung ist genau das Gegenteil von Resonanzerfahrungen, sie ist das Verstummen der Welt. Wer entfremdet ist von der Welt, der erfährt sie als kalt, feindlich oder zumindest gleichgültig.«[100]

Vielleicht kann dieses Verständnis von Entfremdung dazu verhelfen, hinlänglich bekannte Diagnosen – zunehmende Fälle von Erschöpfung, fehlende emotionale Bindung von Mitarbeitern an ihr Unternehmen etc. – in einem anderen Licht zu sehen.

**Sinnvolle Gegenmaßnahmen müssen zunächst bei der Frage ansetzen, wie Menschen bei ihrem Tun Wertschätzung erfahren können.**

Schließlich treffen wir bei der Begleitung von Organisationen auf Führungskräfte und Mitarbeiter, die sich fachlich und menschlich durchaus selbst anerkannt fühlen, die einem aber dennoch das Gefühl vermitteln, sie seien in ihrem Unternehmen nicht zu Hause, ihr

Wirken im großen Ganzen sei ihnen auf seltsame Weise fremd geworden.

Wenn die Einschätzung von Hartmut Rosa stimmt, dass die technische und soziale Beschleunigung tendenziell zu Entfremdungserscheinungen führt, müssten Organisationen in irgendeiner Weise – als Gegenmittel – Resonanzräume schaffen. Sie müssten Menschen die Gelegenheit und die Zeit geben, sich mit Themen wirklich auseinanderzusetzen, sich in Probleme wirklich zu vertiefen. In Zeiten, in denen in engerer Vernetzung alles immer schneller wird, ist der Aufruf zur kollektiven Entschleunigung allerdings naiv. Wir verstehen diejenigen Manager eines Automobilkonzerns, die ein Experiment zur Begrenzung des E-Mail-Austausches nach kürzester Zeit abbrachen. »Was haben wir davon, wenn wir uns in unserer Einheit disziplinieren und so viel wie möglich im persönlichen Austausch besprechen? Die anderen Abteilungen und unsere Lieferanten schicken uns trotzdem 150 Mails pro Tag. Wenn ich die eine Woche liegen lasse, muss ich am Montag fast 1000 Nachrichten sichten«, so ein Teamleiter in der Fertigungsplanung.

**Entschleunigung im großen Stil ist also eine Utopie. Welche Ansätze könnten dafür geeignet sein, durch die Beruhigung einzelner Zonen so etwas wie Resonanzmomente entstehen zu lassen?**

»Die Menschen in unserem Unternehmen sind Akteure in einem Feld, in dem sie Getriebene sind. Sie können letztlich gar nicht mehr so frei handeln, wie sie das gerne täten. Ich bin nicht der Typ, der sich mit dem Verweis auf Sachzwänge herausreden möchte. Aber es sind tatsächlich sehr problematische Rahmenbedingungen, die uns durch das politische und das Gesundheitssystem vorgegeben sind.«

Das Unternehmen, von dem hier die Rede ist, beschäftigt über 5000 Mitarbeitende und ist als kirchliche Stiftung Träger von Krankenhäusern und Hospizen sowie von Werkstätten für Menschen mit Behinderung. Außerdem bietet die kreuznacher diakonie – so der Name der Stiftung –

Wohn- und Pflegeplätze für Menschen mit Behinderungen, für alte Menschen, für Kinder, Jugendliche und Familien sowie für Wohnungslose an. Unser Gesprächspartner stand ein Vierteljahrhundert lang als einer von zwei Vorständen an der Spitze des Unternehmens, bevor er im vergangenen Jahr in den Ruhestand ging. Pfarrer Dietrich Humrich hat uns zum Gespräch eingeladen.

Seit wir im Jahre 2007 mit der Begleitung der Bottom-up-Umsetzung einer leitbildorientierten Führung begannen, sind wir begeistert von dem Menschen und von der Führungskraft Dietrich Humrich. Der gebürtige Mülheimer bestätigt ein positives Klischee, das oft mit Menschen aus dem Ruhrgebiet in Verbindung gebracht wird: Er kennt keine Allüren, ist sehr direkt, und wenn er immer wieder mit sonorer Stimme sein »Pass ma auf« einstreut, hat man nicht das Gefühl, er wolle sein Gegenüber mit Kumpelhaftigkeit vereinnahmen. Er ist jedoch nicht nur ein Mensch mit Herz, sondern er kann auch scharfsinnig und ideenreich Impulse vermitteln – etwa dann, wenn er in der kreuznacher diakonie mehr gemeinsame Denkbewegungen fordert, zum Beispiel in Richtung einer Diskursivität, die institutionalisiert werden müsse. »Wir müssten viel mehr darüber sprechen, unter welchen belastenden Bedingungen unsere Mitarbeitenden Tag für Tag zu leiden haben. Das findet noch viel zu wenig statt. Als dem christlichen Gedankengut verpflichtete Organisation orientieren wir unsere Dienstleistungen im Außenverhältnis an einem Menschenbild, das vom Prinzip der Nächstenliebe geprägt ist. Ich finde das hervorragend. Aber wir müssen in gleicher Weise auch unsere eigenen Leute lieben. Sie müssen als Mitarbeitende Annahme erfahren. Wenn man den modernen Ausdruck der Inklusion bemühen möchte, könnte man sagen, dass wir diese Inklusion auch im internen Bereich leben müssen. Auch wenn bei uns wie überall über die Angemessenheit der Bezahlung gesprochen wird: Unsere Mitarbeitenden haben noch nie gesagt, sie bekämen zu wenig Geld. Ihr Wunsch ist es vielmehr, als Menschen akzeptiert zu werden. Sie wollen wahrgenommen werden.«

Dietrich Humrich berichtet von einer seiner Führungskräfte, die nicht in der Lage sei, den ihr unterstellten Menschen mit individueller Wertschätzung zu begegnen. Er sei immer wieder konsterniert gewesen, wenn er beobachtet habe, wie diese Leitungskraft der zweiten Ebene über das

Gelände gelaufen sei, ohne auch nur einmal einen Mitarbeitenden anzusprechen oder ihm schlicht die Hand zu reichen. »In solchen Fällen denke ich mir immer, dass ein solcher Mensch, insbesondere wenn er eine Machtposition innehat, sich im Grunde an die Stelle Gottes setzen will. Das ist ein ›homo incurvatus in se‹, also ein Mensch, der sich nur um sich selbst dreht. Je mehr Macht ein Mensch hat, desto größer ist die Gefahr, dass diese Macht dazu führt, dass Menschen sich überheben. In der Rückschau muss ich sagen, dass ich meine negativsten Erfahrungen immer dann hatte, wenn Menschen von ihrer eigenen Wichtigkeit ungeheuer überzeugt waren. Mich beschäftigt seit Langem die Frage, wie man Führung leben kann, ohne dass es in Bezug auf die eigene Persönlichkeit zu Übersteigerungen kommt. Vermutlich muss man genau die Menschen in Führungspositionen bringen, die auf Macht keinen Wert legen.«

Humrich versichert uns glaubhaft, dass er nach seiner Pensionierung nicht – wie viele andere Führungskräfte – in ein Loch gefallen sei. Es sei nie seine Art gewesen, sich über die formale Gestaltungsmacht zu definieren. Er habe nach Erleben der repressiven Zeit der 1950er- und 1960er-Jahre und während seines Theologiestudiums eine Grundskepsis gegenüber allem entwickelt, was Macht hieß.

Obwohl er seinen Ruhestand ganz offensichtlich genießt, macht er sich viele Gedanken darüber, wie der zukünftige Weg der kreuznacher diakonie aussehen wird: »Wie können wir ein Unternehmen gestalten, das zukunftsfähig ist? Wie können wir die Verhältnisse so gestalten, dass Menschen gerne bei uns arbeiten und Hilfe suchende Menschen unsere Dienstleistungen weiterhin nachfragen? Ich glaube, dass uns bei der Beantwortung dieser Fragen die stete Besinnung auf unsere christliche Grundhaltung wertvolle Hilfe leisten kann. Außer in den fundamentalen Aussagen des Evangeliums, dieses starken Mythos, und den dadurch bedingten ethischen Verhaltensausprägungen sehe ich vor allem eine besondere Wirkkraft in ritualisierten Werten. Rituale sind immens wichtig: dass wir feste Strukturen haben und dass wir Menschen haben, die solche Rituale leben können. Damit meine ich nicht nur den Gottesdienst. Mir geht es darum, dass wir für Menschen in ihren speziellen Lebens- und Arbeitsbezügen Möglichkeiten des Austauschs schaffen.

Sie müssen hinreichend Gelegenheit haben, sich auszusprechen und sich wohlzufühlen. Wir benötigen mehr Gesprächsmöglichkeiten, in denen es weniger um fachliche Themen geht, sondern im Wesentlichen um das Befinden der Menschen.«

Die Aussagen Humrichs könnten für Außenstehende zu einer voreiligen Interpretation führen. Es ist keinesfalls so, dass in der kreuznacher diakonie die von ihm geforderten Rituale fehlen. Aus unserer langjährigen Erfahrung mit diesem Unternehmen können wir sagen, dass es nicht viele Organisationen gibt, die sich derart ernsthaft und mit realistischen Ambitionen der Entwicklung einer Unternehmenskultur verpflichtet haben. So wählte man etwa bei der Umsetzung der leitbildorientierten Führung nicht den üblichen, traditionell zum Scheitern verurteilten Weg der Top-down-Implementierung. Der Vorstand war sich darüber im Klaren, dass das Bottom-up-Prinzip aufgrund der gewünschten Einbindung aller Mitarbeitenden lang und mühsam werden würde – und dass man sich dafür viele Jahre Zeit nehmen müsse. Aber man hat diesen Weg gewählt. In diesem Sinne sind die Überlegungen unseres Gesprächspartners ein Zeichen dafür, dass er keine Erfolgsgeschichte präsentieren möchte, obwohl er allen Grund dazu hätte.

Als Dietrich Humrich den Begriff des Befindens ins Spiel bringt, bitten wir ihn darum, den Gedanken noch etwas griffiger auszuführen. Er tut dies anhand eines Beispiels: »Ein Freund von mir ließ im Diakonie-Krankenhaus eine umfangreiche Diagnostik vornehmen, weil er sich unerklärlich müde fühlte. Er hatte Schmerzen und war ohne jegliche Energie. Nach umfassenden Untersuchungen wurde ihm gesagt: ›Sie können sich gratulieren, Sie sind gesund!‹ Das war's. Sein Befinden war aber nach wie vor miserabel, und so wurde er von seiner Hausärztin in die Uniklinik überwiesen. Auch dort blieben alle üblichen Untersuchungen ohne Befund. Aber man teilte ihm mit, dass er vielleicht einen Neurologen aufsuchen sollte. Die Diagnose war erschreckend: Amyotrophe Lateralsklerose, eine grausame irreversible Krankheit, die zum Abbau der Muskulatur und nach einer mehr oder weniger langen Leidenszeit zum Tode führt. Die Angehörigen waren entsetzt und sagten – mit Recht – dem Arzt unseres Krankenhauses, dass sie wenigstens einen konkreteren Rat für den Patienten erwartet hätten, der ihn hätte spüren lassen, dass man sein

Befinden ernst nahm. Ich finde diesen Vorfall erschreckend. Wie kann man den nüchternen technischen, mit fachlicher Akribie erhobenen Befund ernster nehmen als das Befinden des Patienten?!

Ich übertrage das jetzt auf Ihr Musterbrecher-Thema. Unsere Mitarbeitenden haben Arbeit, beziehen vernünftige Gehälter, erhalten Sozialleistungen, arbeiten nach festgelegten Zeiten. Aber das ist überhaupt kein Maßstab für ihr Befinden! Ich frage mich: Wie können wir Menschen als Menschen wahrnehmen und nicht als funktionierende Arbeitskräfte? Der Befund ist kein Kriterium für das Wohlbefinden der Mitarbeitenden. Wir müssen die Ebene des Befindens, vielleicht auch der Befindlichkeit, in den Mittelpunkt rücken. Also weg von der technischen Ebene hin zu den persönlichen Gesprächen! Statistisch gut erhobene Befunde sind das eine. Das andere ist das Befinden.«

Wie Richard Sennett zeigte, sind Rituale nicht mit der bloßen ständigen Wiederholung von Handlungen gleichzusetzen. Ritualisierung führt dazu, dass sich der Wert des Gesagten, Erlebten oder Gestalteten immer tiefer einprägt. Ein Schauspieler taucht im Laufe eines Aufführungszyklus immer tiefer in eine Rolle ein, er kann sich auf Besonderheiten konzentrieren, Text und Darbietung werden immer mehr verinnerlicht. Ein Ritual mag bei seiner Einführung für die Beteiligten noch den Charakter einer Forderung haben. Aber: »Am Ende hat die Anweisung sich zu einer reicheren Gewohnheit entfaltet, die sich uns wiederum als stillschweigendes Verhalten einprägt.«[101]

**Rituale bieten die Möglichkeit zum Austausch über das Befinden – und sind nicht mit der standardisierten und beschleunigten Erhebung von Stimmungsbefunden zu verwechseln.**

In anderer Hinsicht werden Rituale dann gefährlich, wenn sie zu fixen Regelwerken werden und aufgrund ihrer Starrheit dazu führen, dass die persönliche Urteilskraft von Menschen überflüssig wird.

Gute Freundschaften sind nicht auf ständigen Kontakt angewiesen. Man kann auch nach Monaten oder Jahren dort ansetzen, wo man aufgehört hat. Ohne Selbstvermarktung, ohne Positionsbestimmungen. Solche Freundschaften sind Glücksfälle.

Nach monatelanger Funkstille traf ich kürzlich am Starnberger See einen meiner besten Freunde. Nennen wir ihn S. Wir waren in der Schule Banknachbarn, studierten gemeinsam. S. ist ein kluger Kopf. In seiner Dissertation im Fach Volkswirtschaftslehre lotete er die Grenzen der effizienten Koordination über den Markt aus. Mit klassischer Makroökonomie hatte das nichts zu tun. Am Ende fühlte er sich unwissend wie nie zuvor, war entsetzt über die blinden Flecken der Ökonomie. Dennoch wollte er in der Wirtschaft ganz nach oben. Er war von sportlichem Ehrgeiz getrieben, wollte schneller an die Spitze als die anderen. Sein Ziel lautete: Vorstand werden. Mir war dieser Lebensentwurf ein wenig suspekt. Umgekehrt galt dasselbe: Die »Musterbrecherei« fand er interessant, aber irgendwie auch dubios.

Nach einer Station bei einer Bluechip-Unternehmensberatung stieg er innerhalb von sieben Jahren zügig bis zur dritten Führungsebene eines bedeutenden Konzerns auf. »Es klingt pathetisch. Aber ich habe dort tatsächlich mit dem Ziel angefangen, für die Wahrheit und für das Gute zu kämpfen. Als Manager im Einkauf war ich ständig diversen Verlockungen ausgesetzt. Ich hätte für jedes Spiel der WM 2006 eine VIP-Karte haben können. Aber natürlich habe ich mich konsequent zurückgehalten.«

Damals, so S., habe er sich an seinen eigenen Moralvorstellungen ausrichten können. Überdies war er ein gefragter Reflexionspartner für Kollegen und Mitarbeiter. Häufig habe man sich interessiert für sein Werturteil, ob diese oder jene Handlung im Minenfeld des Einkaufs vertretbar sei. »Damals entwickelte ich eine große Leidenschaft dafür, Feedback zu geben. Ich mag diese Art des Dialogs und bin vermutlich auch ganz gut darin, bei der Rückmeldung den richtigen Ton zu treffen. Der Aufbau einer Kultur des ritualisierten fordernden Feedbacks hat mir richtig Spaß gemacht.«

Seit 2011 muss sich S. nicht mehr den Kopf über anständiges Verhalten zerbrechen. Und es sei auch nicht mehr nötig, dass er sich über die Art und Weise eines wirklich hilfreichen Feedbacks Gedanken mache. Diese Arbeit sei ihm nun abgenommen worden. Es klingt fast schon kitschig, dass sich in diesem Moment des Gesprächs die Wolken vor den Mond schoben, der zuvor den Starnberger See erhellt hatte. S. ist aufgebracht und betroffen, wie ich ihn selten erlebt habe:»Es gibt ganz tolle umfassende Prozesse für Compliance und Feedback. Ich habe Kollegen, die wahre Künstler bei der Einhaltung dieser Regeln sind. Aber: Ein moralischer Anspruch oder der Wunsch, die Mitarbeiter wirklich zu fördern, steht selten dahinter. Was ja auch egal ist, der Prozess wird schließlich erledigt.«

Ich stelle die These auf, dass sich Unternehmen auf bizarre Weise unter der Fahne der Professionalität jeglicher Energie berauben. S. hakt sofort ein:»Absolut richtig. Aber viel schlimmer ist es für mich, zu spüren, dass ich keine Lust mehr habe. Ich fühle mich entmündigt. Die intrinsische Motivation ist weg. Ich fange an, Feedback-Gespräche lustlos abzufackeln. Und während ich früher noch darüber nachgedacht habe, ob die eine oder andere angenommene Einladung mein Unternehmen vorangebracht hätte, mache ich es mir ganz einfach: Ich gehe einfach konsequent nirgendwo mehr hin. Kein Oktoberfest, keine Netzwerktreffen mit Branchenpartnern. Es ist mir einfach zu dumm.«

Wir versprechen uns, mit dem nächsten Treffen nicht wieder Monate zu warten. Das wird wie immer nicht klappen. Zum Glück gibt es keinen Prozess, der einen Rhythmus für die professionelle Pflege von Freundschaftsritualen vorsieht.

Anhand des Falls von S. sieht man erneut, dass man von seinem Tun entfremdet werden kann, obwohl man grundsätzlich bei seiner Arbeit Anerkennung und Wertschätzung erfährt. Aber es ist eine wichtige Resonanzachse zusammengebrochen – nämlich die des Feedback-Rituals, das sich bei S. von selbst eingespielt hatte. Das Ziel des Unternehmens, die Mitarbeiter von der Last einer individuellen Abwägung zu befreien und diese durch eine standardisierte Regel zu ersetzen, wurde nicht erreicht. Und die Nebenfolgen sind beträchtlich: S. arbeitet zwar bis heute im Konzern, fühlt sich aber nach eigener Aussage in keiner Weise mehr emotional an ihn gebunden. Anders formuliert: Ein Resonanzraum wurde durch ein »stummes«, rein kausales oder instrumentelles Beziehungsmuster verdrängt.[102]

Zu Beginn war davon die Rede, dass nicht nur durch Anerkennung, sondern auch durch Religion oder ästhetische Erfahrungen Momente und Gefühle der Resonanz entstehen können. Eine besondere ästhetische Qualität geht naturgemäß von der Musik aus. Meist denken wir dabei nur an diejenigen, die Musik hören. Wir erinnern uns an das erste Popkonzert, das wir als Jugendliche besuchten, oder an einen bestimmten Moment, als wir während einer langen Autofahrt unser Lieblingslied hörten. Uns hat die andere Seite interessiert: Unter welchen Bedingungen kann Musik produziert werden, damit sie zu dieser besonderen Erfahrungsqualität führt – sowohl bei den Musikern selbst als auch bei den Zuhörern?

»Im Gegensatz zu anderen Orchestern, die subventioniert werden, leite ich ein freies Ensemble. Meinen Musikern kann ich nicht allzu viel bezahlen. Sie verdienen nicht schlecht, aber wenn man den Durchschnitt des Gehalts von Orchestermusikern betrachtet, liegen sie nur im unteren Drittel. Wenn ich meinen Musikern keine Wertschätzung entgegenbrächte, kämen die erst gar nicht.« Peter Stangel spricht hier über Menschen, die mit großer Begeisterung in München bei der »taschenphilharmonie« mitwirken. Der 49-Jährige gründete vor neun Jahren dieses außergewöhnliche Ensemble, das – je nach aufgeführtem Werk – aus acht bis 20 Musikern besteht und in den Medien anerkennend als »das kleinste Symphonieorchester der Welt« bezeichnet wurde. Die Besonderheit: Die Kraft, über die üblicherweise nur große Orchester verfügen, geht hier von relativ wenigen Musikern aus.

Peter Stangel arbeitet oft mit Managern zusammen, hält Vorträge und bietet Workshops an, unter anderem zu Führung, Kommunikation und Körpersprache. Insofern können wir in unserem Interview immer wieder die Brücke zu Management- und Führungsthemen schlagen. »Der Unterschied zwischen einem Dirigenten und einem Manager liegt auf der Hand: Ich arbeite in Echtzeit, denn wenn ich eine falsche Bewegung mache, fällt im Extremfall der Vorhang. Die Auswirkungen des Handelns von Managern hingegen werden zum Teil erst mit großer Zeitver-

144

zögerung spürbar«, sagt Stangel. Beide jedoch, Manager wie Dirigent, müssten sich immer darüber im Klaren sein, dass sie letztlich nichts produzieren; sie seien nur in der Lage, etwas zu veranlassen und Rahmenbedingungen zu setzen.

Bei der Arbeit mit den Musikern seiner taschenphilharmonie scheint ihm diese Rahmensetzung gut zu gelingen. »Die Ausgangslage in einem Orchester ist, sehr einfach gesagt, folgende: Es steht jemand vorne und sagt, was zu tun ist. Im Grunde sind bei den Musikern die Möglichkeiten zu selbstbestimmtem Handeln relativ gering. Deshalb muss ich als Führender alles dafür tun, diesen geringen Spielraum so weit wie möglich zu öffnen. Denn ich weiß natürlich sehr genau, dass ein Dirigent niemals GEGEN ein Orchester ›führen‹ kann, selbst wenn er das wollte. Hingegen kann ein Orchester einen Dirigenten durchaus auflaufen lassen. Anders ausgedrückt: Führen hat ohne Menschen, die folgen, überhaupt keinen Sinn. Das wäre ja eine Tätigkeit im luftleeren Raum. Aber gleichermaßen muss man sehen, dass meine Musiker mir nur gut folgen können, wenn sie gut geführt werden – und das auch wollen.«

Wir können gut nachvollziehen, was Peter Stangel damit meint. Er rückt damit Aspekte in den Mittelpunkt, die häufig übersehen werden, wenn man über Führung spricht: die Perspektive und die Erwartungen der Geführten sowie deren Möglichkeit, sich Führung zu verweigern. Doch außer durch dieses differenzierte Verständnis von Führung muss sich die taschenphilharmonie noch durch etwas speziell anderes auszeichnen. Sonst wäre es nicht zu erklären, dass sich ein Teil der Musiker vor Kurzem auf ein zunächst unbezahltes Projekt eingelassen hat. Peter Stangel und sein Ensemble arbeiten an einem Projekt, das nach Einschätzung des Dirigenten von einer Plattenfirma niemals finanziert würde. Es geht um »Beethoven Revisited«, eine CD-Produktion, in der alle Beethoven-Sinfonien auf ihre musikalische Essenz reduziert werden sollen. »Diese Musik ist weltweit vielleicht die beste, welche die Menschheit je hervorgebracht hat. Sie ist mir ein Anliegen, auch wenn es von den Sinfonien natürlich Hunderte von Aufnahmen gibt. Ich trage die Kosten für den Saal und den Tonmeister, und verdienen werden wir alle erst etwas, wenn sich die CDs verkaufen. Der Erlös wird dann nach Köpfen aufgeteilt.«

Wir fragen, weshalb die Musiker, allesamt Profis, die auf höchstem Niveau spielen, bei diesem Pro-Bono-Projekt mitwirken. »Niemand wird Musiker, weil er es muss. Diese Menschen sind aufgrund ihrer Leidenschaft zu gewinnen. Und man merkt in meinem Ensemble, dass die Musiker Spaß haben. Sie sind mit ihrer Seele dabei. In großen Orchestern wird nur selten gelächelt, bei uns ist das ganz normal. Wenn ich 100 Musiker vor mir habe, gibt es diesen direkten Draht nicht. Bei uns kann ich jeden individuell anschauen.«

Peter Stangel hatte die Rohidee für seine taschenphilharmonie bereits vor 20 Jahren. Damals arbeitete er als junger Dirigent in Heidelberg und erfuhr, dass es dem österreichischen Komponisten Arnold Schönberg Anfang des 20. Jahrhunderts gelungen war, eine Mahler-Symphonie mit zwölf Musikern aufzuführen. In der Folge hat Stangel sein eigenes Experiment mit der kammermusikalischen Symphonik erfolgreich umgesetzt. Die Zuhörer, so fährt er fort, seien fasziniert von der Stimmung, die von den Aufführungen ausgehe; sie spürten, dass die Musiker weit mehr tun, als professionell die Noten richtig zu spielen.

Vermutlich spüren die Konzertgäste, dass Stangels Grundprinzip nicht nur ein Lippenbekenntnis ist: »Es gibt in einem Orchester durchaus unterschiedliche Funktionen. Aber sie sind nicht von unterschiedlichem Wert. Ein Mitarbeiter ist nicht deswegen weniger wert, weil er weniger verdient als ein anderer. Ich sage immer: ›Die Oper beginnt schlicht und einfach nicht, wenn der Bühnentechniker den Vorhang nicht hochzieht.‹ Ich habe es sehr verinnerlicht, dass der zu Führende eine genauso wichtige Aufgabe übernimmt wie der Führende. Mir ist es im Übrigen auch nicht wichtig, dass jemand sagt: ›Der Stangel hat toll dirigiert.‹ Glücklich bin ich, wenn die Leute sagen: ›Mann, war der Beethoven heute gut!‹«

Erst beim nochmaligen Ansehen der Interviewaufnahme bemerken wir die Tiefe einiger eher beiläufiger Äußerungen Stangels. Sie sind indessen erstaunlich erhellend für die Frage, wie man einen Resonanzraum schaffen könnte, der dem der taschenphilharmonie vergleichbar wäre. Er sagte zum Beispiel: »Die Musiker stellen sich in den Dienst der Musik. Sie ordnen gewissermaßen ihr individuelles Tun in einen größeren Zusammenhang ein. Wenn das gelingt, entsteht etwas, was man gemeinhin als Sinn bezeichnet. Was ich jetzt sage, ist nicht sehr populär, entspricht aber vollkommen meiner Überzeugung: Ich bin ein Freund der Spezialisierung. Ich finde es nicht gut, wenn jemand erst Schreibmaschinen verkauft und dann Leiter eines Festivals wird. Menschen sollten etwas finden, was sie in ihrem Innersten erreicht. Und wir sollten unsere Aktivitäten allein nach dem ausrichten, was uns im Innersten erreicht.«

Sicherlich wäre es auf den ersten Blick ein wenig viel verlangt, Organisationen konsequent nach dem ausrichten zu wollen, was die Mitarbeitenden in ihrem Innersten erreicht.

**Auf den zweiten Blick sollten wir uns aber fragen, ob derzeit nicht eine mehr oder weniger systematische Verhinderung dieser Resonanzerfahrungen betrieben wird.**

Ob es die oben geschilderte Bevormundung durch Compliance-Vorschriften, der durch permanente Teamveränderungen verhinderte Aufbau tragfähiger Beziehungen oder der von Peter Stangel kritisierte sprunghafte Wechsel von Aufgaben ist: Stets werden die Chancen vermindert, dass Menschen sich in einem bestimmten Arbeitskontext wirklich zu Hause fühlen können. »Im Ergebnis tendieren Subjekte der Spätmoderne dann dazu, zu vergessen, was sie eigentlich tun und wer sie sein wollen. Wir sind alle so sehr mit dem Abarbeiten der To-do-Listen und mit deren Kompensation durch ›Instant-gratification-Konsumaktivitäten‹ beschäftigt, daß wir kaum mehr ein Gespür für das haben, was ›authentisch‹ oder uns wichtig ist.«[103]

Wie gesagt: Es kann nicht darum gehen, sich gegen den beschleunigten Lauf der Dinge zu stemmen. Das aus diesem sinnlosen Unterfangen resultierende Ohnmachtsgefühl wäre vermutlich selbst eine Form der Entfremdung.

**Aber das zu beobachtende Entfremdungsphänomen, dass wir nämlich aus freien Stücken Dinge tun, die wir nicht wirklich tun wollen, sollte uns zum Nachdenken bringen.**

Unternehmen könnte eine neue, eine entscheidende Rolle zukommen. Als Subjekte der Ökonomie müssten sie gewissermaßen in sich über das Gegengift zur Beschleunigung verfügen, die sie selbst im globalen Rahmen vorantreiben – meist sogar vorantreiben müssen, sofern man nicht in einem grundsätzlich anderen Wirtschaftsrahmen denken will. Im Folgenden ist von einem Mann die Rede, der paradoxerweise nie länger als zwei Tage am selben Ort ist und seine Ruhe gerade in der permanenten Bewegung findet. Ausgerechnet er scheint in der Lage zu sein, anderen in seinem Unternehmen ein Heimatgefühl zu vermitteln und, ganz im Sinne des Neurobiologen Joachim Bauer, durch die von ihm ausgehende Resonanz andere anzustecken – mit seinen Visionen, seiner Begeisterung für die Sache und seinem Optimismus.[104]

Über Bobby Dekeyser wurde in den letzten Jahren viel geschrieben. Spätestens seit dem Erscheinen seines erfolgreichen Buchs *Unverkäuflich*[105] ist sein Name nicht nur den Freunden edler Outdoor-Möbel und den Kennern der Münchner Fußballszene bekannt. Als er uns begrüßt, überreichen wir ihm einen Businessschal mit dem Logo von 1860 München, dem Verein, in dem er im Jahr 1990 seine Torwartkarriere beendete. Wenn der 48-Jährige ausnahmsweise nicht in der ganzen Welt unterwegs ist, wohnt er entweder in New York oder in Hamburg. Dort befindet sich in der Hafencity »The DO School«, eine Akademie, die jungen Menschen aus der ganzen Welt das Rüstzeug dafür geben möchte, soziale Projekte in ihren Herkunftsländern umzusetzen. Dekeyser führt uns durch einige loftartige Räume, in denen so unterschiedliche Fächer wie Unternehmensführung, Fundraising oder Schauspiel unterrichtet werden. Es ist kein Unterricht im klassischen Sinne, denn die jungen Leute diskutieren in kleineren Gruppen, vertiefen sich in Lektüre oder proben einen Dialog.

Dekeyser erzählt uns von seiner Jugendzeit, seinem Schulabbruch im Alter von 15 Jahren, seiner Zeit als Fußballprofi und davon, dass er nach einer schweren Verletzung im Krankenbett beschloss, das Unternehmen DEDON zu gründen – ohne Konzept, ohne große finanzielle Reserven. Diese Story hat der gebürtige Flame in den Medien schon oft erzählen müssen – und dennoch wirkt sie nicht wie eine ständig abgespielte Konserve, so lebendig und emotional führt er uns durch das erste Vierteljahrhundert seines Lebens.

Wir interessieren uns besonders für den Unternehmer Bobby Dekeyser, der in den letzten 18 Jahren nicht nur DEDON zum Erfolg führte, sondern mit Dekeyser & Friends auch eine Stiftung aufbaute, die seine Ideale umzusetzen vermag. Der Weg dorthin war von unerwarteten Erfolgen und ebenso heftigen Rückschlägen geprägt. Dass Dekeyser trotz der vielen Jahre, die er in dieser prekären finanziellen Situation zubrachte, niemals seine Stabilität und seinen Optimismus verlor, lässt sich nicht allein auf das Befolgen typischer Unternehmererfolgsformeln à la »Gib niemals auf!« oder »Verfolge eisern dein Ziel!« erklären. »Ich habe immer schon, seit ich zehn Jahre alt war, sehr viel nachgedacht, habe mich regelmäßig zurückgezogen. Und auch während meiner Fußballzeit in München bin ich immer wieder in die Berge gefahren – einfach nur, um nachzudenken und zu mir zu kommen. Es war ein echtes Glück, dass ich sehr früh viel Geld verdient und es dann aber auch wieder verloren habe. Viele Menschen träumen in ihrer Jugend von Wohlstand und Reichtum, sie kämpfen dann verbissen, bis sie 40 Jahre alt sind – und merken dann, dass es gar nicht das Ziel war.«

Dekeyser räumt ein, dass auch er als junger Fußballprofi manchmal den materiellen Verlockungen erlegen sei. Doch durch ständige tiefe Reflexion, die man dem so unbeschwert und fröhlich wirkenden Unternehmer auf den ersten Blick gar nicht zutrauen würde, habe er das Treiben unter der »Käseglocke des Erfolgs« nie mit dem wahren Leben verwechselt. Er wirkt sehr glaubwürdig, wenn er seine Haltung zum Eigentum zum Ausdruck bringt: »Mir gehört nichts alleine, bei mir gehört jedem alles, und jeder kann von mir alles wissen. Das entspannt mich ungemein. Deshalb ist das hier auch ein offenes Haus. Hier in diesem Loft sitzen oft 20, 30 Menschen zusammen, junge Stipendiaten der Stiftung, Mitarbeiter von DEDON, Freunde aus Hamburg und aus der ganzen Welt. Ich genieße diese Jugendherbergsatmosphäre. Jeder fühlt sich für das Ganze verantwortlich und trägt etwas anderes dazu bei, einige kochen, andere spielen Musik – ungeplant und ohne dass es irgendwie koordiniert wäre.«

Es ist eine beeindruckende Leichtigkeit, die Bobby Dekeyser ausstrahlt. Er wirkt nicht wie jemand, der andere Menschen gönnerhaft an seinen Möglichkeiten teilhaben lässt. Vielmehr sei für ihn das Teilen seit Kindertagen zu einer Selbstverständlichkeit geworden. Er sei in der großen Unternehmerfamilie seiner Mutter mit dieser Tugend aufgewachsen. Damals schon habe er nie eine Trennung zwischen Arbeits- und Privatleben kennengelernt. Er bezeichnet diese Zeit rückblickend als »unterhaltsames Chaos«.

Die Produktion von DEDON hat ihren Sitz auf der Philippineninsel Cebu. Bis zum Bau der eigenen Fabrik im Jahr 2000 ließ Dekeyser die gemeinsam mit seinem Onkel entwickelte Spezialkunststofffaser dort sieben Jahre lang in Lohnarbeit zu Outdoor-Sesseln flechten. Die Steuerung des Unternehmens erfolgt seit 1993 von der Zentrale in Lüneburg aus. Der Bau einer eigenen Fabrik, so Dekeyser, sei nötig gewesen, weil er gemerkt habe, dass eine zuverlässige Produktion nur möglich sei, wenn man jedes Glied der Produktionskette in der Hand habe. Darauf ist Dekeyser ein wenig stolz: »Wir sind eines der ganz wenigen Unternehmen, die auf den Philippinen eine vollständige Eigenproduktion haben. Und wir verfolgen das Prinzip der gläsernen Fabrik. Jeder, der möchte, kann die Produktion beobachten. Versuchen Sie das mal bei anderen Möbelherstellern. Unsere Mitarbeiter sind nicht gewerkschaftlich organisiert, weil sie es nicht wollen. Das ist die Ausnahme auf den Philippinen. Wir treten dort nicht mit dieser arroganten Investorenhaltung auf, sondern fühlen uns als Gäste – und benehmen uns auch so. Es ist ein Geben und Nehmen. Die Mitarbeiter sehen die Fabrik auf Cebu deshalb tatsächlich als ihr eigenes Unternehmen an. Es ist sehr wichtig, dass man die philippinische Kultur annimmt. Wir haben für die Mitarbeiter dort beispielsweise Tanzschulen eingerichtet, weil das Tanzen dort eine besondere Rolle spielt. Sie müssen sich vorstellen, dass unsere Mitarbeiter sich ein halbes Jahr für eine 18-stündige Daueraufführung bei der Weihnachtsfeier vorbereiten.«

DEDON wurde kurze Zeit nach dem Aufbau der eigenen Produktion zur Weltmarke. Daran haben viele Menschen einen großen Anteil, die Dekeyser nicht nach einem gewissen Anforderungsprofil rekrutiert hat. Ganz im Gegenteil: Es sind Menschen aus seiner Familie, etwa seine

Schwester, die mit geschickten Marketingaktionen den DEDON-Klassiker »Orbit« zum Sehnsuchtsobjekt für Hollywood-Größen gemacht hat. Oder Menschen, die er zufällig kennenlernte – wie Hervé Lampert, der als 20-Jähriger ein Praktikum bei einem Produktionspartner machte und drei Jahre später Fabrikchef auf Cebu wurde. »Die Wirtschaft ist viel zu kopflastig. Mich begeistern immer nur Menschen und ihre Ideen. Ich darf es eigentlich gar nicht laut sagen, aber mich interessiert kaum, was ich verkaufe, mich interessieren immer nur die Beziehungen zu den Menschen. Ich trage ein unglaubliches Harmoniegefühl in mir. Ich werde nicht müde, dieses besondere Gefühl des Gebens und Nehmens zu transportieren. Mein Anker ist die Sehnsucht nach dem Leben. Dabei hilft es übrigens auch, sich nicht allzu ernst zu nehmen. Und ich glaube immer, dass es am Ende gut geht. Dank dieses Urvertrauens fühle ich mich unzerstörbar.«

Möglicherweise war Dekeyser, der sich als Torwart selbst immer nur wenig Talent bescheinigte, kein herausragender Fußballprofi. Aber er ist sicherlich ein Meister darin, Menschen in Resonanz zu versetzen.

Was lässt sich von der Theorie und von unseren »Spieldrehern« für den Aufbau von Resonanzachsen lernen?

1. Musterbrecher kennen den Wert von Schwingungen und schaffen es, die »Eigenfrequenz« von Mitarbeitern zu treffen.

2. Musterbrecher unternehmen nicht den Versuch, das große Hamsterrad zu bremsen.

3. Musterbrecher beachten den Unterschied zwischen Befunden und Befinden.

4. Musterbrecher gestalten wertvolle Rituale und halten diese am Leben.

5. Musterbrecher verwechseln Resonanz nicht mit instrumentellen Beziehungen.

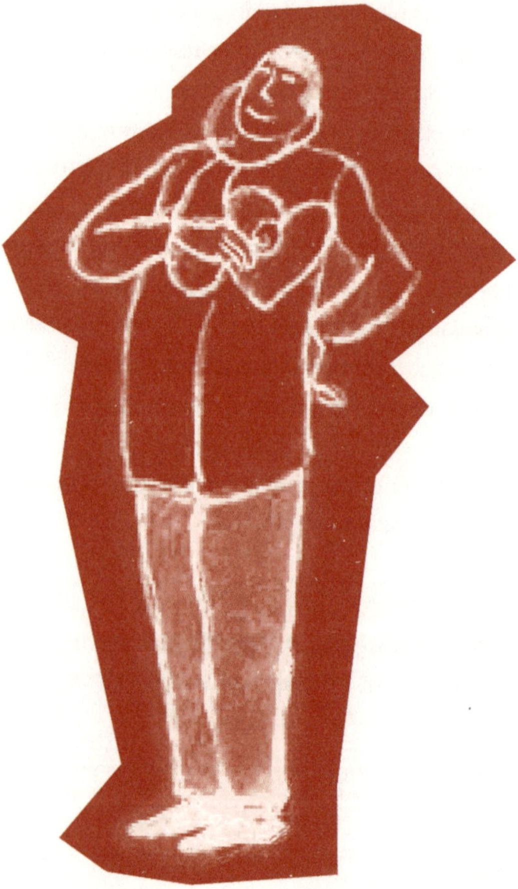

# 09

## Fahrlässig zutrauen.
## Warum sich die Arbeit am Menschen lohnt

Im Rahmen eines Führungsseminars erläutert die Personalchefin einer großen Bundesbehörde das kurz vor der Einführung stehende Konzept der Vertrauensarbeitszeit. Zukünftig sollen Mitarbeitende ihre Arbeit flexibel und eigenverantwortlich organisieren. Nach reiflicher Überlegung hat die Geschäftsleitung entschieden, die Vertrauensarbeitszeit für Mitarbeitende ab Lohnklasse 15 einzuführen. Den Beschluss begründet die Personalchefin wie folgt: »Bis Lohnklasse 14 wollen Mitarbeitende ihre Stunden aufschreiben. Die Freiheit überfordert, sie benötigen diesen Rahmen.«

Bei Vorträgen und Workshops erleben wir immer wieder ähnliche Reaktionen: Teilnehmende Führungskräfte beteuern, dass sie gerne mehr delegieren würden, doch leider seien die Mitarbeiter nicht in der Lage, mit den zugestandenen Freiheiten sinnvoll umzugehen. Stattdessen benötigten sie klare Vorgaben, wollten geführt und mussten motiviert werden. So sehen Führungskräfte häufig ihre Mitarbeitenden.

Diese Haltung ist unter anderem dafür verantwortlich, dass wir Organisationen misstrauensorientiert gestalten und Mitarbeitende immer wieder bevormunden. Dazu ein grotesk anmutendes, aber reales Beispiel: Ein renommiertes Schweizer Bankinstitut führte, aus begreiflichen Gründen allerdings nur für kurze Zeit, einen 44-seitigen Dresscode für Privatkundenberaterinnen und -berater ein. Dieser gab eine bis ins Letzte detaillierte Kleiderordnung vor: Für Frauen sind sieben Schmuckstücke plus Ehering erlaubt; für Männer drei, die Sonnenbrille zählt mit. Der monatliche Gang zum Friseur ist allgemein verpflichtend. Für Frauen gilt zudem: Parfüm ist morgens aufzulegen, »direkt nach der heißen Dusche«; blickdichte Strümpfe sind tabu, geschminkter Teint ist Pflicht. Für Herren sind schwarze Socken ohne Muster sowie schwarze Schnürschuhe mit Ledersohle obligatorisch.[106]

Klar ist: Bei Polizei oder Militär gehört die Uniformierung zur Wiedererkennung, symbolisiert die Funktion des Trägers und zeigt die Zugehörigkeit zu einer Gruppe. Das alles ist in diesem Beispiel aber nicht notwendig. Dass man einen uniformierten Kundenberater möchte, würden wir infrage stellen. Viel entscheidender ist jedoch: Wie muss ich mich fühlen, wenn ich seit Jahren bereits erfolgreich Kunden beraten habe und mir mein Vorgesetzter diese Anweisung vorlegt?

Wir vertrauen nicht nur in einer abgestuften und damit diskriminierenden Form, sondern wir trauen uns auch selbst mehr zu als anderen. In diesem Zusammenhang spricht Götz Werner, wie wir später noch sehen werden, von zwei unterschiedlichen Menschenbildern. Wer seine Kollegen oder Chefs fragt, ob diese sich selbst für motiviert und vertrauenswürdig halten, wird als Antwort ein uneingeschränktes Ja hören. Die Antwort auf die Anschlussfrage, ob der Gesprächspartner nicht eine ganze Reihe von Menschen kenne, die letztlich doch eine strikte Führung benötigten und diese auch einforderten, dürfte gleichwohl bejaht werden.

**Spätestens hier zeigt sich, dass zwei Bilder vom Menschen nebeneinander existieren: das von uns – und das von den anderen.**

Dabei geht es uns nicht um eine theologische oder philosophische Diskussion des Menschenbildes, sondern um die ganz pragmatische und fast alltäglich immer wieder auftretende Frage: Wie begegne ich meinem Gegenüber?

Untersuchungen zeigen, dass 90 Prozent der Autofahrer glauben, überdurchschnittlich gut zu fahren. Die Tendenz, sich selbst eine überhöhte Leistungsfähigkeit zuzuschreiben, ist in der Psychologie unter dem »Above-Average-Effekt«[107] bekannt. Dieser lässt sich auch in Organisationen beobachten. Führungskräfte unterschätzen die Selbstorganisationsfähigkeit ihrer Mitarbeitenden und leiten daraus ab, selbst planen, messen, organisieren, beurteilen und kontrollieren zu müssen.

In der Nähe von Sacramento befindet sich ein Unternehmen, das konsequent vom mündigen Menschen ausgeht. In dieser Organisation ist jeder Manager und niemand Chef. Undenkbar, aber trotzdem Realität.[108] 1970 gründete Chris Rufer dieses Unternehmen. Morning Star ist der wohl produktivste Tomatenverarbeiter der Welt. Das Unternehmen erzielt einen Jahresumsatz von 350 Millionen US-Dollar und erreicht so in Kalifornien ein Viertel der verarbeitenden Tomatenproduktion.[109].

Chris Rufer möchte, dass alle Teammitglieder selbstbestimmt arbeiten und sich mit ihren Kollegen, Kunden, Lieferanten und Branchenkollegen eigenständig koordinieren.[110] Aus diesem Grund wird den etwa 400 Angestellten keine Aufgabenbeschreibung vorgegeben. Vielmehr verfasst jeder Einzelne diese selbst und erläutert darin, wie er persönlich in konkreter Form zum Ziel von Morning Star beitragen will. Die zur Zielerreichung notwendigen Ausbildungen und Ressourcen organisiert jeder selbständig. Jeder handelt einen Vertrag – den sogenannten Colleague Letter of Understanding (CLOU) – mit seinen Kollegen aus, mit denen er enger zusammenarbeitet. Unternehmensweit entsteht daraus ein Netzwerk von Verpflichtungen mit über 3000 formalen Beziehungen. Und am Jahresende bekommt man zusätzlich Feedback von seinen CLOU-Partnern.

Eine zentrale Einkaufsabteilung sucht man bei Morning Star vergebens. So wird einem Techniker zugetraut, die Entscheidung über den Kauf eines neuen 8000 Dollar teuren Schweißgeräts eigenverantwortlich zu fällen. Um Einkaufssynergien zu nutzen, treffen sich Mitarbeitende mit ähnlichen Einkaufsbedarfen regelmäßig zum Gedankenaustausch. Auch für Personalentscheidungen gilt das Prinzip des Selbstmanagements. Wer die Notwendigkeit erkennt, schreibt eine Stelle aus.

Bei Morning Star hat jeder die Chance, gemäß seinen Fähigkeiten und Erfahrungen Verantwortung zu übernehmen. »Wir finden, dass jeder tun sollte, was er gut kann, also versuchen wir nicht, Leute in einen bestimmten Job zu zwingen«, so Paul Green jr., Leiter der Personalentwicklung.[111] Eine klassische Karriereleiter gibt es bei Morning Star nicht. Persönliche Weiterentwicklung findet dann statt, wenn man sich neue Kompetenzen aneignet oder Wege findet, um Kollegen wirkungsvoller zu unterstützen. Jeder schätzt am Ende des Jahres seine Zielerreichung selbst ein und schlägt die Höhe seines Gehalts vor. Von der Belegschaft gewählte lokale Gehaltsausschüsse beurteilen diese Selbsteinschätzungen und legen die Höhe der Bezahlungen fest. Für auftretende Konfliktsituationen sind Mediationsverfahren vorgesehen, eine Expertenjury entscheidet abschließend.

»Wenn die Menschen frei sind, werden sie von den Bereichen angezogen, die sie wirklich interessieren. Sie werden nicht in Aufgaben gedrängt, von denen ein anderer sagt, dass sie damit zurechtkommen müssen. Aus diesem Grund leisten sie bessere Arbeit: Sie sind mit mehr Begeisterung dabei und werden gerne aktiv.«[112] Das Konzept Morning Star basiert zu wesentlichen Teilen auf gelebtem Zutrauen in wechselseitiges Vertrauen. Darum verwundert es, dass etwa die Hälfte der neuen Mitarbeiter das Unternehmen innerhalb von zwei Jahren wieder verlässt. Bei Morning Star führt man das darauf zurück, dass Vorerfahrungen Menschen so geprägt haben, dass sie mit diesem Zutrauen und der daraus entstehenden Verantwortung nicht umgehen können.

**Es fällt uns schwer, eine ähnliche Mündigkeit und Fähigkeit zur Selbstorganisation – so konsequent wie bei Morning Star – den Kollegen, Vorgesetzten und vor allem den Mitarbeitenden zuzubilligen.**

Wir werden im Alltag immer wieder von Mitmenschen enttäuscht. Nicht selten erleben wir Situationen, in denen Arbeitskollegen aus Opportunismus ihre Überzeugungen unvermittelt aufgeben und sich zum Beispiel plötzlich von der vorherigen Unterstützung eines Vorhabens distanzieren. Oder wir beobachten im privaten Umfeld, dass sich gute Freunde dann zurückziehen, wenn wir ihrer Hilfe am nötigsten bedürfen.

Menschliche Enttäuschungen gehören zum Leben. Der Umgang mit ihnen wird durch unsere individuellen Sozialisationserfahrungen bestimmt. Abhängig davon, ob ich eher in einem von Zu- und Vertrauen geprägten Umfeld aufgewachsen bin oder nicht, werde ich diese Enttäuschungen auch unterschiedlich interpretieren. Menschen mit einem von Misstrauen geprägten Erfahrungshintergrund fühlen sich durch das Erlebte in ihrer Grundhaltung bestätigt. Ihre tendenziell negative Einstellung anderen gegenüber verfestigt sich. Ist die Erfahrungswelt von Vertrauen geprägt, werden wir das Beobachtete eher als Einzelfall sehen und an einem positiven Bild von unseren Mitmenschen festhalten.

Die Frage, ob unsere Persönlichkeit das Produkt einer genetischen Disposition ist oder von Umwelteinflüssen und Erfahrungen geformt wurde, beschäftigt die Menschheit und insbesondere die Wissenschaften schon sehr lange. In der Wirtschaftswissenschaft kennen wir den Nutzenmaximierer und Selbstoptimierer in Form des Homo oeconomicus genauso wie den Menschen als sozial motiviertes Gruppenwesen aus der Human-Relations-Bewegung. Das Pendel schlägt also mal in die eine, mal in die andere Richtung aus.

»Von welcher Grunddisposition des Menschen können wir ausgehen? Ist der Mensch gut oder schlecht?« Mit diesen Fragen konfrontierten wir den Neurobiologen, Arzt und Psychiater, Joachim Bauer, im Rahmen eines Interviews in Freiburg im Breisgau. Seine Antwort: »Es darf auf keinen Fall blauäugig Altruismus unterstellt werden. Menschen haben einen biologischen Sinn für Gerechtigkeit. Altruismus ist zwar tief in uns verankert, er wird aber durch den realen Kampf um Ressourcen in Mitleidenschaft gezogen.« Mit der Sesshaftwerdung des Menschen vor ungefähr 12 000 Jahren entbrannte der Kampf um territorialen Besitz. Nach Bauer lassen sich drei zentrale Aussagen treffen: Erstens: Der Mensch ist ein in seinen innersten neurobiologischen Antrieben und Motivationen auf zwischenmenschliche Akzeptanz ausgerichtetes Wesen. »Nichts aktiviert die Motivationssysteme im Gehirn so sehr wie der Wunsch, von anderen gesehen zu werden, die Aussicht auf soziale Anerkennung, das Erleben positiver Zuwendungen und die Erfahrung von Liebe.«[113] Zweitens: Soziale Ausgrenzung oder Demütigung wird vom menschlichen Gehirn ähnlich wie körperlich zugefügter Schmerz erlebt und mit Aggression beantwortet. Zum Überleben benötigen wir außer Nahrung auch soziale Anerkennung. Drittens: Menschen haben ein neurobiologisch verankertes Gefühl für soziale Fairness.[114] Die Evolution hat Kooperation entstehen lassen, bevor Letztere sich – nach ökonomischen Maßstäben – zu lohnen begann. Experimente zeigen, dass bei psychisch durchschnittlich gesunden Leuten die Glückssysteme des Gehirns anspringen, wenn sie eine altruistische Entscheidung getroffen haben.[115]

In vielfältigen interdisziplinären Experimenten konnte der Fairness-Forscher Ernst Fehr, Chairman am Department of Economics an der Universität Zürich, aufzeigen, dass Menschen viel seltener von egoistischen Motiven getrieben sind, als es gemeinhin in der Ökonomie angenommen wird. Fairness spielt eine weitaus größere Rolle. Der Mensch ist von Natur aus nicht nur auf Rivalität hin angelegt, sondern auch – und in weit stärkerem Maße – auf Kooperation. Anlässlich der Verleihung des Gottlieb-Duttweiler-Preises am 9. April 2013 in Rüschlikon sprach der Preisträger Fehr von einem irregeleiteten Bild, das die Ökonomie lange Zeit vom Menschen hatte. Er betont: »... weder Märkte noch Unternehmen würden funktionieren, wenn alle nur egoistisch wären.« Im Gegenteil: Gerade solche Gesellschaftsformen, die auf Kooperation setzten, haben sich in der Evolution als die robusteren erwiesen.[116]

**Die Annahme, Menschen ließen sich auf ein rational ökonomisches Verhalten reduzieren, führt also in die Irre; denn wir lassen uns gleichwohl von anderen Motiven, wie Gerechtigkeit oder Empathie, leiten.**

158

Die Fähigkeit des Menschen zu moralischem Empfinden und Handeln ist jedem gesunden Menschen gegeben – in Reichweite und Zuschnitt allerdings von unterschiedlicher Ausprägung.

Dan Ariely, Professor am Massachusetts Institute of Technology, hat in diversen Experimenten zum Wirtschaftsbetrug herausgefunden, dass sich Versuchsteilnehmer, die die Möglichkeit haben, zu betrügen, wie folgt verhalten: Von 30 000 Personen haben zwölf Probanden im großen Stil und 18 000 in geringerem Maße betrogen.[117] In einem anderen Versuch stellte Ariely fest, dass viele ehrliche Menschen betrügen, wenn man ihnen die Gelegenheit dazu gibt.[118] Dennoch hatte jeder der Harvard-Studenten, der an diesem Experiment teilnahm, eine moralische Hürde, die er nicht überschritt.

**In der Gesellschaft besteht also nicht ganz unbegründet eine Grundangst vor dem Schlechten und ein entsprechendes Sicherheitsdenken.**

Es werden Verträge abgeschlossen, um sich abzusichern, gewählte Telefonnummern und Gesprächszeiten der Mitarbeiter werden erfasst; stichprobenartig kontrolliert der Werksschutz die Taschen der Arbeitnehmer beim Verlassen des Gebäudes; und manchmal geht das Misstrauen so weit, dass per Video die Toiletten der Angestellten und deren Aufenthaltsräume überwacht werden. Dahinter steckt die Furcht, dass man betrogen werden könnte, wenn man nur die Gelegenheit dazu lässt. Ursächlich dafür sind die einseitigen oder gar fehlenden wechselseitigen Beziehungserfahrungen in Organisationen, die Vertrauen voraussetzen und Vertrauen schaffen.[119]

Durch Nutzung von Synergien und von Größenvorteilen werden unsere Institutionen immer gigantischer – und gleichzeitig räumlich verteilter. Zur Beherrschung der Schnittstellen und zur Bewältigung des Koordinationsbedarfs glauben wir, Beziehungen mehr und mehr durch Instrumente ersetzen zu müssen. Reale Erfahrungen mit Menschen fehlen, und unsere Erlebniswelt wird immer enger. Die arbeitsteilige und komplexere Organisation führt also zu

Beziehungsverlust. Kommunikation über elektronische Medien, Tele-arbeitsplätze, globale Kunden-Lieferanten-Beziehungen, ständig wechselnde Teamzusammensetzungen etc. führen dazu, dass es schwieriger wird, echte Beziehungen aufzubauen. Und da scheinen auch die sozialen Medien keinen wirklichen Ersatz zu bieten. Andererseits schaffen insbesondere die Steuerungs- und Kontrollinstrumente Realitäten, die unser Bild vom Kollegen, vom Mitarbeiter, aber auch von der Führungskraft offenbaren und verfestigen. Diese misstrauensorientiert ausgelegten Instrumente und Managementarchitekturen sind wiederum dafür verantwortlich, dass neue Tools entstehen. Es dreht sich eine Negativspirale, die das Bild vom Menschen erzeugt, das wir technokratisch zu bekämpfen versuchen. Wie aber lässt sich dieser Teufelskreis durchbrechen?

Götz W. Werner, Gründer und Aufsichtsrat von dm-drogerie markt, ist – obwohl er sich vor fünf Jahren aus der operativen Führung des 46 000-Mitarbeiter-Unternehmens zurückgezogen hat – ein viel beschäftigter Mann: Entweder er hält Vorträge über Führung, versucht Menschen für das bedingungslose Grundeinkommen zu begeistern, oder er berichtet über sein Unternehmerleben: erst als Drogist, dann als Erbauer des größten deutschen Drogeriemarktunternehmens mit mittlerweile über 2800 Läden von der Nordsee bis zum Schwarzen Meer.

Unser Interviewtermin mit Götz W. Werner ist etwas ungewöhnlich: Wir fahren mit ihm im Zug von Stuttgart nach München. Zwei Stunden und 30 Minuten im IC. Treffpunkt ist das reservierte Abteil. Dort sitzen wir uns zu dritt bei Filterkaffee und Tee aus Pappbechern in den rot gemusterten Veloursitzen gegenüber.

Werner war am Abend zuvor in der Oper *Don Giovanni* in Baden-Baden, vermutlich wurde es spät, denn er gähnt ab und zu. Nach kurzer Vorstellung steigen wir in das Thema ein. Wir hatten ihn vor drei Jahren auf einem Symposium in Berlin, auf dem wir selbst vortrugen, das erste Mal persönlich gehört. Damals hatte er den Teilnehmern eine Frage gestellt, die uns nachhaltig beeindruckte: »Warum haben wir Menschen immer zwei Menschenbilder? Das von uns und das vom anderen!« Als wir darauf zu sprechen kommen, erzählt er uns, dass er kürzlich einen

Vortrag bei der Jahrestagung der Hochschullehrer für Betriebswirt-schaftslehre gehalten habe. Dort habe er gesagt: »Wenn Sie mich als Autodidakten einladen, dann müssen Sie auch mit meinen Ansichten vorliebnehmen. Darum sage ich Ihnen: ›Das Schlimmste, was Sie ma-chen können, ist, Ihren Studenten immer wieder zu erzählen, dass der Mensch Mittel sei.‹« Er habe festgestellt, dass jedes Jahr Tausende von Studenten aus den Universitäten kämen, denen die ganze Zeit gesagt worden sei, der Mensch sei Kosten-, Nutz-, Konsumfaktor und Human-ressource. Das sei aber ein komplett falsches Bild. Der Mensch sei nie Mittel, sondern immer Zweck. Das sei das Dilemma. »Wenn man die Menschen als Mittel betrachtet, dann wird man dem anderen nicht gerecht. Dann wird man unmenschlich. Das ist mir in den letzten 20 Jahren richtig klar geworden. Sie können eine noch so soziale Gesin-nung haben, Sie können eine noch so gute Absicht verfolgen, wenn Sie an dieser Stelle die Weiche falsch stellen, dann ist es nur eine Frage der Zeit, bis Sie ins Gegenteil – ins Unmenschliche – abrutschen. Es ist schwierig, den Verantwortlichen in Unternehmen klarzumachen, dass es nicht ihre primäre Aufgabe ist, erstklassige Autos zu verkaufen oder gute Zahnpasta – sondern dass sie Rahmenbedingungen schaffen müs-sen, die es den Menschen ermöglichen, ihre Biografien zu leben.

Damit das gelingen kann, verkaufen wir bei dm zum Beispiel Zahn-pasta. Das müssen wir gut und auch immer besser machen. Aber das ist immer das Mittel, und der Mensch ist der Zweck. Der Mensch muss im Unternehmen einen Platz finden, an dem er sagen kann: ›Hier bin ich Mensch.‹«

Wir vermuten, dass er dafür auf seinen Vorträgen viel Zustimmung bekomme. »Na klar«, antwortet Werner, »es hat ja auch niemand etwas gegen den Weltfrieden. Und dennoch hören wir täglich von Kriegen. Kei-ner würde ein negatives Menschenbild für sich in Anspruch nehmen.« Er trinkt einen Schluck grünen Tee, schaut kurz aus dem Fenster und zeigt uns das neu entstandene Logistikcenter eines großen Konkurren-ten, das wir gerade passieren. Dann kommt er sofort wieder auf den Punkt: »Was Menschen erreichen können, ist doch immer suboptimal. Der Mensch ist unvollkommen – kann sich aber entwickeln. Wir werden als Menschen ständig in Situationen geworfen, in denen wir wachsen können. Im Gegensatz zum Tier, das determiniert, aber perfekt auf die Welt kommt. Wenn ein Hund oder eine Katze auf die Welt kommt, dann stirbt er oder sie auch als Hund oder Katze. Als was wir einmal sterben werden, ist völlig offen.«

Uns interessiert, wie er als Unternehmer mit dieser Erkenntnis umgegangen ist. »Zuerst einmal müssen Sie den Menschen etwas zutrauen. Das ist nicht zu verwechseln mit Vertrauen. Zutrauen ist eine Bringschuld, Vertrauen ist die Resultante«, erklärt er uns. »Sie haben mir zugetraut, dass ich zu Ihrem Buch etwas beitragen kann. Ohne dieses Zutrauen würden Sie nicht mit mir von Stuttgart nach München fahren. Und das gilt genauso für das Unternehmen: Man muss den Menschen etwas zutrauen, Teilhabe gewähren, damit sie teilnehmen können.« Mit dieser Philosophie hat Werner dm aufgebaut.

»Ein entscheidendes Schlüsselerlebnis hatte ich auf der Rückfahrt von Saarbrücken nach Karlsruhe. Ich hatte damals den Anspruch, an jedem dm-Markt anzuhalten, der auf dem Weg lag. So kam ich kurz vor Ladenschluss in Pirmasens an einer Filiale vorbei und hielt. Es war nur noch eine Mitarbeiterin im Laden. Wir kamen ins Gespräch, und ich fragte sie: ›Als was sind Sie denn bei uns tätig?‹ Worauf die Kollegin antwortete, sie sei nur eine geringfügig Beschäftigte. Das war für mich wie ein Schlag vor den Kopf. Auf der Rückfahrt nach Karlsruhe fragte ich mich die ganze Zeit, was machen wir eigentlich falsch, dass jemand denkt, er sei bei uns nur geringfügig beschäftigt. Und da ist mir klar geworden, das ist eine Frage der Wertschätzung.« Götz Werner redet schnell mit leichtem badischem Akzent, doch als er den folgenden Satz spricht, betont er bewusst und laut: »Wenn diese Mitarbeiterin kurz vor 18.30 Uhr die Einzige ist, die in dem Laden steht, dann ist sie für einen Kunden die wichtigste Mitarbeiterin im gesamten Unternehmen!«

Die Aufgabe von Unternehmen und natürlich von Führungskräften sei es, Verhältnisse zu schaffen, in denen die Mitarbeiter sagen könnten, dass die Arbeit für sie Sinn ergebe. Jeder, der für andere arbeite – und das treffe für nahezu jeden zu –, müsse das Gefühl haben, dass das, was er tut, einen Wert für die anderen hat. »Wenn wir also wollen, dass andere etwas für uns tun, dann ist Wertschätzung der Schlüsselbegriff. Wertschätzung motiviert andere, etwas für mich zu tun.«

Wir stellen ihm die Frage, wie man das konkret bei dm lebe. »Zuerst einmal werden die Mitarbeiter Ihnen sagen, dass es bei dm ganz anders ist.« Mit dieser Antwort sind wir nicht ganz zufrieden. Wir wollen wissen, was anders ist. »Jeder muss sich die prinzipielle Frage stellen, ob er im Leben etwas erreichen kann, wenn er Druck aufbaut. Und viele Menschen meinen, das tun zu müssen. Ich bin der Überzeugung, dass man nur durch Sog etwas erreicht. Sie müssen alles im Unternehmen verhindern, was Druck erzeugt. Sie dürfen sich keinem Wachstumszwang aussetzen, denn das erzeugt Druck. Sie sollten keine leistungsorientierte Bezahlung einführen. Das ist der absolute Sargnagel für die Kultur in Unternehmen, denn dadurch entsteht wieder Druck. Gerade im letzten Fall entlohnt man Menschen für erreichte Zielvorgaben, für die geleistete Arbeit – und entlohnt sie nicht, damit sie sich das Arbeiten für andere leisten können.« Götz Werner zitiert Theodor Storm, um zu veranschaulichen, was er meint. »Der eine fragt: Was kommt danach? Der andere fragt nur: Ist es recht? Und also unterscheidet sich der Freie von dem Knecht.« Der Freie frage nach den Folgen seines Handelns, der andere schaue nach oben zu seinem Vorgesetzten, der den Bonus gewährt. Und immer, wenn er nach oben zu seinem Vorgesetzten schaue, verliere er den Kunden aus dem Auge.

Werner erklärt uns, dass jeder im Wertschöpfungsprozess gleich wichtig sei. Darum sei die Anzahl der Vorgaben und Anweisungen bei dm auf ein Mindestmaß reduziert. Die Mitarbeitenden bestimmten mit, ob noch jemand eingestellt werden solle. Sie hätten ein Mitspracherecht bei der Auswahl des Sortiments und erhielten transparenten Einblick in die Geschäftszahlen. Man kenne die Gehälter der Filialleiterinnen und -leiter und wisse, welche Projekte liefen, auf die man sich bewerben könne. Konsequent werde auf eine Kostenrechnung verzichtet. Der Kostenbegriff ist aus Werners Sicht negativ belegt. Stattdessen bilde man Leistungen über eine sogenannte Wertbildungsrechnung ab. Darum spreche man bei dm nicht von »Personalkosten«, sondern von »Mitarbeitereinkommen«. Jeder Mitarbeitende könne so nachvollziehen, welche Fremdleistungen zugekauft wurden und welche Eigenleistungen zum Erfolg beigetragen haben. So komme sein Grundsatz zum Tragen: »Das einzig legitime Ziel der Führung ist Selbstführung.«

»Wir kommen aus einer Zeit, in der es einen gab, der es besser wusste. Das war der Meister. Diese Haltung hat sehr lange gut funktioniert, als die Gesellschaft noch auf sozialer Nähe aufbaute. Und so war es am Anfang auch bei dm. Ich war der Älteste, der Erfahrenste. Der erste Laden, den ich eröffnet hatte, konnte die besten Zahlen vorweisen. Darum haben sich die Menschen auch ständig an mich gewandt und wollten Antworten von mir. dm wurde größer, aber meine 24 Stunden blieben die gleichen. Ich war damals Mitte 30, und egal, in welche Filiale ich kam, es hieß immer: ›Herr Werner, Sie müssen da und dort anrufen.‹

Ich befasste mich damals mit geisteswissenschaftlichen Themen und hatte gelesen, dass in jeder Frage bereits die Antwort stecke. Ich begann, darauf genau zu achten. Und dann stellte ich fest: Das ist ja tatsächlich so. Die Mitarbeiter wollten sich mit den Fragen nur rückversichern. Damit sie, falls es schieflief, sagen konnten: ›Herr Werner, Sie hatten das ja so entschieden.‹ Was zu tun war, das wussten sie schon längst. Darum habe ich mir angewöhnt, keine Antworten mehr zu geben – das war schwer. Wenn jemand wieder mit einer Frage kam, habe ich mit drei Fragen geantwortet. Möglichst mit solchen, deren Beantwortung aufwendig war. Nach kürzester Zeit fragte mich niemand mehr. Die Mitarbeiter entschieden selbst.

Mir ist klar geworden: Eine Führungsperson ist nicht jemand, der alles weiß und besser kann, sondern der, der die notwendigen Fragen stellt. Wer Fragen stellt, eröffnet Bewusstsein. Die Zukunft gestaltet man nicht mit Antworten, sondern mit Fragen. Heute kann man keine Menschen mehr führen, indem man Fragen beantwortet, sondern man muss Bewusstsein führen, indem man Fragen stellt. Das ist aus meiner Sicht die ›kopernikanische Wende‹ in der Führung.

Politiker stellen fast nie Fragen, weil sie glauben, dass die Menschen Antworten brauchen. Weil immer noch in unserer Gesellschaft die Haltung herrscht: Ich weiß es – und die anderen nicht. Das ist ein Kulturproblem. Wir sollten, wenn wir es mit Menschen zu tun haben, gedanklich die Arbeit an der Materie von der am Menschen stets trennen. Wenn wir an der Materie, also in der Produktion, arbeiten, sollten wir versuchen, sehr sparsam zu sein, sollten wir uns Gedanken um die

Effizienz machen. Wenn wir es aber mit Menschen zu tun haben, dann müssen wir verschwenderisch und großzügig mit der Zuwendung umgehen.«

Götz W. Werner hat die bestehenden Selbstverständlichkeiten hinterfragt. Er hat die klassische Vorstellung, Menschen würden arbeiten, um Geld zu verdienen, einfach anders interpretiert und damit eine neue Prämisse geschaffen: Menschen müssen die Chance – in der Regel in Form eines Einkommens – erhalten, arbeiten zu können, und nicht für die Arbeit entlohnt werden. Werner nahm den Wachstumsdruck von dm, fragte nicht mehr nach den Kosten, sondern bildete Leistungsströme ab. Versuchte nicht, die Humanressource als Mittel auszubeuten, sondern Rahmenbedingungen zu schaffen, dass Menschen ihre Potenziale für das Unternehmen entfalten können. Für ihn sind alle, die bei dm mitarbeiten, gleich wichtig. Aus seiner Sicht gibt es keine »geringfügig Beschäftigten«. Er setzt der von Effizienz geprägten Arbeit an Produkten eine von Großzügigkeit bestimmte Arbeit am Menschen entgegen.

## Die Auslegung der Unternehmen ist von den Bildern geprägt, die sich seit Jahrhunderten in unseren Köpfen verfestigt haben.

In Tomáš Sedláčeks *Die Ökonomie von Gut und Böse*[120] kann man die Entstehung dieser Bilder vom Gilgamesch-Epos bis zu den Finanz- und Wirtschaftskrisen unserer Zeit nachvollziehen. Diese Bilder prägen natürlich auch unseren Umgang mit den Menschen. Sie prägen vor allem die Methoden und Techniken, mit denen wir unsere Organisationen ausrüsten.
Und genau hier können wir ansetzen. Überlegen wir uns doch einfach, welche Nebenwirkungen jene professionellen Managementmethoden haben, die wir anwenden. Sobald der Verdacht aufkeimt, sie könnten entmündigen, sollten sie auf den Prüfstand gestellt werden. Wenn wir an ihnen – aus welchen Gründen auch immer – festhalten wollen oder müssen, dann sollten diese Gründe den Mitar-

beitenden erklärt werden. Weil das das Mindeste ist, was mündige Menschen erwarten dürfen.

Die Arbeit am Menschen kann aber auch bedeuten, mithilfe von Experimenten neue Erfahrungen im Umgang mit Menschen zu machen. Aktuelle wissenschaftliche Studien machen für derartige Experimente Mut. Sie belegen, dass Nutzenkalkül, Rücksichtslosigkeit und Gier nicht die Haupttriebkräfte des Menschen, sondern eher Ergebnis einer fehlgesteuerten »Selbstzüchtung« sind. Es gibt in vielen, wenngleich nicht in allen Menschen die Neigung, sich fair zu verhalten. Oder in den Worten von Ernst Fehr: »Sie können Umgebungen schaffen, die Menschen in ihren altruistischen Anlagen bestärken – oder die diese abtöten.«[121] Wenn genetische Programme nicht festlegen, was wir sind, sondern bestenfalls, was aus uns werden könnte,[122] sind Führungskräfte gut beraten, ihr Augenmerk konsequent auf das Schaffen von Umgebungen zu legen, in denen Mitarbeitende ihren sozialen Anlagen entsprechend handeln können.

»Ich habe eigentlich viel zu wenig Zeit, das zu tun, wofür ich damals eingestellt wurde: einen Veränderungsprozess zu gestalten.« Karsten Balzer, mit dem wir über die Verwaltungsreform sprechen wollen, die er 1997 durchgeführt hat, kommt ursprünglich nicht aus der kommunalen Verwaltung. Er war Zeitoffizier und kam 1995 zur Stadtverwaltung der 34 000 Einwohner zählenden Stadt Seelze in der Nähe von Hannover. Bald wurde er zum Ersten Stadtrat ernannt. In dieser Funktion ist er der Chef der Verwaltung und gleichzeitig der Vertreter des Bürgermeisters.

Er bittet uns, ihn gegebenenfalls zu unterbrechen, denn er neige zu leidenschaftlichem Vortragen. Dann erklärt er uns die Besonderheit einer kommunalen Verwaltung. Die Aufgabe der Kommune sei die Daseinsvorsorge, die in nicht messbaren Tätigkeiten bestehe. Dabei sei die Besonderheit von Seelze, dass bei der üblichen Verschuldung große zusätzliche Aufgaben auf die Kommune zukämen: zum Beispiel der Ausbau von Krippenplätzen oder der immer größer werdende bürokratische Aufwand. Schließlich sei auch der Anspruch der Bürger ein anderer als noch vor 40 Jahren. Man wolle mehr mitmischen, leider meist nur bei den Dingen, die einen selbst beträfen. »Ich höre jetzt auch gleich auf, zu jammern«, sagt Balzer. »Aber es ist wichtig für Sie, diese Probleme zu kennen: Die Neuverschuldung steigt, und wir tun in den Gemeinden immer noch so, als könnten wir aus dem Vollen schöpfen. Für uns ist das Licht am Ende des Tunnels der entgegenkommende Zug. Wir können einfach nicht sagen: ›Wir schnallen den Gürtel jetzt mal richtig eng, dann sind wir in fünf Jahren durch.‹«

Nun kommen wir zu unserem eigentlichen Thema Verwaltungsreform. »Mitarbeiter in der Dienstleistung sind die teuerste, aber auch die wertvollste Ressource. Irgendwann fragte ich mich, wie wir die Kompetenzen unserer Mitarbeiter besser nutzen könnten. Der Stadtdirektor durfte zum damaligen Zeitpunkt Entscheidungen von bis zu 50 000 DM, Amtsleiter von bis zu 5000 DM und Sachbearbeiter bis maximal 500 DM treffen«, so Balzer. »Ich hatte zum Beispiel einen Mitarbeiter, der stand privat einem Verein mit 2000 Mitgliedern vor. Die anderen Mitarbeiter bauten wie jeder andere auch Häuser, gründeten Familien, kauften sich Autos, engagierten sich irgendwo, aber bei uns durften sie gerade einmal über Ausgaben von bis zu 500 Mark bestimmen. Das haben wir in der Reform geändert. Seitdem kann jeder Mitarbeiter über maximal 125 000 Euro entscheiden, und es gibt keine Zwischenvorbehalte durch Vorgesetzte.

Das alles hört sich jetzt dramatischer an, als es in Wahrheit ist; denn jede dieser Entscheidungen bewegt sich im Rahmen des Haushaltes, der einmal im Jahr beschlossen wird. Da wird zum Beispiel entschieden, dass ein neues Feuerwehrauto angeschafft wird. Danach kann der zuständige Sachbearbeiter sämtliche Absprachen mit der Feuerwehr eigenverantwortlich treffen.« Balzer fährt fort, und man merkt ihm die Euphorie an, in die er sich hineinredet: »Wir haben mit unserer Reform bewirkt, dass emanzipierten Bürgern auch emanzipierte Mitarbeiter gegenübertreten. Beamte sind von Rechts wegen zum Engagement am Arbeitsplatz verpflichtet. Aber ob dies allein zur Mitarbeitermotivation ausreicht, ist mehr als fraglich. Ausgehend von dem eben geschilderten Menschenbild haben wir unterstellt, dass die Mitarbeiter die besten Spezialisten in eigener Sache sind. Nächster Schritt: Wir brachten Aufgabe, Kompetenz und Entscheidungsbefugnis zusammen, ebenso Fach- und

Ressourcenverantwortung. Der Kämmerer hat also nicht mehr allein die Hand auf dem Geld – in der öffentlichen Verwaltung eine kleine Revolution. Andererseits haben wir Fach- und Führungsverantwortung getrennt. Klassisch ist ja das Bild, dass der Amtsleiter alles selbst macht. Aufgrund der Fülle von Aufgaben bekam er ›Gehilfen‹, damit er das kann. Das Bild, dass einer dieser ›Gehilfen‹ eigenverantwortlich irgendetwas entscheiden kann, ist unüblich.« Zur Aufgabe der Führungskräfte sagt Balzer: »Jeder Vorgesetzte muss ›nur‹ das Schmiermittel des eigenen Verantwortungsbereichs sein.«

Das Ergebnis dieses Zutrauens ist interessant. So konnte zum Beispiel eine Mitarbeiterin aus der Abteilung Planung und Umwelt ein sehr heikles Problem lösen: Auf einem Bolzplatz machten Jugendliche Lärm, Anwohner fühlten sich belästigt. Die Mitarbeiterin beraumte innerhalb von 24 Stunden einen Ortstermin mit den Konfliktparteien an. Sie organisierte weitere Termine mit der Beschwerdeführerin, der Polizei, dem Ortsrat, den Nachbarn und Jugendlichen. Es wurden Vereinbarungen zum Verhalten aller Seiten getroffen, und die Mitarbeiterin setzte ein Budget für lärmmindernde Maßnahmen ein.

Auch wenn Seelze auf diese Weise nicht aus der systembedingten Schuldenkrise herauskommt, so konnten zum Zeitpunkt der Umstellung zehn Prozent der Personalkapazität eingespart werden. Viel wichtiger sind aber die nicht direkten monetären Effekte. Der Umgang miteinander ist offener geworden – wenn auch für die Führungskräfte oft anstrengender – und Reibungsverluste durch Zuständigkeitsrangeleien entfallen. Zudem fühlen sich die Mitarbeiter mit dem Plus an Verantwortung deutlich zufriedener, wie eine Umfrage ergab.

### Eine Zweiteilung der Welt in »gut« und »schlecht« führt zu nichts anderem als zu Schubladendenken.

In jedem Schlechten steckt auch etwas Gutes – und umgekehrt. Das beginnt schon damit, dass das Schlechte ohne das Gute nicht denkbar ist.[123] Vielleicht sollten wir darum aufhören, mit noch mehr Überwachung, Kontrolle, Planung und Bevormundung das Schlechte bei unseren Mitarbeitenden ausrotten zu wollen. Denn das Gegenteil von schlecht ist nicht notwendigerweise gut, es kann auch noch viel schlechter sein.

Die Frage, ob (fahrlässiges) Zutrauen verantwortbar ist, kann jeder Mensch nur selbst beantworten. Götz Werner und Karsten Balzer sind fair und zutrauend mit ihren Mitarbeiterinnen und Mitarbeitern umgegangen. Ein solches Verhalten könte sich lohnen; denn Fehr wies, wie wir wissen, nach, dass Menschen mit einer Präferenz für Fairness einen disziplinierenden Effekt auf Egoisten haben. Vielleicht ist das eine zu einfache Schlussfolgerung. Aber wäre ein fairer, offener und vertrauensvoller Umgang mit unseren Mitmenschen nicht einer der stärksten Hebel?

1. Musterbrecher wissen, dass Menschen immer unvollkommen sind. Sie wissen aber auch, dass sich jeder entwickeln kann.

2. Musterbrecher bevormunden keine Menschen. Sie verzichten auf Dresscodes.

3. Musterbrecher setzen Menschen nicht unter Druck. Sie setzen stattdessen auf die Anziehungskraft neuer Bilder.

4. Musterbrecher trauen zu und freuen sich, wenn Vertrauen entsteht.

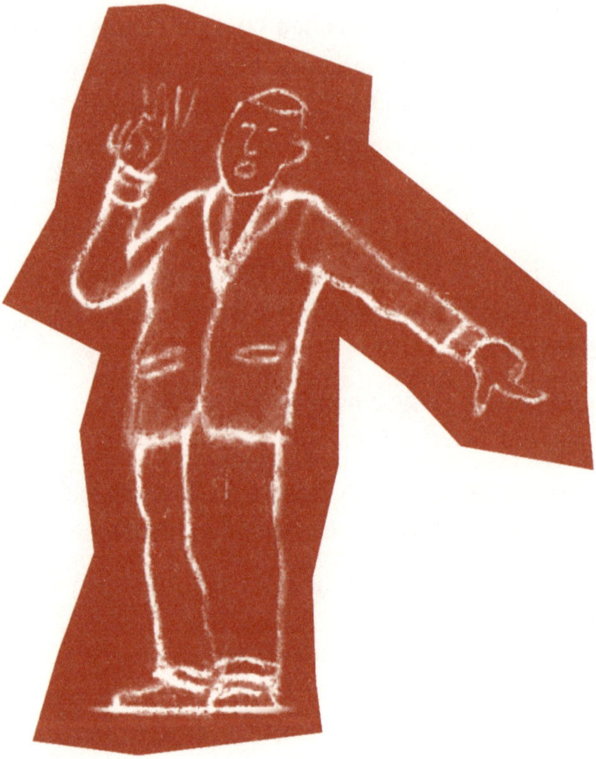

# 10

## Selbst verantwortlich.
## Warum es keine Schuldigen gibt

Es ist ratsam, misstrauisch zu sein, wenn ein Missstand undifferenziert nur einer Seite angelastet wird. Viele Diskurse in der heutigen Gesellschaft verlaufen nach einem erschreckend simplen Muster der Schuldzuweisung. So wird beklagt, dass sich »die da oben«, wer immer damit auch gemeint sein mag, nur »die Taschen vollmachen« wollen. Man geißelt Banker und Politiker, die allein für die Finanzkrise verantwortlich sein sollen. Andererseits heißt es oft bösartig, die »Hartzer« seien an ihrer prekären Situation insofern zumindest mitschuldig, als sie Jobangebote ablehnten oder die Leistungen aus der Grundsicherung für nicht lebensnotwendige Dinge ausgäben. In beiden Fällen führen Vorurteile zur Abschiebung von Verantwortung und Schuld auf andere.

Es geht auch konkreter: Inzwischen beschäftigen sich beispielsweise Automobilklubs intensiv mit der Frage, wer denn bei Kfz-Schäden zu haften habe, die durch Schlaglöcher in den Straßen entstehen. Und im beschaulichen Skigebiet im Lenggrieser Isarwinkel sehen sich in der Wintersaison 2012/13 die Liftbetreiber erstmals gezwungen, Schilder anzubringen, auf denen die Skifahrer vor eventuell verschmutzten, von den Stahlseilen herabfallenden Wassertropfen gewarnt werden – »Haftung ausgeschlossen«.

Vergessen wird jedoch, dass niemand dazu verpflichtet war, ein utopisches Renditeversprechen für bare Münze zu nehmen. Nicht bedacht wird, dass auch nicht zumutbare Jobs angeboten werden und dass der Missbrauch von Sozialleistungen sich deutlich in Grenzen hält. Und: Einem Schlagloch könnte man durch entsprechende Vorsicht auch ausweichen, anstatt im Nachhinein gegen die Kommune zu klagen. Und es sollte ebenso einleuchten, dass mit dem Kauf eines Tagesskipasses kein justiziabler Anspruch auf unversehrte Skikleidung erworben wird.

Im Rahmen unserer Lehrtätigkeit an der Universität erleben wir bei den Studenten zunehmend eine Haltung des »Nicht-verlieren-Können-nens«. Eine Bachelorarbeit, die aufgrund deutlicher Schwächen in Argumentation und Sprachgebung »nur« mit der Note 2,0 begutachtet wird, löst oft endlose Diskussionen über die Beurteilungspraxis der Dozenten aus. Feedback-Gespräche verlaufen inzwischen so, dass kaum noch Substanzielles zur Sprache kommt, sondern der Beurteilende sich dafür rechtfertigen muss, dass die Arbeit nicht mit der Note 1,0 bewertet wurde. Ehrliche Selbstreflexion findet nur am Rande statt.

**Wir haben den Blick für das allgemeine Lebensrisiko aus den Augen verloren, dem wir uns persönlich stellen müssen.**

Es sind immer die anderen, die zur Rechenschaft gezogen werden. Oder es sind die Rahmenbedingungen, die sämtlichen Gestaltungsspielraum zunichtemachen. Neuerdings behilft man sich dann achselzuckend mit einem Akronym: TINA – There is no alternative!

150 Kommunikationsprofis aus Schweizer Unternehmen debattieren in Zürich über das Thema »Corporate Communication«. Zum Abschluss der Veranstaltung spricht am Abend der CEO einer Großbank zum Thema »Die zukünftige Rolle der Unternehmenskommunikation«. In der anschließenden Diskussion dominiert – nicht ganz überraschend – ein anderes Thema. Die Teilnehmenden wollen wissen, ob der Banker die exorbitant hohen Boni für angemessen halte – ein Reizthema. Die Fragen sind ihm sichtlich unangenehm. Zunächst gibt er offen zu: »Auch ich habe Probleme mit der Höhe dieser Zahlungen, und ich sehe negative Imageeffekte für die Bank.« Dann folgt jedoch eine ernüchternde Stan-

dardbegründung: »Weltweit ist die Bankenszene ein ›closed shop‹. Die Anzahl der Top Cracks in den Finanzzentren ist überschaubar. Der Markt bestimmt die Salärhöhe.«

Er weist darauf hin, dass seine Bank aufgrund der Boni-Reduktion im letzten Geschäftsjahr rund 700 Spezialisten und damit ein Geschäftsvolumen in Milliardenhöhe verloren habe. Auf die Nachfrage aus dem Publikum, ob es sich bei diesen Top Cracks wirklich um die Besten gehandelt habe, antwortet er nüchtern: »Moralisch sicherlich nicht, businessmäßig aber schon. Jede globale Großbank ist den Marktkräften ausgeliefert und auf das Know-how dieser Spezialisten angewiesen. Die daraus resultierende Schlussfolgerung kann nur lauten: Nur wer marktkonforme Gehälter bezahlt, kann Spezialisten gewinnen und halten.« Es wirkt fast schon hilflos, wie hier das eigene Handeln nur durch die Macht der Märkte legitimiert wird.

In der Managementwelt und insbesondere für deren Beobachter ist das »Führungskräfte-Bashing« inzwischen zu einer eigenen Disziplin geworden. Es dürfte wohl das Buch *Nieten in Nadelstreifen* von Günter Ogger gewesen sein, das im Jahr 1992 den Grundstein legte. Seitdem bestätigt eine Studie nach der anderen, was die Mitarbeiter immer schon gewusst haben: Die Chefs sind selbstherrlich, können nicht führen, versagen jegliche Anerkennung und Wertschätzung.[124] Die Ergebnisse dieser Untersuchungen sollen gar nicht schöngeredet werden. Auch wir erleben in unserer Forschungs- und Beratungsarbeit zahlreiche Führungskräfte, die ihren Mitarbeitenden allen Grund dazu geben, unzufrieden zu sein und sich in die innere Kündigung zurückzuziehen. Ein Phänomen übrigens, das in den letzten Jahren zunimmt.

Trotz dieser Schieflagen und trotz der durchaus besorgniserregenden Befunde hinsichtlich der Führungsschwäche vieler Manager beschäftigen uns zwei Fragen, die für manche an politische Unkorrektheit grenzen, die aber gestellt und unvoreingenommen untersucht werden sollen: Wie viele Mitarbeiter wollen sich überhaupt führen lassen? Und tragen sie ihrerseits genug zum Gelingen einer intakten und produktiven Führungsbeziehung bei?

Diese Fragen sind nur berechtigt, wenn man sich von der Vorstellung verabschiedet, dass Führung nur in eine Richtung verläuft. Viele der Führungsmodelle, die heute immer noch gelehrt werden, richten den Blick nur auf die Person der Führungskraft.

**Wie beim alten »Sender-Empfänger-Modell« gibt es auf der einen Seite den agierenden Chef und auf der anderen Seite den reagierenden Mitarbeiter.**

Hilfreicher und realitätsnäher dürfte hingegen ein Verständnis sein, das Führung als Beziehungsgestaltung begreift.[125] Dadurch wird zunächst der Akteur nicht näher bestimmt. Wer jeweils in der Führungsbeziehung Akzente setzt, hängt nicht nur von der hierarchischen Stellung ab. Es dürfte der Alltagserfahrung entsprechen, dass Mitarbeiter mitunter ganz genau wissen, wie sie ihre Chefs zu »führen« haben. Führung ist insofern keine Einbahnstraße.

Das Ergebnis einer Studie aus dem letzten Jahr zeigt, dass Mitarbeiter sich offenbar ganz gut im Sender-Empfänger-Modell eingerichtet haben: »Obwohl 45 Prozent der Befragten glauben, einen besseren Job als ihr momentaner Vorgesetzter machen zu können, würde nur etwas weniger als die Hälfte diese Aufgabe selbst übernehmen wollen. Vor allem zusätzlicher Stress, das hohe Maß an Verantwortung und der starke Erfolgsdruck halten die Befragten ab.«[126] Es verhält sich also so, wie wir es in jeder Talkrunde erleben können. Kritische Journalisten und Experten attestieren den anwesenden Politikern Führungs- und sonstige Schwächen; auf die Frage, was die Kritiker – stünden sie in Verantwortung – anders machen würden, folgt oft die lapidare Antwort: »Ich würde den Job nicht machen wollen.«

Wir begleiten ein kleines Team einer Versicherung bei der Ausarbeitung eines Konzepts, das konkrete Ansatzpunkte für die Gestaltung von Führungsbeziehungen aufzeigt. Die Arbeitsgruppe besteht aus Mitarbeitern, die sich für das Thema interessieren und nicht zur Teilnahme verpflichtet wurden. Im Zentrum der Diskussion stehen konkrete Forderungen à la »Die Führungskräfte sollen ...« oder vage Botschaften: Man müsste oder sollte dieses oder jenes tun.

Die Teilnehmer merken selbst, dass sie mit einem reinen Forderungskatalog nicht zum Ziel kommen, tun sich aber dennoch schwer damit, ihre eigene Rolle zu sehen. Auf unsere Frage, durch welchen Beitrag die Mitarbeiter es den Führungskräften ermöglichen oder erleichtern könnten, neue Führungsmuster zu entwickeln, wird uns entgegnet: »Das muss schon zuerst von denen kommen. Dafür werden sie schließlich bezahlt!« Das Denken in Zuständigkeiten ist offenbar so dominant, dass man lieber in Unzufriedenheit weiterarbeitet, als über den eigenen Anteil am Gelingen nachzudenken. Und: Schließlich bleibt so die Möglichkeit, die Führungskräfte für eine mögliche Untauglichkeit der neuen Führungsmuster verantwortlich zu machen!

Vergleichbare Beobachtungen stellen wir in unterschiedlichen Formen immer wieder an. Selbst dann, wenn Mitarbeitern nicht nur verbal, sondern tatsächlich verschiedene Möglichkeiten der eigenverantwortlichen Gestaltung von Prozessen und Strukturen angeboten werden, wird die Chance häufig nicht genutzt. Das Gewähren von Handlungsspielraum wird dann oft als Führungsschwäche interpretiert. Wer sonst, wenn nicht die Führung, soll denn bitteschön wissen, was zu tun ist? Und in der Folge werden – fatalerweise – dann oft diejenigen Chefs in ihren Vorurteilen bestätigt, die schon immer wussten, dass Partizipation nicht funktionieren könne.

Auch wenn man mit der Übertragung von Erklärungsansätzen aus psychopathologischen Kontexten vorsichtig sein muss: Die häufig zu beobachtende Inaktivität trotz fehlender Handlungsbeschränkungen erinnert an die Theorie der erlernten Hilflosigkeit. Nach der darin enthaltenden »Learned-Helplessness-Hypothese«, entwickelt von den Psychologen Martin Seligman und Steven Maier, erstarren Menschen dann in einem Status der Hilflosigkeit, wenn sie glauben, ihr Handeln habe ohnehin keinerlei Auswirkungen auf die sie umgebende Organisation. Die Fortführung der seligmanschen Forschung im Kontext von Management zeigte, wie insbesondere klassische formale Organisationsstrukturen das Auftreten der erlernten Hilflosigkeit begünstigen.[127]

**Insofern kann die Lösung nicht darin bestehen, die phlegmatischen Mitarbeiter nach nur einem Versuch, sie in die Freiheit zu entlassen, wieder in den Käfig zu sperren – in der Annahme, dass sie genau das wollten.**

Vermutlich müssen viele Beteiligungsangebote ausgesprochen und konkrete Möglichkeiten zur produktiven Nutzung der Freiheit gezeigt werden.

Der Zirkel, der zur Verfestigung bestehender Muster führen kann, lässt sich interessanterweise nicht nur auf den unteren Ebenen der Teams und Gruppen beobachten. Auch die zukünftige Elite orientiert sich an »Vorgaben« von oben:

Besprechungszimmer »Matterhorn«, zwölfter Stock. An den Wänden Flipcharts mit coolen Ideen. Acht High Potentials einer international tätigen Wirtschaftsprüfungsgesellschaft haben von der Geschäftsleitung den Auftrag erhalten, die nächste Führungstagung vorzubereiten. Es wird die Riege der obersten 45 Topmanager erwartet. Budget, Zeitpunkt und Dauer der Klausurtagung sind vorgegeben, den Rest aber können die Talente nach ihren Vorstellungen gestalten.

Hoch motiviert hat sich das Team bereits mehrfach getroffen und spannende Ideen zu den Zielen, den Inhalten und der Dramaturgie der Tagung entwickelt. Interviews mit Führungskräften unterschiedlichster Ebenen wurden geführt. Verschiedene Tagungskonzepte wurden durchdacht und geprüft. Die Detailplanung erfolgte mit viel Sorgfalt und Leidenschaft. Als die Tagung näher rückt, steigt die Spannung nicht nur bei den Organisatoren, sondern auch bei den Teilnehmenden. Was würden sich die jungen Hoffnungsträger ausgedacht haben? Würde das Topmanagement gar mit unangenehmen Fragen konfrontiert werden?

Schließlich findet das Event statt und: Die Frustration ist groß! Obwohl eine perfekte Organisation gelungen war, sind die Teilnehmenden von dem Erlebten mehrheitlich enttäuscht. Insbesondere die Geschäftsleitung hatte mit etwas Unkonventionellem und Mutigem gerechnet. »Von den jungen Wilden hätte ich etwas anderes erwartet«, so das wenig schmeichelhafte Resümee des Vorsitzenden der Geschäftsleitung. »Wenn ich das sehe, hätten wir gleich eine klassische Event-Agentur buchen können.« Am Ende der Tagung fiel deshalb das Feedback an die Nachwuchskräfte sehr kritisch aus. Was war passiert?

In ihrer ersten Sitzung nach der Tagung diskutierte die Geschäftsleitung über das Erlebte. Fast einhellig war man der Meinung, dass das Experiment gescheitert sei und die jungen Nachwuchskräfte offenbar noch nicht über die erforderlichen Kompetenzen verfügten. Ohne klare Vorgaben und Hilfe seien sie offensichtlich überfordert, Aufgaben dieser Art zu bewältigen.

Gespräche mit den Nachwuchskräften zeigten jedoch, dass diese Interpretation voreilig erfolgte. Die High Potentials hatten durchaus sehr ungewöhnliche Ansätze ausgearbeitet. So dachten sie daran, für die Führungskräfte eine ungewöhnliche Hospitation in einer branchenfremden Organisation zu arrangieren. Oder sie planten, gemeinsam mit einem Profiregisseur ein Theaterstück zur Reflexion der Führungskultur einzuüben. Die Schauspieler sollten Freiwillige aus dem Mitarbeiterkreis sein. Auf dem Weg zur Umsetzung aber hat die Jungmanager offensichtlich die Angst vor dem eigenen Mut eingeholt – und die Angst, für eine eventuelle Nichtakzeptanz der Veranstaltung verantwortlich gemacht zu werden. Eine Nachwuchsführungskraft beschrieb die Bedenken: »Wir glaubten einfach nicht, dass die Geschäftsleitung so etwas wirklich wünschte und gut finden könnte. Letztlich standen wir nicht zu unseren Ideen und haben leider den risikolosen Weg gewählt.« Die Eigenverantwortung ist hier noch Illusion. In vorauseilendem Gehorsam wurden deshalb genau jene Ideen verworfen, die für eine Überraschung gesorgt hätten – leider.

Es wird in Organisationen regelmäßig zu viel Energie darauf verwendet, die Erwartungen der anderen, meist die der oberen Ebenen, zu antizipieren und entsprechend zu handeln. Letztlich hat man es mit dem bekannten Theorem der sogenannten »Erwartungserwartungen« zu tun, die einerseits soziale Systeme stabil halten, andererseits aber auch Muster in unerwünschter Weise verfestigen und Wandel verunmöglichen. Die erlernte Hilflosigkeit verschafft sich erneut Raum: »Mitarbeiter finden sich mit ihrer Situation im Unternehmen ab. ... So kommt es schnell dazu, dass sie (Anm. d. Verf.) sich ... an vorgegebene oder eigene Grenzen im Unternehmen anpassen. In der Regel fühlen sie sich danach sicher, verpassen jedoch gleichzeitig auch Gelegenheiten zur Vergrößerung des eigenen Einflusses und nehmen sich den Blick auf einen weiteren Horizont. Folglich verliert das Unternehmen einen wichtigen Teil der Arbeitskraft, der Mitarbeiter entzieht sich einen wesentlichen Teil der eigenen Motivation. Der Handlungsspielraum verkleinert sich auf einen Bruchteil der ursprünglichen Größe.«[128]

Weder sind es die unfähigen Führungskräfte noch die trägen und ideenlosen Mitarbeiter, die als Alleinverantwortliche für bestimmte Defizite in Organisationen anzusehen sind. Vielmehr dürfte eher gelten, was uns Frank Roebers, Vorstandsvorsitzender der Synaxon AG, sagte: »Man darf nicht erwarten, dass Menschen in tayloristischen Systemen auf Knopfdruck Ideen produzieren.« Insofern muss allen Beteiligten beim Einüben neuer Muster zunächst einmal Zeit gegeben werden. Wie sonst könnte es eine Chance geben, verfestigte Haltungen zu verändern, die durch die jahrelange Ansammlung ähnlicher Erfahrungen entstanden sind?

**Wer für sich Verantwortung übernimmt und nicht mit der »Fingerzeig-Methode« zu Werke geht, macht sich das Leben mitunter schwerer.**

Im folgenden Beispiel wird deutlich, dass es sicherlich einfacher gewesen wäre, das System zu verlassen – begleitet von dem guten Gefühl, dass andere diesen Schritt zu verantworten haben.

»Was macht man, wenn man sich mit dem Unternehmen in jeder Weise identifiziert, wenn es einem wirklich am Herzen liegt – und nur die Führung anders tickt als man selbst? Ich habe gesehen, dass unser Unternehmen so ein großes Potenzial besitzt, dass es seine Kraft aus den vielen funktionierenden Beziehungen zwischen Menschen schöpft. Aber die neue Geschäftsleitung hatte ein komplett anderes Führungsverständnis als ich. Mein Weltbild war ein anderes.«

Petra M. hatte als Unternehmensberaterin für Vertriebsfragen gearbeitet, bevor sie Anfang 2004 in das Management eines großen Handelsunternehmens wechselte. Sie spricht mit uns über die Zeit Ende 2009, als drei neue Geschäftsführer in das Unternehmen eintraten, die einen anderen Führungsstil pflegten als sie selbst. Für M. war das ein Stil aus einer anderen Zeit: bevormundend, alleinentscheidend und angsteinflößend.

Sie betont während des Gesprächs immer wieder, sie habe viele Entscheidungen der neuen Leitung in sachlicher Hinsicht gut nachvollziehen können. Man spürt, dass sie trotz allen Unmuts nicht in den Kategorien des persönlichen Verlierens und Gewinnens denkt. Das Unternehmen liegt ihr wirklich am Herzen. Aufgrund einer Reorganisation seien viele Menschen entlassen worden. Damals sei die Stimmung auf dem Nullpunkt gewesen: »Das Unternehmen war seelisch krank. Die Menschen zogen sich zurück, haben sich nicht mehr geäußert, überhaupt keine Initiativen mehr gestartet. Der Austausch untereinander war vollkommen gestört, die Leute hatten Angst, miteinander zu sprechen. Ich konnte das nicht mehr mit ansehen und hielt es für meine Pflicht, dem Aufsichtsgremium und der Mitarbeitervertretung meine Wahrnehmungen mitzuteilen. Doch man stand ohne weitere Prüfung meiner Bedenken – und ohne die Mitarbeiter zu befragen – weiterhin unbeirrt zur Geschäftsleitung. Ich sprach dann Anfang 2010 mit allen Kollegen auf der zweiten Führungsebene, zu der ich auch gehörte. Mein Bild wurde mir im Wesentlichen bestätigt. Wenn ich als Einzige ein Problem gehabt hätte, wäre ich sofort gegangen, so aber kam das nicht infrage.«

Petra M. spricht von ihrer Sozialisation und ihrer Prägung. Sie sei in einem Klima aufgewachsen, in dem einzig der Dienst am Menschen wichtig gewesen sei, dem sich der Einzelne verpflichtet gefühlt habe. »Ich begebe mich nicht in eine Auseinandersetzung, in der es um meine Person geht. Und ich würde nie gegen die Geschäftsleitung kämpfen, wenn ich das Gefühl hätte, dass sie von den Mitarbeitenden akzeptiert wird. Die Aufgabe eines Unternehmens ist es, Mitarbeitende zu entwickeln, indem man gemeinsam einen Dienst am Menschen leistet. Ich fragte mich, wie ich dem Unternehmen in dieser Situation am besten dienen könne. Wie sieht im vorliegenden Falle meine Rolle angesichts einer Führung aus, die zu wesentlichen Teilen mit meinen Überzeugungen nicht in Einklang zu bringen ist?«

Wir kommen während des Gesprächs nicht auf die Idee, die Aufrichtigkeit Petra M.s und die Uneigennützigkeit ihres Denkens und Handelns anzuzweifeln. Sie liefert den Authentizitätsbeweis selbst. Sie bleibt bei ihrem Arbeitgeber, wechselt aber innerhalb des Unternehmens ihr Tätigkeitsfeld, wird Geschäftsführerin einer kleinen Tochtergesellschaft des Unternehmens. »Inzwischen gibt es meinen ehemaligen Posten gar nicht mehr. Ich habe auch nie aus persönlichem Ehrgeiz darum gekämpft. Nun arbeite ich nach wie vor für die Organisation, die mir am Herzen liegt. Wir haben eine klare Linie in den Zuständigkeiten gefunden. Und ich habe Freude an meiner Aufgabe. Es wäre mir zu einfach gewesen, das Unternehmen zu verlassen.« Wir finden es beeindruckend, dass Petra M. den Dienst als Vorschrift ansieht.

Wir haben hier einen besonderen Fall kennengelernt: Für Petra M. beginnt die Übernahme von Verantwortung nicht mit dem Blick auf die eigene Person. Sie hätte, da ihre Interpretation der Missstände mit der der meisten Betroffenen übereinstimmte, guten Gewissens eine Auseinandersetzung mit der obersten Führungsebene wagen und schlimmstenfalls einen sanften Ausstieg mit »Goldenem Handschlag« herbeiführen können. Daran hinderten sie aber ihre Identifikation mit dem Unternehmen und ihr persönliches Verständnis des Dienens – sie wollte dem aus ihrer Sicht intakten System weiterhin zur Verfügung stehen.

Analog zum »Manager-Bashing« erleben wir mit steigender Intensität eine Schul- und Lehrerschelte. Zweifellos ist es nötig, über grundlegende neue Weichenstellungen im Bildungssystem nachzudenken. In bekannte Parolen wie »Stärken stärken statt Defizite beseitigen« oder »Schluss mit der Gleichschrittpädagogik« verpackte Ansätze sind mehr als diskussionswürdig.

**Allerdings zeigt sich auch bei der Schuldebatte eine gewisse Einseitigkeit, denn die einzig Schuldigen sind schnell ausgemacht: die unengagierten oder gar unfähigen Lehrer oder pauschal die Schule von heute.**

Selten wird konstatiert, dass die familiären Umfelder und allgemeine gesellschaftliche Entwicklungen die Bildungsarbeit beeinflusst und deutlich erschwert haben. Es gibt aber Beispiele, die zeigen, wie man die unproduktive Suche nach dem Schuldigen einstellen und Bildung selbst in die Hand nehmen kann.

Im Garten eines kleinen Restaurants in Freiburg im Breisgau treffen wir die 22-jährige Alia Ciobanu. Im September 2009 verließ sie zwei Jahre vor ihrem Abitur die staatliche Regelschule, um ihre Bildung selbst in die Hand zu nehmen. Ihre persönlichen Erlebnisse mit diesem Experiment hat sie vor einem Jahr im Buch *Revolution im Klassenzimmer* festgehalten. Ein kurzer Blick zurück zeigt die Entstehungsgeschichte der Initiative: 2007 hatten zehn Schüler, ein paar Lehrer und Eltern den gemeinnützigen Verein methodos e. V. gegründet. Es handelt sich um eine basisdemokratische Organisation, die ausschließlich von Schülern geleitet und verwaltet wird. Unterstützt durch eigens angestellte Lehrer bereiten sich die Schüler völlig selbstbestimmt und eigenverantwortlich auf ihre externe Abiturprüfung in Baden-Württemberg vor.

methodos ist keine Institution, sondern beschreibt vielmehr eine Haltung, die Alia Ciobanu auf den Punkt bringt: »Wir nehmen unsere Bildung selbst in die Hand. Und versuchen, es besser zu machen. Wir tun es einfach.« Sie schildert, dass sie mit der Regelschule unzufrieden gewesen sei und durch Freunde vom Projekt erfahren habe. Darüber hinaus war die ehemalige Waldorfschülerin maßlos enttäuscht, dass das vormals als sehr gut wahrgenommene Lehrprogramm der klassischen »Abiturvorbereitungslogik« gewichen war. Insbesondere störte sie dabei auch die Rolle der Lehrer, die einem starren Lehrplan folgten. Eine Woche vor Beginn der zwölften Klasse hospitierte sie bei methodos. Die andere Atmosphäre war sofort spürbar, und sie erkannte, dass sich

Lernen auch anders vollziehen und Spaß machen kann. Im Verlauf des Gesprächs geht es um ihre Befindlichkeiten, ihre Ängste und ihren Mut. Unterstützt durch das eigene Umfeld, entschied sich Ciobanu für den Schulausstieg.

Ihren Entschluss begründet sie wie folgt: »Bei methodos konnte und musste ich die volle Verantwortung übernehmen, und die Konsequenzen des Handelns wurden sofort spürbar. Wenn ich etwas ändern will, muss ich es selbst tun. Ohne mein Engagement passiert nichts. Gar nichts.« Hinter der zentralen Idee, dass Schüler ihre eigene Schule machen, steht kein ausgefeiltes Konzept. Die Schüler- oder auch Chaosschule, wie sie genannt wird, orientiert sich an einigen selbst formulierten Prinzipien: methodos bildet einen Rahmen, in dem Schüler ihre Ideen und Vorstellungen von guter Schule und Bildung verwirklichen können. Die Leitung des Vereins, das Mieten der Unterrichtsräume, die Öffentlichkeitsarbeit, die Bereitstellung von Eigenmitteln und das Sammeln von Spenden zur Finanzierung etc. sind Sache der Schüler. Die konkreten Lernmethoden und Arbeitsweisen wechseln ständig. Schüler stellen ihre Lernbegleiter, Fachlehrer mit Abiturerfahrung, selbst ein und entlassen diese gegebenenfalls auch wieder. Die Lehrer übernehmen keine Verantwortung für das Bestehen des Abiturs, die Noten dienen nur als Einschätzungshilfe. Ciobanu stellte zu ihrem Erstaunen fest, dass es viel mehr gute Lehrer gibt als von ihr erwartet. Sie sieht das herkömmliche Schulsystem als fehlerhaft an.

Lernexperimente haben jahrgangsbezogen einen hohen Stellenwert. Verbindend dabei ist nur die Idee, mit unterschiedlichen Methoden zu experimentieren und eigene Erfahrungen zu sammeln. Das Abitur legen die Schüler an einem öffentlichen Gymnasium ab. Da sie über keine Vornoten verfügen, müssen sie mehr Prüfungen absolvieren als die Absolventen der Regelschule. Der Notendurchschnitt der methodos-Abiturienten ist in etwa vergleichbar mit dem öffentlicher Gymnasien. Pro Jahrgang steigen entweder ein bis zwei Schüler vorher aus oder schaffen das Abitur nicht.

Ciobanu macht aber gewisse Einschränkungen. Sie spricht davon, dass Schule ohne Lehrer verlockend klinge. Auch bemängelt sie eine zu starke Fixierung auf das Abitur und die zu geringe Gewichtung des praktischen und künstlerischen Tuns. Die Tatsache, dass methodos keine Tradition hat, wird von ihr als nachteilig angesehen. Trotzdem aber sieht sie methodos als eine Denk- und Experimentierfabrik für Bildung. Es gibt bereits weitere Initiativen, die auf derselben Grundidee aufbauen.

Inzwischen ist Alia Ciobanu Studentin der Philosophie an der Universität Freiburg. Auch in dieser Bildungsinstitution kritisiert sie die Lerndidaktik, und es überrascht nicht, dass sie auch hier auf der Suche nach einer alternativen Universität ist. Wir haben mit Petra M. gesehen, dass man seinem Unternehmen treu bleiben kann und dadurch Verantwortung übernimmt. Alia Ciobanu hält zumindest am klassischen Ziel fest, dem Erlangen der allgemeinen Hochschulreife, wenngleich die Erreichung dieses Ziels über einen unkonventionellen Weg führte, den sie selbst wählte und für sich verantwortete.

Es mag aber Situationen geben, in denen der Ausstieg aus der Institution und die Änderung des bisherigen Lebenswegs angeraten sind. Interessanterweise ist dieser Wunsch weitverbreitet. Spätestens nach dem zweiten Bier hören wir im Anschluss an Abendveranstaltungen von vielen Managern den Satz: »Ganz ehrlich: Das kann es nicht gewesen sein. Ich muss noch einmal etwas ganz anderes machen!« Dann hört man immer wieder von ähnlichen Plänen: vom Kauf eines Weinberges und dem Leben als Teilzeitwinzer, vom Traum, endlich einfach nur zu schreiben oder einen Online-Fachhandel für edelste Zigarren zu eröffnen. Nur selten werden diese Träume dann in die Wirklichkeit umgesetzt. Denn es stünde möglicherweise der Status auf dem Spiel, oder das Ferienhaus am Bodensee wäre nicht mehr zu finanzieren. Für einen Abschied aus dem System wird Mut benötigt. Dieser wird oft nur von denen aufgebracht, denen man es nicht auf Anhieb zugetraut hätte.

Eva Hefti erzählt ihrem Mann nun viel häufiger von ihrer Arbeit als in den Jahren zuvor. Bis Ende 2011 war sie Personalentwicklerin bei einem großen Schweizer Energieunternehmen. Dort erarbeitete die Bernerin mit viel Herzblut das Konzept für eine Potenzialwerkstatt für Nachwuchsführungskräfte. Junge Talente sollten nicht länger nur durch diverse Lehrmodule geschleust werden. Sie erhielten vielmehr den Freiraum, sich als Forscher im eigenen Unternehmen zu betätigen und Experimente auf den Weg zu bringen. Der Grundgedanke: Menschen entwickeln sich am besten selbst, man kann sie dabei lediglich unterstützen. Hefti nahm diese Unterstützungsaufgabe sehr ernst. Die Potenzialwerkstatt war ihr Ding. Doch aus diversen Gründen, die viel mit Macht und echten oder vermeintlichen Sachzwängen zu tun hatten, stoppte die Geschäftsleitung die Initiative – von jetzt auf gleich.

Es war nicht nur die Enttäuschung über diese Entscheidung, die Eva Hefti nach Rückkehr aus ihrer Babypause zu sehr grundsätzlichen Überlegungen veranlasste. »Ich hatte plötzlich das Gefühl, etwas anderes machen zu müssen, eine Arbeit, die mich mehr mit Sinn erfüllt. Es kam so vieles zusammen: die Geburt unseres Sohnes, die Katastrophe von Fukushima, die gescheiterte Potenzialwerkstatt, eure Musterbrecher-Konferenz in Zürich, die mich sehr zum Nachdenken brachte. Und eines Tages stand ich auf der Terrasse des Botanischen Gartens in Bern und schaute auf die Aare. Ganz spontan dachte ich: ›An diesem wunderbaren Platz muss ein Café eröffnet werden!‹ Dann ging alles sehr schnell. Ich rief den Direktor des Gartens an, der meiner Idee offen gegenüberstand. Dann kündigte ich meinen Job und schrieb über Weihnachten eine Art Businessplan. Im Frühjahr ging es los: mit meinem Café Fleuri.«

Eva Hefti stellt ihre Entschlossenheit nicht zur Schau. Man könnte sie etwas unterschätzen, so zurückhaltend, wie sie in fröhlich-ruhigem Berndeutsch ihre Geschichte erzählt. »Viele fanden meinen Sprung ins kalte Wasser sehr mutig. Ich sehe das gar nicht so, denn ich glaubte einfach an das Potenzial des Cafés. Die Frage nach dem Überleben habe ich mir nicht gestellt. Mein Mann hat zunächst schon geschluckt, aber er merkte meine Begeisterung; eine Begeisterung, wie ich sie schon lange nicht mehr hatte.« Wir fragen sie, ob Familie und Freunde nicht skeptisch auf diesen Schritt reagiert hätten, den manche vermutlich als »Abstieg« interpretierten. Keineswegs, so Eva Hefti, denn von allen Seiten habe sie nur Respekt und Anerkennung erfahren.

Die Jungunternehmerin blickt auf eine erfolgreiche Saison 2012 zurück. Sie hat ein funktionierendes Team, spricht mit Stolz von zufriedenen Gästen, die es ihr offensichtlich nicht übel nehmen, dass ganz bewusst

184

die Imbissklassiker »Würstchen und Pommes« im Angebot fehlen. So ganz hat sie ihr altes Leben allerdings nicht hinter sich gelassen. Denn im Winter, wenn das Café geschlossen ist, kümmert sie sich in Teilzeit als Leiterin Finanzen und Verwaltung um die weniger blumigen Seiten des Botanischen Gartens. Es wurde ein Arrangement gefunden, das ihr in der Sommersaison den Raum für die Selbständigkeit gibt – in der Winterpause werden dann die Verwaltungsprojekte konzentriert bearbeitet.

Das Café ist meine eigene Potenzialwerkstatt. Ich merke an mir selbst, dass ich viel leichter auf Menschen zugehe als früher. Konflikte kann ich viel besser und selbstbewusster austragen als noch vor zwei Jahren.«

Es fällt angenehm auf, dass Eva Hefti ihre Vergangenheit nicht entwertet. Sie habe sehr viel gelernt, vor allem von ihrer damaligen Vorgesetzten, und möchte die Zeit als HR-Expertin nicht missen. Auf die Frage, was sie – nach all den neu gesammelten Erfahrungen – heute bei der Potenzialwerkstatt für Nachwuchsführungskräfte anders machen würde, antwortet sie: »Ich würde ganz klar sagen: noch viel mehr ›Hands-on!‹ Ich würde die Leute unmittelbar die simple Wahrheit erfahren lassen, dass man Geld verdienen muss, bevor man es ausgibt. Was es heißt, Personal und Lieferanten zu bezahlen, was echtes Unternehmertum bedeutet. Ich würde auf diese Bodenhaftung deutlich mehr Gewicht legen.«

Eva Hefti plant nicht länger als sechs Monate im Voraus. Vielleicht wird sie ja irgendwann ihre Lektionen, die sie als Unternehmerin gelernt hat, zum Bestandteil einer neuen Potenzialwerkstatt werden lassen. Wir haben wieder einige neue Grundsätze gelernt.

1. Musterbrecher umfahren das Schlagloch und werten eine berechtigterweise mit 2,0 benotete Bachelorarbeit nicht als Angriff.

2. Musterbrecher sind skeptisch, wenn sich alle über TINA einig sind. Aus TINA machen sie TIAA (There is an alternative).

3. Musterbrecher zeigen nicht mit dem Finger auf andere. Ohne Wenn und Aber übernehmen sie Verantwortung – für sich, für ihre Ziele und für das Unternehmen.

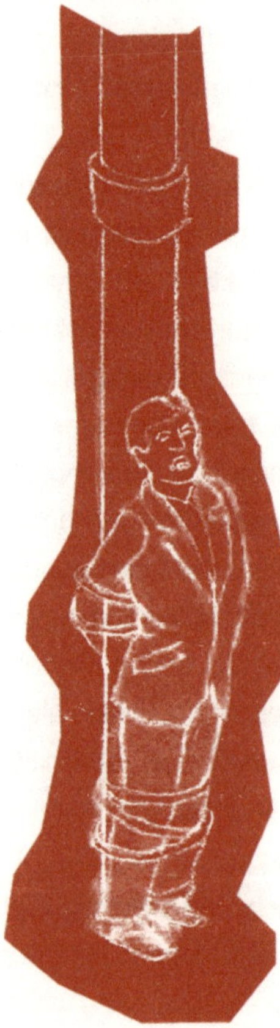

# 11

## Ehrlich verbunden.
## Warum Kunden sich nicht fesseln lassen

Sommersemester 1994. Hörsaal 101, Ludwig-Maximilians-Universität in München. An einem heißen Tag im Juni hatte ich mich in letzter Minute gegen den Biergartenbesuch und für die Marketingvorlesung entschieden. Ein vergleichsweise junger Professor, dynamisch und eloquent, behandelte im Rahmen des Marketingmanagements die Aspekte der Kundenorientierung. Es war eine Zeit, in der alle, die etwas auf sich hielten, auf die Servicewüste Deutschland schimpften.

Die automatisierte Argumentation, 20 Jahre später perfektioniert zum ungebrochen populären »Bahn-Bashing«, lautete damals wie folgt: Kundenorientierung sei in Deutschland ein Fremdwort, woanders, vorzugsweise in den USA, sei der Kunde König, und es sei allerhöchste Zeit, dass man endlich die Zeichen der Zeit erkenne und Dienstleister ihre Rolle begriffen, schließlich würden sie dafür bezahlt. Der Professor, er lebte und forschte einige Jahre in den USA, sagte: »Es ist mir lieber, jemand packt mir mit einem nicht ernst gemeinten Lächeln den Einkauf in die Tüten, als wenn die Kassiererin mir das Gefühl gibt, ich könne froh sein, hier einkaufen zu dürfen.«

Die Lektionen wurden offenbar gelernt.

**Es ist heutzutage kaum noch möglich, sich den Freundlichkeitsprozessen zu entziehen.**

Ständig freut sich ein Dienstleister darüber, was er anzubieten in der Lage ist. An einem durchschnittlichen Geschäftsreisetag wird einem unentwegt ein schöner Aufenthalt oder eine angenehme und sichere Weiterreise gewünscht. Das kann man als Fortschritt ansehen oder nicht. Auf jeden Fall gibt es kaum noch Überraschungen. Oder doch?

»Heute ist nicht ganz unser Tag. Wegen einer Baustelle haben wir leider zehn Minuten Verspätung. Ich wünsche uns trotzdem eine gute Fahrt!« Bei dieser Ansage greift Bernhard Dickmann nicht auf eine Textvorlage zurück. Der Kundenbetreuer im Nahverkehr arbeitet auf der Emsland-Linie, die zur Region Nord der DB Regio AG gehört. Vor zwei Jahren hätte Dickmann die Fahrgäste noch mit ermüdendem Amtsdeutsch »beglücken« müssen – nun entscheidet er alleine darüber, wann er welche Ansagen macht, ohne irgendwelche Vorgaben beachten zu müssen.

Dickmann und seine Kollegen in den Zügen der Emsland-Linie verfügen seit knapp zwei Jahren über diesen Freiraum. Zuvor, im Sommer 2011, trafen sich die Führungskräfte der DB Regio Nord in Hamburg. Wir waren zu dieser Tagung eingeladen und sollten den Musterbrecher-Gedanken in einem Workshop vermitteln. Eine der vielen Experimentierideen, die an diesem Tag von den Teilnehmern entwickelt wurden, betraf das Thema »Freie Ansagen im Zug«. Torsten Funke, als Teilnetzmanager verantwortlich für die Emsland-Linie, erinnert sich, wie es nach dem Workshop weiterging: »Wir wollten an dem Thema dranbleiben. Deswegen riefen wir alle 80 Mitarbeiter zusammen, führten Gruppengespräche mit den Teamleitern, den Lokführern und den Kundenbetreuern. Ergebnis: Es wurde vereinbart, versuchsweise auf sämtliche Serviceregelungen zu verzichten. Alles wurde ›entregelt‹ – natürlich mit Ausnahme der sicherheitsrelevanten Vorgaben. Wir haben einfach gesagt: ›Ihr Kundenbetreuer und Lokführer seid die Gastgeber auf dem Zug. Wir geben euch Verantwortung. Macht etwas daraus!‹ Die Mitarbeiter sollten also dazu ermutigt werden, auf ihre eigene Weise die Kundenzufriedenheit zu erhöhen.«

Funke berichtet uns, dass manche Mitarbeiter sogar außerhalb ihrer Arbeitszeit aktiv geworden seien und sich darüber Gedanken gemacht hätten, welchen Beitrag sie ganz persönlich im Sinne der Kundenorien-

tierung leisten könnten. Manuela Herbort, Vorsitzende der Regionallei-
tung Nord, freut sich über die Experimentierfreude der Emsländer. Sie
sei von der Initiative der Mitarbeiter positiv überrascht worden, allerdings
hätten nicht alle den neu zugestandenen Freiraum genutzt: »Natürlich
gibt es einige Kundenbetreuer, die ihre Ansagen immer noch so machen, wie es früher vorgeschrieben war. Aber es gibt eben eine ganze
Reihe von Leuten, die das Angebot aktiv nutzen. Und das freut mich. Das
Experiment läuft weiter. Es bleibt übrigens auch in dem Sinne offen, dass
für die freien Ansagen nie eine Regel formuliert wurde. Das wäre ja
auch widersinnig.«

Frank Berlin, der Leiter des Betriebsmanagements und somit der
Chef aller Kundenbetreuer und Lokführer auf der Emsland-Strecke, erzählt uns, dass neben den freien Ansagen weitere Experimente gestartet wurden: »Wir geben seit längerer Zeit viermal im Jahr eine Kunden-
zeitschrift für die gesamte Region heraus. Nun sagten einige Mitarbeiter,
dass es doch gut wäre, zusätzlich spezielle Themen für die Kunden aus
dem Emsland anzubieten. Gesagt, getan! Seit über einem Jahr gibt es
eine Art Zusatzrubrik, die teilweise von den Mitarbeitern selbst geschrieben wird. Wir helfen fallweise bei der Umsetzung der Texte, aber sonst
machen sie es alleine.« Außerdem habe man, so Frank Berlin, eine Kun-
denumfrage durchgeführt. Auf Initiative der Mitarbeiter sei ein Minifrage-
bogen für die Fahrgäste entwickelt worden, der ausgefüllt bei jedem
Kundenbetreuer abgegeben werden konnte. Auf diese Weise habe man
eine direkte Beziehung zu den Kunden aufbauen können.

Während ich über dieses Erlebnis schreibe, sitze ich gerade im ICE
von Köln nach München. Am Bahnhof in Mannheim wird durchgesagt:
»Bitte beachten Sie folgende Durchsage. Wegen Anschlussaufnahme
von Reisenden des Zuges aus Leipzig verzögert sich die Weiterfahrt um
wenige Minuten.« Vielleicht hätte sich der ICE-Kundenbetreuer einmal
mit Christian Schubert, seinem Kollegen von der Emsland-Linie, unterhalten sollen. Der verzichtet nämlich seit 2011 auf solche unverdaulichen
Wortungetüme. Denn als kürzlich der Regionalexpress nach Emden an
einem noch nicht zweigleisig ausgebauten Abschnitt warten musste,
sagte er schlicht: »Da die Strecke eingleisig ist, müssen wir noch auf
den entgegenkommenden Zug warten.«

Einige Wochen später im Flieger: »Einen schönen guten Abend, meine Damen und Herren. Ich begrüße Sie auf unserem Flug von München nach Hamburg. Das liegt wirklich nicht weit weg von meiner schönen Heimatstadt Bremen, die auf jeden Fall einen Besuch wert ist.«

Die versammelte Meilenelite, bereits lässig die Abendausgabe der *Welt Kompakt* überfliegend, hielt für einen Moment inne. Irgendetwas war an dieser Ansage anders. Hatte hier jemand so etwas wie Spontaneität gewagt, zumindest eine Abweichung von der üblichen Prozedur? Auch im weiteren Verlauf des Fluges begeisterte mich die Kabinenchefin durch ihre sympathische und unaufdringliche Art. Sie befand sich glücklicherweise nicht im Modus der überhöflichen Plastikfreundlichkeit, der man fast überall ausgesetzt ist. Die Dame war sogar in der Lage, auf ein »Danke« ein schlichtes »Bitte« zu entgegnen – was für eine Wohltat im »Sehr-gerne-Zeitalter«.

Dieser Flug ist mir bis heute in Erinnerung geblieben. Ich erzähle in vielen Vorträgen von dieser an sich sehr unspektakulären Episode.

Die Gestaltung von Kundenbeziehungen ist heutzutage eine heikle Angelegenheit. Die Marktbearbeitung alter Schule konnte sich noch ganz gut mit der Annahme begnügen, dass es eindeutig abgrenzbare Gruppen von Menschen gibt, die sich durch ähnliche Interessen und Konsumstile auszeichnen. Inzwischen verfolgen die Menschen so offenkundig ihre höchst individuellen Lebens- und Konsumschemata, dass man, wie es der Soziologe und Journalist Jürgen Kaube in einem gleichlautenden Buch getan hat, vom »Otto Normalabweicher«[129] sprechen kann.

**Der unberechenbare und multioptionale Verbraucher ist keine Erfindung der Wissenschaft, sondern Alltag.**

Je stärker die Marketingabteilungen die Normalabweichung der Kunden einerseits und die Austauschbarkeit ihrer Produkte und Dienstleistungen andererseits verinnerlicht haben, desto mehr wird Beziehungsmanagement zum Thema. Kundenorientierung, Kundennähe und Kundenbindung werden in einer speziellen Qualität gefordert und gehen in ihrem Anspruch weit über professionellen Service und kompetente Beratung hinaus. Es geht um aktive Beziehungsarbeit am Kunden, die ganz bewusst die emotionale Ebene einschließen soll. Die Unternehmensbroschüren verraten, dass ein lediglich zufriedener Kunde schon lange nicht mehr ausreicht. Man will mehr: Erlebnisse schaffen, Begeisterung auslösen, Fans gewinnen.

Nun lässt sich darüber streiten, ob diese Ziele – für sich genommen – nicht doch schon ein wenig zu hoch gegriffen sind. Wahrscheinlich möchte man auch gar nicht permanent mit »Erlebnissen« oder dem, was Marktstrategen darunter verstehen, konfrontiert werden.

**In Zeiten sogenannter Systemlösungen und Paketschnürungen darf kaum noch laut gesagt werden, dass ab und an auch der problemlos getätigte Kauf eines Produktes vollkommen ausreichen kann.**

Der Erwerb einer Tonerkartusche sollte doch nur das problemlose Weiterarbeiten ermöglichen. Keinesfalls möchte man permanent in die fantastischen Farberlebniswelten moderner Druckertechnologien mit ihren »smarten« Zusatzservices eintauchen. Wo aber sind die Grenzen der Emotionalisierung? Wo beginnt die Überdosis der gefühlsbetonten Aufladung von Produkten und Dienstleistungen? Welche Auswirkungen ergeben sich für die »Beziehungsarbeiter«?

Das Grundproblem jeglicher Art von Beziehungsgestaltung im ökonomischen Kontext ist in ihrer Asymmetrie begründet. Der Dienstleister bietet permanent und routiniert eine Leistung an, die für den jeweiligen Kunden in diesem Moment eine spezielle Bedeutung hat. Im Durchschnitt kauft ein deutscher Konsument alle sieben Jahre ein Auto. Für die meisten ist dieser Kauf ein besonderes Ereignis. Ein guter Verkäufer kann pro Woche sieben Fahrzeuge an den Mann oder die Frau bringen. Eine Ärztin stellt täglich zahlreiche Diagnosen, die für die einzelnen Patienten dramatisch und lebensverändernd oder befundlos und beruhigend sein können – in jedem Fall aber emotionale Betroffenheit verursachen.

**Wir sehen auf der einen Seite die Routine, die Regel, das eingeübte Alltagsgeschäft – auf der anderen Seite das Besondere, die Ausnahme, das singuläre Ereignis.**

Diese einfache Überlegung macht deutlich, wie anspruchsvoll es ist, mit dieser ungleich verteilten persönlichen Betroffenheit umzugehen. Die US-amerikanische Soziologin Arlie Hochschild beschrieb in ihrem Klassiker *Das gekaufte Herz*[130] verschiedene Formen von »Emotionsarbeit«. Das war 1983, zu einer Zeit, in der noch niemand von Emotionsmanagement sprach. In ihrer Studie traf sie eine interessante Unterscheidung zwischen der alltäglichen Gefühlsarbeit im Privaten und der von arbeitsteilig organisierten Unternehmen geforderten Gefühlsarbeit.[131] Beide Formen unterliegen bestimmten Regeln. So orientieren wir uns um der sozialen Harmonie willen auch im Privaten an einer emotionalen Codierung. Diese hat gewissermaßen alltäglichen Gebrauchswert. Ein lachender Trauergast bei einer Beerdigung ist ebenso unvorstellbar wie ein Vater, der ein von seiner dreijährigen Tochter gemaltes Bild mit der Bemerkung zurückweist, es sei schlecht gezeichnet. Mit dieser Art von Emotionsarbeit im Privaten können Menschen gut umgehen.

**Im Berufsleben hingegen verhält es sich anders. Dort sind Menschen eingebettet in marktförmige Beziehungen.**

Das führt dazu, dass Mitarbeiter häufig Gefühle zu zeigen haben, die sie nicht empfinden. Nun liegt es in der Natur der Sache, dass die verschiedenen Rollen eines Individuums unterschiedliches Verhalten erfordern. Der Gast hat berechtigterweise kein Verständnis dafür, wenn der Kellner eine Bestellung aufgrund seiner privaten Probleme als Zumutung betrachtet und dies auch zum Ausdruck bringt. Erwartet wird ein freundlicher Service, der dem Tausch »Geld gegen Espresso« angemessen erscheint. Folglich erwarten und erleben wir häufig das sogenannte Oberflächenhandeln: Der Ausdruck folgt der Norm, auch wenn er gespielt werden muss und beim Lächeln die Augen einfach nicht mitmachen wollen.

Heutzutage erwarten Unternehmen jedoch nicht nur einen hochgezogenen Mundwinkel. Sie fordern im Sinne der Kundenorientierung das, was Experten als Tiefenhandeln (deep acting) bezeichnen.

**Das eigene Gefühlsleben soll so verändert werden, dass die Norm quasi von selbst erreicht wird.**

Das Gefühl der Begeisterung soll echt sein. Im Grunde ist dies eine paradoxe Forderung: »Empfinden Sie bitte jetzt echte Begeisterung, und strahlen Sie diese auch wahrhaftig aus!«

Natürlich wissen wir aus der Alltagserfahrung, dass Menschen Gefühle zeigen können, die sie faktisch nicht verspüren. Durch »Lächeltrainings« und andere umstrittene Methoden lässt sich durchaus etwas erreichen. Die Selbstkontrolle der Menschen, die diese Dienstleistung anbieten, wird dabei allerdings auf eine harte Probe gestellt. Der Anspruch, Gefühle zum erforderlichen Zeitpunkt nicht nur zu zeigen, sondern tatsächlich auch zu empfinden, ist nur in engen Grenzen zu erfüllen.

Zwei Strategien kommen infrage: eine kognitive Umstrukturierung und eine Neuausrichtung der Aufmerksamkeit. Im ersten Fall wird die Interaktion mit dem Kunden in ein positiveres Licht gerückt, im zweiten Fall wird der Fokus von der aktuellen unangenehmen Situation auf eine fiktive angenehme Situation gelenkt. Die Psychologin Anna Schewe erläutert diese Strategien beispielhaft: »Anstatt die Schimpftiraden persönlich zu nehmen, die eine Call-Center-Mitarbeiterin im Beschwerdemanagement täglich hört, kann sie sich vorstellen, der Anrufer sei ein quengeliges Kind, das zunächst seinen Frust abladen muss, bevor es seine Bedürfnisse mitteilen

kann.« Und für die zweite Strategie: »Die Dame aus dem Beschwerdemanagement könnte also, anstatt sich zu ärgern und wütend zu
werden, an den bevorstehenden Urlaub in der Sonne denken – und
das Lächeln, das bei diesen Gedanken entsteht, für die Kundeninterak-
tion nutzen.«[132] Diese Strategien sind einen Versuch wert und sicherlich oft die einzige Möglichkeit, eine schwierige Situation zu meistern. Doch unabhängig davon hat die antrainierte Emotionalisierung
von Tauschprozessen ihren Preis – zunächst einmal unmittelbar für
die Dienstleister. Psychologen sprechen hier von emotionalen Dis-
sonanzen, die immer dann auftreten, wenn die vom Unternehmen geforderten »Darbietungsregeln« das Individuum überfordern.
Vor allem dann, wenn versucht wird, durch noch ausgefeiltere
Pflichtroutinen die Gefühlswelten der Mitarbeiter vollends zu inst-
rumentalisieren. Die Forschung zur Emotionsarbeit zeigt, dass sich
mit steigender Anzahl und Dauer der Kundenkontakte die »emotionale Dissonanz« für die Dienstleister erhöht. Zudem, und das
kann nicht überraschen, verstärkt sich diese Belastung durch standardisierte Darbietungsregeln sowie durch geringe Handlungsspielräume.

Lernen die Unternehmen daraus? Es sieht nicht danach aus. Denn
es wird immer mehr auf die strikte Einhaltung von Emotionsstan-
dards gepocht, und dies angesichts einer Entwicklung, die von der
Vermarktlichung und Versachlichung von Arbeitsbeziehungen geprägt ist. Nicht nur die Gallup-Studie zeigt jedes Jahr aufs Neue, dass
die Loyalität der Arbeitnehmer zu ihren Arbeitgebern sinkt oder sich
auf zumindest ernüchterndem Niveau hält.[133] Mitarbeiter grenzen
sich bezüglich ihrer Emotionen immer mehr vom eigenen Unternehmen ab.

**Die Unternehmen treiben die Kommerziali-
sierung der Gefühle voran, während sich die
Arbeitnehmer immer mehr dagegen wehren.**

Und je mehr sie dies tun, desto stärker werden die instrumentellen
Bemühungen seitens der Wirtschaft. Doch wie sehr unterscheiden

194

sich Unternehmen noch voneinander, die auf dieselbe Incentivie-
rungslogik, dieselben Prozesse, dieselben Worthülsen in den Leitbildern, die im Kern identischen CRM-Strategien und dieselben Callcenter setzen?

*Ein Interview mit dem Trainer eines führenden Callcenter-Dienstleisters
über Darbietungsregeln zeigt, was wir damit meinen.*[134]

*Musterbrecher:* Wie sieht ein perfektes Telefonat aus, so, wie es sich
Ihre Auftraggeber vorstellen?

Jede Firma hat andere Wünsche: Die eine will, dass wir Kunden mindestens dreimal mit Namen ansprechen, die andere, dass die Kundenbetreuer ein bisschen flirten. Wir bekommen je nach Profil der Firma Ka-
taloge mit Kommunikationsregeln. Natürlich wollen die Firmen auch,
dass wir Tarife optimieren und Zusatzpakete verkaufen. Auch die Ge-
sprächsdauer spielt eine Rolle, eine Hotline ist ein Kostenfaktor: Gespräche bei kaufmännischen Hotlines sollen, wenn möglich, nicht länger als
300 Sekunden dauern, bei Technikhotlines 500 bis 600.

*Musterbrecher:* Dann müssen die Callcenter-Mitarbeiter ganze Bücher
mit den Wünschen ihrer Auftraggeber auswendig lernen?

Ja, und das wird von vielen Menschen unterschätzt. Mal sind die Vorgaben nur grob, wie etwa »Das Gespräch sollte charmant sein«, mal bis
ins kleinste Detail geregelt. Ein Auftraggeber etwa wollte, dass unsere
Mitarbeiter zu Gesprächsbeginn immer ihr Bedauern über ein Problem
ausdrücken sollten. Hatte der Kunde sein Anliegen geschildert, durfte er
darauf aber nicht sagen: »Oh, das ist bedauerlich«, stattdessen sollte es
heißen: »Oh, das bedauere ich sehr.«

Unternehmen wären gut beraten, sich zunächst darum zu kümmern, dass ihre Mitarbeiter selbst eine starke Bindung an ihr Unternehmen erleben, bevor sie ihr Personal für zum Teil fragwürdige
Beziehungssimulationen im Außenverhältnis aufrüsten. Dies beginnt

mit den bereits oben angesprochenen Erkenntnissen, die keinesfalls revolutionär sind und dennoch in bemerkenswerter Weise von Unternehmen ignoriert werden. Es führt zu emotionaler Dissonanz, wenn wenige Handlungsspielräume für die Interpretation der Darbietungsregeln bestehen und zudem Kundenkontakte in hoher Anzahl und Dauer gefordert werden. Die zu Beginn erläuterten Beispiele haben gezeigt, welche positive Wirkungen es für die handelnden Dienstleister und Kunden haben kann, wenn man Bedingungen schafft, die emotionale Dissonanz verhindern.

**Es dürfte sich lohnen, den Blick zu wenden, und zwar weg von der Frage, wie man Beziehungen noch systematischer von außen mit Gefühlen »aufladen« kann.**

Denn sobald der Kunde spürt, dass die Emotionalität nur ein Programmbaustein eines offiziellen Managementprozesses ist, gerät eine soeben erfolgreich aufgenommene Kundenbeziehung bestenfalls noch zu einer gewöhnlichen Verkaufsveranstaltung.

Diese Problematik verweist auf Grundsätzlicheres. Es hat mit dem sinnlosen Bemühen zu tun, Dinge managen zu wollen, die üblicherweise von selbst entstehen, wenn man ihnen den Raum dazu gibt. Sie also einfach entstehen lässt. Davon sind sämtliche Prozesse in der Wirtschaft betroffen, die zunächst auf nicht ökonomische Qualitäten angewiesen sind. Als Beispiel lässt sich das populäre Vertrauensthema anführen. Hier sind die Möglichkeiten einer gezielten Gestaltung begrenzt. Die einzige Chance eines Akteurs besteht darin, sich offen und sensibel zu zeigen. Unter allen Umständen wird jedoch Zeit benötigt. Wie beim Aufbau von Beziehungen handelt es sich beim »Vertrauensmanagement« um ein äußerst fragiles Projekt. Belastbare und vertrauensvolle Beziehungen entstehen niemals auf der Grundlage eines vordergründigen Kalküls.

Zu dieser Einsicht passt eine Studie dreier Marketingforscher. Sie untersuchten, ob es Verkäufern möglich ist, gegenüber als unsympathisch empfundenen Kunden erfolgreich Sympathie vorzutäuschen.

Das Ergebnis ist ein Plädoyer für Authentizität, denn Kunden erkennen in der Regel »Täuschungsversuche«.[135]

Um Missverständnissen vorzubeugen: Selbstverständlich kann man bis zu einem gewissen Grad den Beziehungsaufbau zu den Kunden systematisieren und verbessern. Man kann sein Zustandekommen wahrscheinlicher machen. Und zweifellos ist es sinnvoll, Prozesse der Kundenansprache und Kundenbindung zu optimieren. Allerdings besitzen diese Aktivitäten inzwischen nicht mehr als den Charakter eines Pflichtenheftes, das zuverlässig und professionell befolgt werden muss.

**Es geht immer um eine ehrliche Auseinandersetzung mit den grundsätzlichen Rahmenbedingungen des Beziehungsgeschäfts.**

Letzteres wird im direkten Verkauf nochmals anspruchsvoller. Während das Servicepersonal (wie etwa Flugbegleiter) eine bereits getätigte Kaufentscheidung »lediglich« emotional orchestriert und dadurch zur Kundenbindung sowie idealerweise zum wiederholten Kauf des Kunden beiträgt, müssen Verkäufer eine unmittelbar auf den Vertragsabschluss ausgerichtete Emotionsarbeit verrichten. Ein Flugbegleiter trägt durch sein Verhalten – gemäß entsprechenden Vorgaben – zum Entstehen und zur Festigung der Kundenbeziehung bei, eine Modeberaterin muss durch ihr empathisches Geschick aus jedem Kundenkontakt ein umsatzwirksames Ereignis machen. Demzufolge hat Verkaufen zwei verschiedenen Forderungen zu genügen, die nicht immer widerspruchsfrei sind: den zahlenmäßigen Ergebniserwartungen einerseits und den emotionalen Darbietungserwartungen andererseits. Je rigider erstere formuliert sind, desto geringer ist die Wahrscheinlichkeit, dass das allerorts so prominent geäußerte Versprechen »Wir wollen zufriedene und begeisterte Kunden« eingelöst werden kann. Dies ist vor allem dann der Fall, wenn Kundenbeziehungen für das Schließen von »Zwangsehen« aufs Spiel gesetzt werden.

Klaus R. arbeitet in der Vertriebssteuerung eines international aufge-
stellten Telekommunikationsunternehmens. Er entwickelt und optimiert
die Bonus- und Incentivesysteme für die Mitarbeiter in den knapp
1000 Shops in Deutschland. Im Anschluss an einen unserer Vorträge
sagte er, ihn habe die von uns gestellte Frage »Wie viel Beziehungs-
losigkeit erzeugt Kundenbindungsmanagement?« beschäftigt.

R. berichtet von der üblichen Praxis, die seines Wissens für alle, aus-
nahmslos alle Mitbewerber der Branche gelte: »Die Mitarbeiter bekommen einen Bonus für die verkauften Verträge. Und das aktive Verkaufen
zielt natürlich auf möglichst lange Vertragslaufzeiten ab. Je besser die
langfristige Bindung des Kunden an unsere Produkte gelingt, desto höher der Bonus. So einfach ist das.« Es gehe wirklich um nichts anderes,
so der Incentivierungsexperte, substanzielle Beratung sei nicht das Ziel.
Im Mittelpunkt stehe letztlich nicht die beste Lösung für den Kunden,
sondern dessen vertraglich abgesicherte Zwangsbindung. »Wir ködern
mit kostenlosen SMS-Paketen oder irgendwelchen Services, die aber
häufig sowieso in bereits vom Kunden gebuchten Diensten enthalten
wären. Es gibt nur ein Ziel: Die in der Werbung angepriesene freie Wahl,
jederzeit zu wechseln, faktisch unmöglich zu machen. Natürlich haben
wir kein Interesse daran, dass Kunden leicht abspringen können.«

Etwa so hatte man sich das als nicht ganz naiver Kunde schon immer
vorgestellt. Aber es wundert doch, dass eine Branche, die sich ob ihrer
echten oder scheinbaren Innovationen häufig selbst feiert, kaum über
das Entwicklungsniveau von Drückerkolonnen hinausgekommen ist. Man
fragt sich, wie wertvoll die Kundenbindung sein kann, wenn diese nur
wegen eines Vertrags durchgehalten wird. Klaus R. sieht das Problem
nicht in den Programmen zur Kundenbindung als solchen, sondern bereits einen Schritt davor. Seine überraschend klare Botschaft: »Solange
wir Verkäufer durch Boni incentivieren, wird uns keine echte Kundenbindung gelingen!« R. bat uns übrigens dringend, seine Geschichte zu ano-
nymisieren. Anders als ein Handyvertrag lasse sich sein Arbeitsvertrag
durchaus auflösen.

Angesichts dieser Geschichte drängt sich die Frage auf, wie ein Verkäufer zu seinen Kunden glaubwürdige Beziehungen aufbauen will,

wenn er selbst seine Firma nur noch als Transaktionspartnerin für den Tauschvorgang »Bonus gegen Abschluss« sieht. Vermutlich wird dies kaum gelingen. Zumal die standardisierten und eng getakteten Verkaufsprozesse zusätzlich kontraproduktive Wirkungen entfalten. In vielen Fällen, so scheint es, sind echte und somit zeitintensive Beratungsleistungen von den Unternehmen gar nicht gewollt. In dem von R. beschriebenen Fall verlieren letzten Endes alle, zumindest dann, wenn man bereit ist, auch nur einen Tag über den Vertragsabschluss hinauszudenken: die Kunden, die Mitarbeiter, das Unternehmen. Es entsteht im besten Sinne eine, wenn man so will, »Alle-verlieren-Situation«.

**Kundenbindungsprogramme werden von Organisationen in der Regel so ausgelegt, dass Kunden an das Unternehmen gefesselt werden.**

Begeisterung oder gar Loyalität kann aus diesen Bemühungen nicht entstehen. Auch hier stellt sich die Frage nach der Henne und dem Ei: Reagieren Unternehmen zwangsläufig mit Einfallslosigkeit und mitunter unfairen »Fesselspielchen«, weil wir alle so schrecklich unberechenbar geworden sind? Oder werden wir durch fantasielose Bindungsversuche buchstäblich zu sprunghaften Schnäppchenjägern erzogen? Man kann sich der Auseinandersetzung mit dieser Frage entziehen, wenn man von dem Gedanken abrückt, Kunden aktiv an sich binden zu müssen. Der Gegenentwurf könnte eine Art Partnerschaft auf Augenhöhe sein, eine Beziehung, die sich zufällig ergibt, die sich behutsam entwickelt, die alle Beteiligten über den einzelnen Geschäftsabschluss hinaus trägt – und ohne den Einsatz von »Bindungsinstrumenten« auskommt. Wenn man echte Partnerschaft will, prüft man genau, wen man überhaupt an sich binden will. Deshalb ist es auch kein Zeichen von Arroganz, wenn bisweilen auch derjenige, der etwas verkaufen will, nicht jeden zum Partner haben möchte.

Gleich zu Beginn unseres Gesprächs sagt er, ihn treibe in erster Linie Kreativität um, und er sei dennoch ein ewig mahnender Erbsenzähler.

Seine beiden Gehirnhälften würden manchmal gegeneinander kämpfen, sie vertrügen sich nicht immer, kämen aber insgesamt ganz gut miteinander aus, so Nils Holger Moormann, der nach eigener Aussage einen an der Waffel haben müsse, um das zu tun, was er tut.

Der gebürtige Schwabe und Wahl-Chiemgauer ist Inhaber einer sympathisch-seltsamen Möbelfirma mit Sitz in Aschau. Dort, in der oberbayerischen Geranien-Beschaulichkeit, würde man alles andere erwarten, nur keinen Möbelhersteller, den die Branche anerkennend als »Anarchisten« oder »Querkopf« bezeichnet. Wenn man Moormann in die Welt der Gestaltung einordnen wollte, wäre folgendes Label vermutlich am griffigsten: Autodidakt und Vertreter des »Neuen Deutschen Designs«. Seine Regale »Insert Coin« und »Buchstabler« sowie das Sitzmöbel »Bookinist« sind zu festen Größen in der Welt des Wohndesigns geworden. Das Attribut »Kultobjekt« würde er sich für seine Produkte, die meist auf die Entwürfe junger, unbekannter Designer zurückgehen, vermutlich verbitten.

Moormann kann Geschichten erzählen, anregende und spannende Geschichten, seine Geschichte und die seiner Firma. Er entschuldigt sich fast schon, als er die drei Prinzipien seines Unternehmens erläutert, zu gewöhnlich seien diese, zu abgegriffen. »An erster Stelle steht Konsequenz. Denn sie ist die große Schwester der Qualität. Ohne Konsequenz ist Qualität nicht zu erreichen. Und dann geht es mir um Haltung, so altmodisch das klingen mag. Damit meine ich, dass ich es genieße, mit Menschen zu tun zu haben – und nicht mit Systemen. Wenn man das wirklich beherzigt, laufen viele Sachen anders. Ich liebe es, wenn man sagen kann: ›Das gehört sich nicht.‹ Schließlich lebe ich Transparenz. Sehr konsequent. Ich öffne so viel wie möglich vom eigenen Tun. Wir bewegen beispielsweise seit 25 Jahren Millionenumsätze mit einem Lieferanten, ohne dass wir mit ihm einen Vertrag geschlossen haben. Und ich fordere auch unsere Lieferanten auf, nicht von uns abhängig zu werden. Sie sollen sich nicht auf uns konzentrieren. Das wäre gefährlich.«

Wenn Moormann – da kommt die Erbsenzähler-Gehirnhälfte zum Tragen – auf Messen oder zu seinen Handelspartnern fährt, dann übernachtet er in seinem Auto. Ein vielleicht standesgemäßes Sterne-Hotel ist nicht seine Welt. »Ich war immer nur getrieben von Ideen und Produkten, vom Wunsch nach Freiheit, niemals von Kommerz und Wachstum«, sagt Moormann, der sich jedes Jahr für sechs bis acht Wochen eine Auszeit nimmt, um irgendwo in der Welt mit dem Liegerad herumzufahren. In Zeiten, in denen zur Entschleunigung gemahnt und der Materialismus gescholten wird, könnte so eine Einstellung als Modebekenntnis wirken. Nicht so bei Moormann. Man nimmt es ihm ab, wenn er sagt, dass er vor vielen Jahren, als ihn ein abgelehnter Minikredit in Schwierigkeiten brachte, den Entschluss fasste, nie mehr abhängig zu sein. Er habe seinen Betrieb, inzwischen ein Team von 20 Mitarbeitern, bewusst sehr langsam entwickelt. Er sei dem alten Grundsatz gefolgt, nie mehr Geld auszugeben, als man hat. Mit Ausnahmen packe er nichts an, was nicht ohne Finanzierung funktioniere.

Besonders bemerkenswert ist Moormanns Verständnis von einer Kundenbeziehung. Letztlich wolle er keine Kunden, sondern mündige Partner, sowohl im Handel als auch bei den Nutzern seiner Möbelstücke. Da man den Partnerbegriff derzeit häufiger hört, haken wir nach, fragen, was er damit meine. »Ich will den Kunden betören und will, dass der Funke überspringt. Kunden sollen unsere Ware verstehen. Sie sollen unsere Produkte förmlich verteidigen und eine Beziehung mit ihnen eingehen. Dann akzeptieren sie auch unsere Fehlleistungen. Sie müssen ganz klar wissen, was wir können – und was nicht. Unsere Kunden sollen alles durchkneten, sich auf die Materialien einlassen. Ich habe schon unseren allergrößten Kunden gekündigt, weil die Schweinekram machten. Mein Gefühl war, dass ich in dieser Kundenbeziehung unglücklich geworden wäre. Also habe ich sie beendet.« Moormann beherrscht das Wechselspiel zwischen bildhafter, manchmal flapsiger Sprache und klarer Analyse. »Wir haben mehr Fans als Kunden. Wenn es nicht so wäre, würde ich das auch nicht mehr machen wollen.«

In Moormanns Gebäude, der alten Festhalle von Aschau mit einem Gemäuer von 1904, sucht man vergeblich nach einem Türschild mit dem Aufdruck »Außendienst«. Früher habe er zwei Vertriebsleute gehabt, die – nicht nur für die Möbelbranche untypisch – ohne Provision arbeiteten. Vor einigen Jahren habe er auf sie verzichtet und stattdessen den Innendienst verstärkt. Hier arbeite nun ein hochkompetentes Team, das jede Kleinigkeit der Produkte verstehe – und erklären könne.

»Den Vertrieb mache ich selbst. Ich höre nicht nur das Gras wachsen, wenn ich draußen bin, ich rieche es. Der Partnergedanke ist mir heilig. In der Schweiz habe ich auf ein Drittel der Handelspartner verzichtet. Ich gehe tatsächlich in die Läden, in denen ich unsere Produkte sehen will, und sage: ›Ich will, dass ihr meine Partner seid. Mit euch habe ich ein gutes Gefühl.‹ So habe ich das in Zürich gemacht. Unsere Produkte sind nicht ›Kauf mich!‹. Deshalb handle ich nach dem Grundsatz: ›So wenig Handelspartner wie möglich‹.«

Jetzt wird auch klar, was Moormann damit meint, dass er ein wenig den Zeiten nachtrauere, als es noch mehr »beherzte Einzelhändler« gegeben habe. Heute werde diese Spezies in die Enge getrieben. »Bei den großen Firmen arbeiten vorwiegend gute Kaufleute. Da sitzen zehn Leute am Tisch, und alles wird zerredet.« Doch davon lässt sich Moormann nicht beirren. Noch immer treffe er auf ausreichend »Beherzte«, mit denen er nach seinem Verständnis von Partnerschaft zusammenarbeite könne.

Vermutlich erntet Moormann jetzt auch die Früchte des frühen Entschlusses, ausschließlich mit Lieferanten und Produzenten aus der Region zusammenzuarbeiten. Dies tut er seit Anfang der 1990er-Jahre, als er Teile für einen Tisch im Ausland fertigen ließ und schließlich die Tischbeine nicht richtig montiert werden konnten. »Heute passt es ganz genau in das große Regionalthema. Damals war das aber kein Businessplan und kein Marketingschachzug. Das entstand aus Überzeugung. Ich verstehe Zulieferer in erster Linie als Menschen, mit denen ich gerne zusammenarbeite. Meine Produkte sollen nicht Teil einer Logistikkette sein, die irgendwie entseelt ist.«

Auf die Frage, was Führungskräfte eines Großunternehmens bei ihm lernen könnten, muss Moormann einen Moment nachdenken. »Sie könnten hier Passion erleben, eine wirkliche Ganzheitlichkeit und eine Kraft, die von innen kommt. Nicht ›Kauf mich!‹ und ›Billiger!‹, sondern eine Strahlkraft, die den Nutzer erreicht. Sie könnten eine Haltung spüren, die zum Ausdruck bringt, dass man nur dann etwas verkaufen will, wenn man weiß, dass es nichts Besseres gibt. Ich habe dafür meine Mosaiktheorie. Es ist einfach, irgendwo einen guten Strahler aufzustellen. Aber wenn das Licht ausfällt, wird es dunkel. Ich brauche also viele kleine

Lichtlein, die ein scharfes Bild geben: tolle Produkte, großartigen Service usw. Es muss alles durchdrungen sein von der Freude, das Produkt sehr gut zu machen. Wir stellen maximal zwei bis drei neue Sachen pro Jahr her – aber die richtig.«

Der Möbelmann mit den zwei widerstreitenden Gehirnhälften wird auch nach zwei Stunden nicht müde, seine Geschichte zu erzählen. Wir gelangen zur Erkenntnis, dass sich in einem Interview vorgesehene Fragen auch erübrigen können – und genießen zum Abschluss eine Aussage, die noch lange nachwirkt: »Wir sind inzwischen alle in einem Marketingstrudel gefangen, der sich nur durch Geschmacksverstärker immer weiterdreht. Und daran beteilige ich mich nicht.«

**Es ist schon seltsam: Häufig besteht modernes Management schlicht und einfach darin, Menschen mehr zuzutrauen als Systemen und Prozessen.**

Cali Ressler, eine der Protagonistinnen der ROWE-Idee (Results-Only Work Environment) und bekannt geworden durch ihren gemeinsam mit Jody Thompson verfassten Bestseller *Why Work Sucks and How to Fix It*, bringt es in ihrem neuen Buch auf den Punkt: »When you treat people like adults, they act like adults. When people are treated like children, they act out.«[136] Wir fassen zusammen:

1. Musterbrecher sprechen nicht von »Anschlussaufnahme«, wenn sie Menschen meinen, die umsteigen sollen.

2. Musterbrecher wissen, dass »Plastikfreundlichkeit« sehr gerne (!) an Kunden abperlt.

3. Musterbrecher binden ihre Mitarbeiter nicht an fixe Darbietungsregeln. Sie vertrauen darauf, dass ihr Personal die adäquate Form der Ansprache selbst findet.

4. Musterbrecher verwechseln eine erzwungene Kundenfesselung nicht mit einer freiwilligen Partnerschaft.

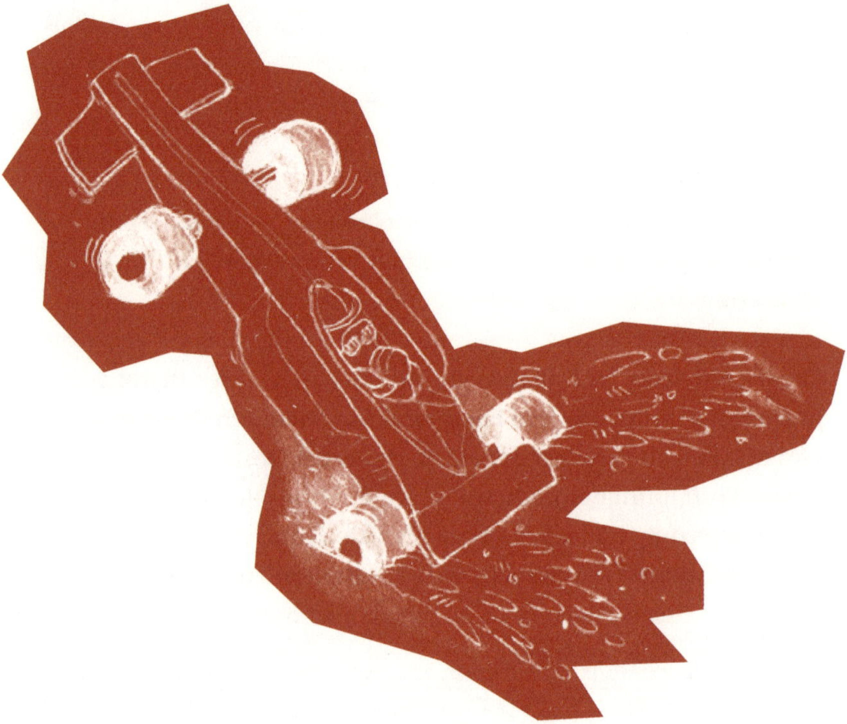

# 12

## Genial daneben.
## Warum Optionen die besseren Ziele sind

*»Wer weiß, wo er ist, kann sein, wo er will.«*

Der Verfasser dieses Zitates ist uns unbekannt – jedoch bekommen es hin und wieder Soldaten der Bundeswehr bei der Ausbildung mit Karte und Kompass zu hören. Der Ausspruch fragt nicht danach, wohin man will, für die gelungene Orientierung ist es viel entscheidender, wo man sich befindet. Während hier also nicht das Ziel thematisiert wird, sondern der momentane Standort, erleben wir in Wirtschaft und Gesellschaft ein hartnäckiges Festhalten an Zielen sowie an Zielbildungsprozessen.

Mitunter führt allein die bloße Anzahl der Ziele einerseits, aber auch die Existenz von unrealistischen, überhöhten sowie unklar formulierten Zielen andererseits zu einem ablehnenden Verhalten der Betroffenen. Ziele werden teilweise nicht mehr ernst genommen, man äußert sich sarkastisch über die hinter ihnen stehende Erwartungshaltung. Freilich handelt es sich bei derartigen Reaktionen auch um den Versuch, irgendwie mit dem zunehmenden »Zielfetischismus« in Wirtschaft und Gesellschaft umzugehen. Wir betrachten in der Folge jene Ziele, die in Organisationen nicht als illusionär und unsinnig, sondern als relevant angesehen werden. Auch wenn sie die Betroffenen mitunter nicht unerheblich unter Druck setzen, ist die grundsätzliche Absicht, die mit dem Definieren von und der Ausrichtung an Zielen verfolgt wird, zunächst positiv zu sehen: Ziele sollen Sicherheit geben, lenken und für Vergleichbarkeit sorgen.

## Wer professionell führen will, kommt an Zielen nicht vorbei.

Bereits 1955 hat Peter Drucker mit seinem Management-by-Objectives-Ansatz (MbO) das Führen mit Zielen zum Maßstab erklärt.[137] Doch leider hat sich dieses Modell, das noch erläutert wird, ebenso wie andere Prinzipien der Betriebswirtschaftslehre, in eine ungute Richtung verselbständigt.

Wolfgang W. war knapp zwei Jahrzehnte bei einem großen internationalen Konzern beschäftigt, zuletzt in der regionalen Geschäftsführung. Er hat sich intensiv mit den konzerninternen Zielsetzungen und Budgetierungsprozessen auseinandergesetzt. Im Interview reflektiert er die damaligen Erfahrungen. Dabei kommt ein Erlebnis zur Sprache, kurz bevor er das Unternehmen verlassen hat, unfreiwillig und von jetzt auf gleich. Es ging um einen Budgetierungsprozess, in dem hart um die Erreichung vorgegebener Kostenziele gerungen wurde. Wochenlang hatte er mit seinen Leuten die Instandhaltungsmaßnahmen für die großen Anlagen auf seinem Werksgelände bis in die atomaren Einzelschritte zerlegt. Sein Team hatte selbst dann noch Einsparpotenziale gefunden, als andere bereits die Augen verdrehten.

Am Ende der Analysen konnte sich Wolfgang W. sicher sein, dass jedes kleinste Detail durchleuchtet, jeder Stein zweimal umgedreht war und nichts außer Acht gelassen wurde. Dann machte er sich auf den Weg zum Vorstand nach Frankfurt. Er präsentierte seine ambitionierten Zahlen und hatte dabei ein sicheres Gefühl. Zurück in seinem heimatlichen Werk, erfuhr er, dass seine Werte vom Vorstand noch weiter nach unten gekürzt wurden. Rigoros, ohne Begründung. Und als Geschäftsführer musste er die neuen Ziele seinen Mitarbeitenden mitteilen – authentisch und leidenschaftlich –, das war der Anspruch seitens der Konzernführung. Wolfgang W. verstand diese Vorgehensweise nicht. Er hat zunehmend Mühe, derartige Ziele weiterzugeben, geschweige denn, noch dahinterzustehen. Kurze Zeit später kommt es zur abrupten Trennung von dem »so rebellischen« Produktionsgeschäftsführer.

Ursprünglich wollte Drucker mit der gemeinsamen Zielbildung Freiräume schaffen, in denen die Beteiligten ihre Ziele individuell erreichen können. Er argumentierte mit einer Steigerung der Selbstverantwortung, die unter anderem auch und gerade auf die Motivation positiv wirken sollte.[138]

**In den letzten Jahren hat die Anzahl der Fachartikel mit kritischen Stimmen zur MbO-Praxis in ihrer verfremdeten Form deutlich zugenommen.**

Der Grundtenor lautet: Zielvereinbarungen haben gänzlich ihre Wirkung verloren. Sie verfehlen ihr Ziel.[139] Mehr und mehr Mitarbeitende fühlen sich durch Ziele massiv unter Druck gesetzt. Die Flut der Zielvorgaben und deren faktische Unerreichbarkeit werden als Grund für Überlastungssymptome gesehen, vorzugsweise in den Vertriebsabteilungen. Auch Führungskräfte zweifeln immer mehr: Sind Zielvereinbarungen tatsächlich noch ein adäquates Mittel zur Steuerung von Organisationen?[140] Und mehr noch: »Unrealistische Ziele und ein striktes Controlling sorgen in erster Linie für mehr Stress und erhöhten Leistungsdruck.«[141] Untermauert wird die Kritik mit repräsentativen Studien, die in verschiedenen Kontexten die Funktionsweisen und Nebenwirkungen prominenter Managementmethoden untersuchen. Die Ergebnisse werden leider oft ignoriert. Vielleicht auch deshalb, weil sie so klar zum Ausdruck bringen, was vielerorts unterschwellig spürbar ist, unternehmenspolitisch jedoch (noch) nicht gespürt werden darf.

So kommen die beiden Forscher Nick Kratzer und Wolfgang Dunkel vom Münchner Institut für Sozialwissenschaftliche Forschung (ISF) zu dem Schluss, dass die Methode des Führens mit Zielen anstelle der erhofften Freiheit und Motivation im Alltag Stress, Leistungsdruck und seelische Belastung hervorruft.[142] Wolfgang Saamann wiederum befragte Ende 2010 im Rahmen einer groß angelegten Studie rund 700 Mitarbeiter und Führungskräfte aus mittelständischen Unternehmen und Großkonzernen zum Thema »Führen mit Zielen«. Neben ernüchternden Ergebnissen wie beispielsweise dem, dass nur die Hälfte der Führungskräfte und weniger als ein Drittel der Mitarbeitenden ohne Führungsverantwortung überhaupt Kenntnis von ihren individuellen Zielen haben, ist die Antwort auf die folgende Frage höchst interessant: »Was denken Sie, würde in Ihrem Arbeitsbereich/Unternehmen passieren, wenn es morgen keine Zielvereinbarungen mehr gäbe?« Hier zeigt die Studie ganz deutlich: Den Mitarbeitern würde vermutlich nichts fehlen, de facto hätten die Führungskräfte deutlich Angst vor Kontrollverlust.[143]

**Der Zielfixiertheit mit ihrer Logik des »Höher, schneller, weiter« kam in der Geschichte nicht immer dieselbe Bedeutung zu wie heute.**

In der Antike hatte die »schöpferische Muße« – bei den Römern »otium«, bei den Griechen »scholé« – als die von Beschäftigung freie Zeit einen ganz besonders hohen Stellenwert. Der Idealzustand war die reine Muße als ein Leben ohne Zwecke und Zwänge. Was die Griechen und Römer als Ideal verehrten, ist in der heutigen dynamischen Wirtschaftswelt vollständig verloren gegangen.

Ziele begleiten uns unser ganzes Leben – im Grunde von Kindheit an. Eltern haben das Ziel, durch eine adäquate Erziehung ihre Kinder für die bestmögliche Zukunft zu rüsten. Kindergärten assistieren ihnen dabei oder leisten gar den Großteil der Erziehung. In der Schule kommen zu den Erziehungszielen noch die Bildungsziele hinzu, das heißt, die Schülerinnen und Schüler streben Abschlüsse an, die sie durch das Erfüllen festgelegter Leistungsanforderungen erreichen können. Auf dem Wege dahin müssen sie sich immer wieder einer Vielzahl von Leistungsprüfungen unterziehen, deren Ergebnisse in Noten ausgedrückt werden. Die genannten Ziele sollen durch den persönlichen Einsatz des Kindes erreicht werden, der im Idealfall große Freude machen und nicht zur Qual werden soll. Hier bedarf es der Kunst des Lehrers, durch geeignete pädagogische Mittel Hilfe zu leisten. Hilfe durch die Eltern sollte nicht zum Alltag gehören, und teure Nachhilfestunden, für deren Erteilung heute circa eine Milliarde Euro im Jahr ausgegeben werden,[144] dürften eigentlich nur für eine begrenzte Zeit die Ultima Ratio sein. Doch man erlebt allzu oft, dass dieses unterstützende Mittel zur Regel wird.

Dass »gymnasialwillige« Kinder des vierten Grundschuljahres generell unter Leistungsdruck stehen, liegt auf der Hand; erst recht, wenn sie nicht zu den besseren Schülern zählen. Aber muss die Zielmarke, wie zum Beispiel in Bayern die Note 2,33, unbedingt zwei Stellen hinter dem Komma aufweisen und einzig dafür ausschlaggebend sein, ob das Kind in das Gymnasium wechseln darf? Die *Süddeutsche Zeitung* titelte dazu: »Die gefürchtete Zahl: 2,33«. Offensichtlich dreht sich alles nur noch um die Erreichung dieses Notendurchschnitts. Inhaltliche Aspekte der Bildung rücken in den Hintergrund. Der Stress für Schüler und Eltern ist enorm hoch. Mittlerweile spricht man in Bayern vom »kleinen Abitur«.[145] Wohlgemerkt: Es geht um zehnjährige Kinder! Ist hier nicht in der Tat der Vorwurf eines sinnfreien Perfektionismus gerechtfertigt? Und die Gefahr, dass das Ziel wichtiger genommen wird als der Stoff selbst?

Im gesamten Bildungsbereich gibt es im Sinne der Qualitätssicherung und -steigerung verständlicherweise Zielorientierung und Kontrolle. Schulen, Hochschulen und zum Beispiel MBA-Programme haben ein gemeinsames Ziel: die Zertifizierung hin zur Akkreditierung als qualitativ hochwertige Bildungseinrichtung. Diesen Weg gehen nicht alle Fachleute mit:

Wir treffen Walter Krämer. Unser Gesprächspartner ist uns durch seine provokanten und entlarvenden Bücher, wie beispielsweise *So lügt man mit Statistik. Lexikon der populären Irrtümer* oder auch *Die Angst der Woche*, aufgefallen. Er deckt Irrtümer auf, die beispielsweise aus falsch verstandenen Statistiken resultieren. Walter Krämer empfängt uns an seinem Lehrstuhl für Wirtschafts- und Sozialstatistik. Bei Kaffee und Keksen beginnen wir sofort mit dem Gespräch. Er berichtet von seinem aktuellen Forschungsvorhaben, das im Verbund mit einer Reihe von Wissenschaftlern entsteht. Eine unserer ersten Fragen lautet deshalb: »Wie führt man Wissenschaftler?« Krämer antwortet schnell und kommt gleich auf den Punkt: »Sie müssen auf die intrinsische Motivation der Kollegen vertrauen, müssen sie laufen lassen. Keine Ziele setzen. In der Wissenschaft sind alle großen Entdeckungen durch Zufall entstanden. Otto Hahn und Lise Meitner konnten nicht planen: ›Morgen werden wir als Erste ein Atom spalten!‹ Oder Röntgen hat sich auch nicht das Ziel gesetzt: ›Jetzt entdecke ich die Röntgenstrahlen!‹ Man muss den Menschen Freiraum geben und schauen, was dabei herauskommt.« Wirtschaft laufe leider anders, das konstatiert auch Krämer.

Irgendwann kommen wir auf die Zielsetzung der Zertifizierung der Lehre an Universitäten zu sprechen und staunen nicht schlecht, als Krämer uns erzählt, dass er diesen Wahnsinn nicht mitgemacht habe: »Ich halte das gesamte Zertifizierungsunwesen für Blödsinn. Es wird ja gemeinhin so getan, als könnte mit der Zertifizierung die Qualität eines Studienganges aus dem Modulhandbuch abgelesen werden. Das ist schlichtweg der Gipfel des Wahnsinns. Die Fähigkeiten des Dozenten sind doch entscheidend. Die Qualität der Lehre und deren Vermittlung sind hochgradig personenabhängig. Es gibt manche, die können unterrichten, und andere, die können es nicht. Da kann im Handbuch stehen, was will. Als wir hier akkreditiert worden sind, habe ich gesagt: ›Da mache ich nicht mit!‹ Ich habe mich geweigert.« Auf unsere Frage, wie dies ausgegangen sei, antwortet Krämer sichtlich erfreut: »Unsere Studiengänge sind auch ohne mich akkreditiert worden. Ich habe weder Fragen der Agentur beantwortet noch irgendwelchen Input geliefert. Da ich Sprecher des Sonderforschungsbereiches bin und wohl einen guten Ruf habe, hat die Univerwaltung gesagt: ›Lass den Krämer mal machen!‹ Ich habe aber auch bei meinen Kollegen dafür geworben, dass wir uns nicht akkreditieren lassen.

Einer der Kollegen war Gastprofessor in Oxford und hat dort gefragt: ›Wie lasst ihr euch akkreditieren?‹ Er wurde angeschaut, als käme er vom Mond. Die Antwort war: ›We are Oxford.‹ Das genügt als Akkreditierung. Wir lassen uns von niemandem akkreditieren. Ich bin davon überzeugt, dass wir hier an der Universität in Dortmund und an der Fakultät gut sind, und dies müssen wir durch die Qualität der Ausbildung beweisen. Richtig gute Fakultäten haben eine Akkreditierung nicht nötig. Drittklassige brauchen das. Es fehlt eben manchmal schlichtweg der Mut, es mal darauf ankommen zu lassen. Der deutschen Hochschullehrerschaft fehlt diese Eigenschaft.«

Was ist die Alternative? Krämer ist nicht einfach nur dagegen. Er hat sich mit der Bewertung von Qualität und deren statistischen Abbildungen seit über 40 Jahren befasst und kommt zu folgendem Schluss: »Wenn Sie wissen wollen, wer gut ist, dann fragen Sie die Menschen, die einen Einblick in die Thematik haben. Fragen Sie, wen diese für den Besten halten. Fast immer ist die Meinung einhellig. Denn Menschen können andere dann gut beurteilen, wenn sie mit ihnen interagiert haben. In meinem Umfeld zum Beispiel, wenn sie andere auf Konferenzen gehört, mit ihnen gesprochen oder bei ihnen studiert haben.«

Qualität entsteht nicht dadurch, dass man abstrakten Zielgrößen folgt. Sie kann dann entstehen, wenn man Menschen fragt, die wissen, wovon sie reden, und auf deren individuelle Urteilskraft man vertraut.

**Wir sollten lernen, uns nicht mehr so sehr an Ziele zu klammern, sondern stattdessen eine gemeinsame Vision entwickeln, die uns eine Richtung gibt.**

Denn natürlich hatten Röntgen, Hahn und Meitner eine ungefähre Vorstellung von der Richtung, in die sie gehen wollten, aber eben kein fixes, klar definiertes Ziel. Johann Tikart, ein Musterbrecher, der in den 1980er-Jahren die Produktion des Waagenherstellers Mettler-Toledo revolutionierte,[146] erklärt den Unterschied zwischen Ziel und Vision wie folgt: »Ein Ziel ist etwas, auf das ich glaube zugehen zu wollen. Eine Vision ist etwas, das in der Ferne steht und mich anzieht, fast magisch begeistert, das übergeordnet trägt.«[147] Während eine Vision trägt, geht von einem Ziel Druck aus. Heute wird eine enorme Energie in den Zielbildungsprozess gesteckt, und alle Budgetierungsprozesse basieren auf dieser Ziellogik.

Wenige aber hinterfragen dabei die Prämissen. Als wir uns zwischen 2001 und 2006 zum ersten Mal mit musterbrechender Führung befasst haben, war der Beyond-Budgeting-Prozess gerade in aller Munde. Eine ganze Reihe von vielversprechenden Beispielen wurde aufgeführt. Selbst die UBS, die größte Bank der Schweiz, wollte diesen Weg gehen. Doch leider ist es zwischenzeitlich um diese Bewegung sehr ruhig geworden. Vermutlich haben die Finanzkrise und der Ruf nach Regulierung Ziele als zentrale Größe für Planung, Steuerung und Kontrolle aktueller denn je werden lassen. Nach Luhmann bedeuten Planen und Steuern, den Unterschied zwischen Ziel und Realität zu verringern. Dabei bleibt offen, ob Ziele an die Realität angepasst werden oder die Realität an die Ziele.[148] Genau Letzteres scheint in unserer Gesellschaft der Fall zu sein. Schüler »lernen« oft nur noch, um eine bestimmte Note zu erzielen. Qualität ist dann erreicht, wenn ein Zertifizierungsprozess erfolgreich war. Politiker und Parteien betreiben Wahlkampf für Prozentzahlen. Führungskräfte sind zufrieden, wenn die Schlüsselkennzahlen stimmen. Egal wie!

**Ziele eignen sich im Kontext der Unsicherheit immer weniger zur Steuerung.**

Nach unerwarteten Finanz- und Wirtschaftskrisen, Terroranschlägen, Aschewolken, Berliner Flughafendebakel − und wenn selbst brave Schwaben zu Wutbürgern werden − muss einem klar sein, dass es eher Zufall ist, wenn gesetzte Ziele erreicht werden.

Als Zwischenfazit können wir festhalten, dass es sehr wenige Bereiche geben dürfte, die ohne irgendeine Art von Zielen auskommen. In Wirtschaft, Politik und Gesellschaft treffen wir allerdings auf mannigfaltige Auswüchse der als professionell geltenden Zielbildung und -verfolgung. Wir stellen auch an uns fest, dass es wenige Situationen gibt, in denen wir nicht irgendein Ziel zumindest grob zu erreichen versuchen. Wir können natürlich auch anfangen, Ziele und Vorgaben in unserer Umgebung kritisch zu reflektieren: Wo werden wir überall mit Zielen konfrontiert? Wie haben wir uns zuletzt bei Erreichen eines Zieles gefühlt? Wie einen Tag danach?

Es geht nicht darum, Ziele gänzlich zu verteufeln, sondern vielmehr um einen vom Grundsatz her angemessenen Umgang mit ihnen. Alternative Ansätze versuchen, genau dies zu vermeiden: das Festlegen und Verfolgen von Zielen. »Management by Options« nennt es Wolfgang Vieweg, Professor an der Fachhochschule Würzburg-Schweinfurt. Für ihn haben Ziele etwas von einer Fata Morgana; denn selbst wenn sich die Welt ohne schlagartige Änderungen unserer Planungsbedingungen weiterentwickelte, würden insbesondere große Unternehmen, die der Zielmethode folgen, chronisch dieser Entwicklung »hinterhersteuern«.[149]

»Finanzen sind keine zu planende, sondern eine resultierende Größe«, sagt Wolfgang Vieweg im Interview und argumentiert, dass mit Zahlen als Zielen in unserer heutigen schnelllebigen Zeit kein Unternehmen nachhaltig zu steuern sei. Vielmehr seien es beispielsweise die Einflussmöglichkeiten des Managements auf die richtige Produktpalette und die Art und Weise, wie Mitarbeitende geführt würden. »Wenn Sie alles richtig machen, dann resultieren daraus gute Finanzkennzahlen, nicht andersherum«, sagt er. In seinem Werk *Management by Options*[150] propagiert er die Abkehr von der tief verinnerlichten und in den Unternehmen ritualisierten Zielorientierung und damit die Hinwendung zur flexiblen Realisierung sich bietender Optionen.

Zu einer komplexen und unsicheren Umwelt passen seiner Überzeugung nach keine starr fixierten Ziele. Er erzählt von seiner Managementkarriere bei der Lufthansa und von der in einer schwierigen Phase von ihm maßgeblich mitverantworteten Umgestaltung der Ferien-Airline Condor. »Die Ziellogik scheitert gerade dann, wenn vorher definierte Wegmarken ihre Geltung verloren haben. Dennoch streben viele Manager danach, mit Zielen zu führen, und stellen die unbedingte Zielerreichung an die erste Stelle.« Wolfgang Vieweg spricht in diesem Zusammenhang viel über das Streben nach Ordnung und Einfachheit, was aber nicht adäquat sei. »Man wird angeblich schon deswegen zu einem besseren Menschen, weil man angibt, ein Ziel zu haben«, sagt er ironisch. »Regelmäßig«, so reflektiert er, »erzeugen Unordnung und Chaos ein Unwohlsein bei den Menschen, geradezu eine Angst davor, etwas nicht mehr kontrollieren zu können. In der Reaktion darauf werden Ziele akribisch geplant und oftmals rigoros verfolgt. Die Nebenwirkungen werden allerdings übersehen – nämlich das Nichtbeachten und damit das Nutzen sich bietender Möglichkeiten, die außerhalb der Zielkorridore liegen. Komplexität ist keineswegs unser Feind, den es zu bekämpfen gilt. Wir brauchen andere, geschmeidigere Denkmodelle. Deswegen sind Ziele out und Optionen in. Und im Nachhinein fällt es in der Regel schwer, die wirklichen Treiber für Erfolg oder Misserfolg zu benennen.« Unternehmen wenden sehr viel Energie dafür auf, Zielabweichungen zu ermitteln und zu plausibilisieren – sie befinden sich damit in einer regelrechten Rechtfertigungsfalle, ausgelöst durch die an Bedeutung alles überragende Ausrichtung an Zielen. Wie viel Potenzial wird da verbrannt, das eigentlich für das Verfolgen nicht realisierter Möglichkeiten und damit für bessere Geschäfte zu nutzen wäre?

Die Geschichte von Wolfgang W., über den wir zu Beginn dieses Kapitels berichtet haben, geht zum Glück gut weiter. Heute arbeitet er als regionaler Vertriebsleiter bei einem inhabergeführten mittelständischen Maschinenbauunternehmen und berichtet von einer völlig anderen Welt. »Das Budget, das wir machen, passt auf einen Bierdeckel.« Er erzählt sichtlich entspannter und zufriedener davon, dass es kein formalisiertes Zielvereinbarungs- oder Leistungsbeurteilungssystem gibt. »Wir haben keine individuellen Zielvereinbarungen im Vertrieb – die Zahlen stimmen jedoch trotzdem.« Entscheidend, so Wolfgang W., seien der Spaßfaktor und der Sinn der Tätigkeit. Nicht das sture Festhalten an Zielen und die Beharrlichkeit, mit der man sie verfolgte. »Das ist doch sinnlos und hat mit Passion nichts zu tun«, fährt er fort, »auch noch den fünften Kundentermin an einem Tag abzuarbeiten, nur weil die Aufschlüsselung eines Zielsystems dies verlangt.« Nein, in seiner neuen Vertriebstätigkeit werde er nicht an der Anzahl der Kundenkontakte und auch nicht an der Einhaltung von Umsatzzielen gemessen. Wir wollen wissen, ob er Reise- oder Tätigkeitsberichte abzugeben habe, da er ja weit entfernt von der Unternehmenszentrale tätig sei. Wolfgang W. antwortet einmal mehr mit spürbarer Gelassenheit: »Der größte Anteil meiner Kundenbesuche besteht darin, Daten vor Ort aufzunehmen, mit dem Kunden entsprechende Lösungen zu erarbeiten und das Ganze in entsprechend dokumentierter Form in die Zentrale zu schicken, wo daraus die Angebote erstellt werden. Nicht jeder Besuch endet indes mit einer für den Kunden zufriedenstellenden Lösung – und inwieweit ich über derartige Termine einen Bericht verfasse, bleibt mir überlassen. Eine grundsätzliche Forderung besteht nicht – über die Sinnhaftigkeit einer Berichterstellung entscheide ich selbst.«

Abschließend erzählt er uns, dass er gemeinsam mit dem Unternehmensinhaber in der nächsten Woche zu einigen Kunden reisen werde. Der direkte Austausch mit dem Kunden sowie die Möglichkeit zum Voneinander-Lernen seien es, auf was er sich freue.

Die Frage nach dem Grad der Zielerreichung kann bei kritischer Überprüfung dazu führen, dass man in eine Art Vakuumzustand gerät. Mitunter erweist sich der zuvor eisern verfolgte Weg mit einem Schlag als falsch, da er nicht zielführend ist, und es stellt sich sofort die Frage nach neuen Zielen. Für Wolfgang W. kann dieser Vakuumzustand in seiner neuen Tätigkeit gar nicht erst entstehen, da er nicht krampfhaft versuchen muss, vorgegebene Vertriebsziele zu erreichen.

## Bei der Verfolgung von Zielen entsteht Druck.

Und dieser Druck kann sich kontraproduktiv auswirken – wie es auch Wolfgang Vieweg treffend formuliert hat: Durch die krampfhafte Zielverfolgung werden vielleicht günstigere Optionen rechts und links des Zielweges gar nicht erst gesehen. Im gegenteiligen Fall öffnet sich der Blick für das Unkonventionelle – wie in obigem Beispiel einer musterbrechenden Vertriebssteuerung erkennbar wird. Sie orientiert sich an Möglichkeiten und nicht an Zielen. Es lohnt sich, den Mut aufzubringen, auf starre Zielverfolgung zu verzichten, wenn man davon überzeugt ist, dass es bessere Steuerungsgrößen gibt, die nicht festlegbar und gerade deswegen besonders wertvoll sind.

»Mir ist wichtig, dass wir miteinander eine gute Zeit erleben. Das war das Einzige, was ich gesagt habe, nicht mehr.« Peter Geyer schmunzelt, als er mit uns spricht. Der staatlich geprüfte Profibergführer übt seit über 40 Jahren seinen Beruf aus, ist bei seinen Kollegen und in einer ganzen Reihe von Berufsverbänden eine anerkannte Größe und Koryphäe.

Peter Geyer erzählt uns von seiner letzten größeren Expedition in die Antarktis, die er als verantwortlicher Leiter geführt hat. Er berichtet von der Fahrt mit einem kleinen Segelschiff durch die Drake-Passage zwischen der Südspitze Südamerikas, dem Kap Hoorn, und der Nordspitze der antarktischen Halbinsel. »Es hat uns fünfeinhalb Tage durch die Waschmaschine gedreht, wir hatten einen gewaltigen Sturm. Und die Erlebnisse, insbesondere die gruppendynamischen Prozesse, konnte ich in dieser Situation hautnah erleben. Ich hörte nie ein schräges Wort, es gab keine Spannungen, unfassbar. So ein Team hätte es eigentlich nicht geben dürfen.«

Die Frauen und Männer sowie ein Ehepaar hatten sich unabhängig voneinander durch persönliches Interesse für die Teilnahme an der Expedition entschieden. Menschen, die so eine Reise für viel Geld buchen, haben schon alles gesehen und vieles erlebt. Das erste Kennenlernen im Zuge der Expeditionsvorbereitung war dadurch geprägt, dass jeder seine Motivation und seine Erwartungshaltung erzählt hat. »Ich sagte nur: ›Mir ist wichtig, dass wir miteinander eine gute Zeit erleben!‹«

Später, nach der eigentlichen Expedition, hat mich einer der Teilnehmer darauf nochmals angesprochen: »Was du bei unserem ersten Treffen gesagt hast, war der Hammer. Wir zahlen 15 000 Euro für die Expedition, und das Einzige, was du als Expeditionsleiter willst, ist, eine gute Zeit mit uns zu verleben. Wir haben uns damals im Teilnehmerkreis nochmals zusammengesetzt und uns über diesen Satz unterhalten, weil wir ihn nicht recht verstanden. Doch jetzt wissen wir, was du gemeint hast.«

Die Teilnehmer waren mit einer ganz anderen Erwartungshaltung gekommen. Sie hatten erwartet, dass ihnen alle Ziele inklusive der Streckenziele genannt würden und dass bereits ein detaillierter Plan zur Realisierung der Ziele vorläge. Weit gefehlt, wie sie sehr schnell feststellen mussten. Peter Geyer musste die Expedition relativ offen angehen, weil nur sehr wenige Informationen über das zu durchquerende Gebiet vorlagen. Es konnte oft nur kurzfristig entschieden werden, was die Verhältnisse vor Ort jeweils nahelegten. »Das war eine richtige Expedition. Ständige Beurteilung und Entscheidung. Ziele immer wieder neu festlegen, um sie dann wieder fallweise zu verwerfen.«

»Die Teilnehmer wurden permanent eingebunden. Schwerwiegende Entscheidungen können nicht autoritär getroffen werden. Es muss absolute Transparenz herrschen.« Peter Geyer fordert kompromisslos den mündigen Gast in einer von ihm sogenannten »gläsernen Seilschaft«. Was er damit meint, ist die absolute Transparenz einer jeden Entscheidung am Berg, insbesondere in kritischen Situationen. »Je mehr Transparenz in einer Seilschaft herrscht, umso unproblematischer ist es, sie zu führen.«

Bergführen hat viel mit der Auseinandersetzung mit gesteckten Zielen zu tun – vor allem jedoch hat es etwas mit Beziehung zu tun. Und mit sehr viel Reflexionsvermögen. Letzteres hat Peter Geyer insbesondere in jungen Jahren als frischgebackener Bergführer bewiesen. »Nach zwei Jahren aktiven Führens musste ich mich fragen, wo ich stehe. Was mache ich falsch? Denn selbstkritisch betrachtet, habe ich in diesem Zeitraum viel zu stark allein geführt. Ich hatte jeden Gast an das gewünschte Ziel gebracht – unabhängig vom Wetter und sonstigen widrigen Umständen. Doch dann habe ich plötzlich gemerkt: Zu mir ist kein Gast ein zweites Mal gekommen. Ich musste mir über die Gründe klar werden. Dabei habe ich festgestellt, dass ich oftmals unter starkem Druck gestanden und sich der Druck auf die Gäste übertragen hatte. Schließlich erkannte ich, dass ›Führen‹ am Berg etwas anderes ist, als die Gäste am kurzen Seil auf den Berg zu ziehen. Für mich war es bisher das Wichtigste gewesen, dass der Gast das Ziel erreichte. Nicht bedacht hatte ich, ob er tatsächlich das erwartete Erlebnis gehabt hatte. Es konnte ja nicht genügen, nur auf dem Gipfel gestanden zu haben.«

Noch einmal: Es geht nicht darum, den Zielgedanken gänzlich zu verbannen. Ob Bergsteiger, Manager oder Politiker, alle brauchen eine Richtung, nicht unbedingt ein »Feinziel«, um sich auf den Weg zu machen. Peter Geyer führt es uns beispielhaft vor. Doch vielerorts scheint die starre Fixierung auf ein angepeiltes Ziel wichtiger als das, was man auf dem Weg dahin gewinnen kann – so auch in der Schule oder in der Managementausbildung.

**Wichtiger als eine starre Zielbindung ist das Vermögen, auf ein Scheitern angemessen zu reagieren, indem man seinen Plan ändert oder ganz verwirft, um einen Neuanfang zu wagen.**

Geyer hat einen Lernprozess erlebt, der ihn dazu gebracht hat, das Ziel nicht in erster Linie im Erreichen eines Gipfels zu sehen, sondern darin, seinen Begleitern eine gute gemeinsame Zeit zu ermöglichen. Und Letzteres erreicht er durch eine flexible Planung, in die er seine Gäste einbezieht, indem er sie mitentscheiden lässt beziehungsweise ihnen die notwendigerweise von ihm getroffenen Entscheidungen transparent macht. Sein Motto dabei lautet: »Ich weiß zwar nicht immer genau, was ich will – aber grundsätzlich, was ich nicht will.«[151]

Wie versuchen Musterbrecher, mit Zielen umzugehen?

1.  Musterbrecher wissen stets, wo sie sind.

2.  Musterbrecher lehnen Zielsetzungen nicht grundsätzlich ab; sie haben aber auch keine Angst davor, Ziele zu verfehlen.

3.  Musterbrecher wissen, dass sich ständig neue Optionen bieten – und damit auch Möglichkeiten für einen Neuanfang.

4.  Musterbrecher erleben gerne eine »gute Zeit«.

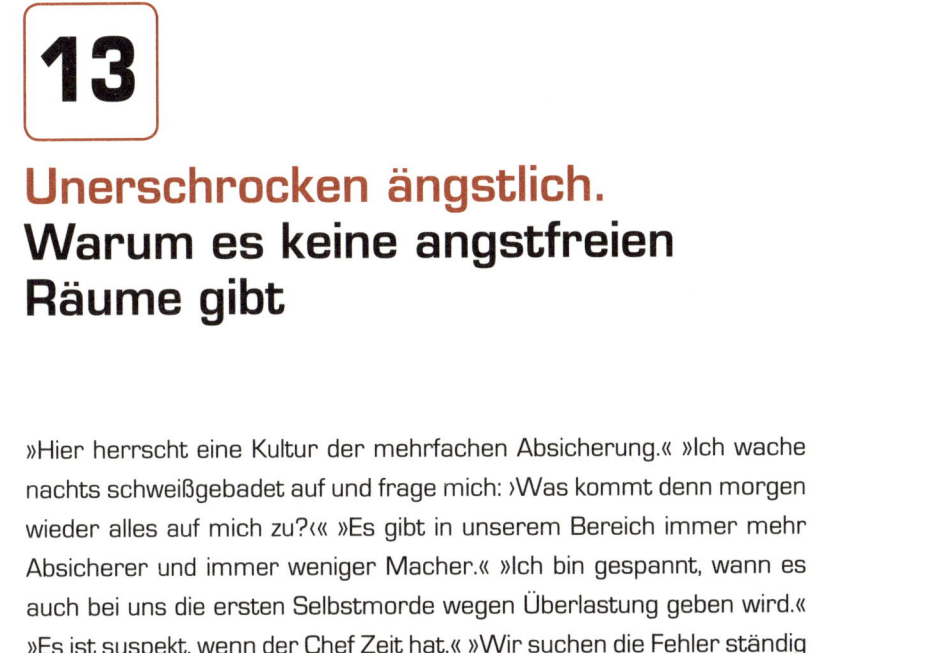

# 13

# Unerschrocken ängstlich.
# Warum es keine angstfreien Räume gibt

»Hier herrscht eine Kultur der mehrfachen Absicherung.« »Ich wache nachts schweißgebadet auf und frage mich: ›Was kommt denn morgen wieder alles auf mich zu?‹« »Es gibt in unserem Bereich immer mehr Absicherer und immer weniger Macher.« »Ich bin gespannt, wann es auch bei uns die ersten Selbstmorde wegen Überlastung geben wird.« »Es ist suspekt, wenn der Chef Zeit hat.« »Wir suchen die Fehler ständig beim anderen.« »Ich fühle mich wie im Krieg – jeden Tag.« »Wir haben hier eine Kultur, die von Misstrauen geprägt ist.« »Ich werde mich hier nie wieder mit einer Idee einbringen.« »Heute hü und morgen hott, das macht mir Angst.« »Wenn ich montagmorgens hier rein muss, könnte ich mich gerade übergeben.« »Es herrscht Angst, und es macht sich Resignation breit.« »Ich werde vor meinen Kollegen nicht so offen sein wie Ihnen gegenüber. Ich habe Angst davor, dass die sagen: ›Ach der schon wieder!‹«

Solche und ähnliche Aussagen sind uns in Gesprächen mit Führungskräften und Mitarbeitern ständig begegnet. Es mag sein, dass manches davon nur so dahingesagt wurde. Meist spüren wir aber in Unternehmen die Angst vor der Zukunft, man fürchtet sich vor Neuem, vor der Gruppe oder dem Kollegen, vor dem Change-Programm, vor Trennung und Identitätsverlust. Man gewinnt den Eindruck, Angst sei im Organisationsalltag allgegenwärtig.

Auf den ersten Blick drängt sich die lapidare Vermutung auf: »Ist doch klar, jeder hat Angst vor Veränderung.« Doch die Angst greift tiefer. Entscheidungen werden aus Angst vor den Folgen verschleppt. Mitarbeiter lehnen aus Angst vor der Verantwortung und aus Mangel an Unterstützung Führungspositionen ab. Man hält jene Kollegen buchstäblich für blöd, die sich mit eigenen Ideen einbringen, sich engagieren und dafür sogar noch ihre freie Zeit investieren. Unverfängliche Einladungen, sich an der Entwicklung neuer Themen zu beteiligen, werden argwöhnisch kommentiert. Mitarbeitende lassen Initiativen über sich ergehen und versuchen nicht, zu deren Erfolg beizutragen. Im Gegenteil: Manche »wissen« schon im Vorfeld, dass der Prozess keinen Sinn hat, und führen bewusst sein Scheitern herbei.

**Wenn man Unternehmen betritt, findet man Symbole der Angst: zugewiesene Parkplätze, Sicherheitsfirmen, die den Zutritt überwachen, abgeschottete Vorstandsbereiche, Systeme der Zeiterfassung, verschlossene Bürotüren, gesperrte Bereiche im Internet, Schlösser vor Kühlschränken und Kopierern.**

Vieles von dem hat seine Daseinsberechtigung. Doch in den meisten Unternehmen, die wir kennenlernten, trafen wir allenthalben auf eine Kultur der Absicherung, des Diensts nach Vorschrift, der »Rollenspiele«, des Misstrauens und der Resignation – basierend auf Verunsicherung und Angst. Und das erstaunlicherweise selbst dort, wo 100-prozentige Arbeitsplatzsicherheit herrscht und starke Arbeitnehmervertreter die Interessen der Beschäftigten wahren. Hierzu trägt ein professionelles System von Beobachtung und Kontrolle, von hochgradiger Arbeitsteilung, von Vorgaben und Standards einen nicht unerheblichen Anteil bei. Der Versuch, Sicherheit durch Systeme zu schaffen, führt zum Gegenteil des Gewollten: Die Menschen in Organisationen bekommen nicht weniger, sondern mehr Angst.

»In vielen großen Organisationen, ganz besonders im öffentlichen Dienst, wird den Mitarbeitenden gesagt: ›Ihr seid sicher! Wir kümmern uns um euch!‹ Die Mitarbeiterinnen und Mitarbeiter zahlen dafür jedoch einen hohen Preis. Wenn die Sicherheit im Außen vorhanden ist, dann scheint ein starkes Bedürfnis zu bestehen, die Kehrseite der Sicherheit, also Autonomie und Risiko, ausleben zu können.« Wir hören gespannt dem Psychologen und Hirnforscher Klaus-Dieter Dohne zu. Mittlerweile sind wir seit mehreren Jahren miteinander befreundet, haben schon einige Projekte gemeinsam gemacht und sind immer wieder von der verständlichen Art fasziniert, mit der er die komplexesten Sachverhalte auch für uns Wirtschaftswissenschaftler auf den Punkt bringt.

In seinen Vorträgen zeigt er besonders gerne eine Fotomontage. Diese zeigt vier »eingefrorene« Bewegungen eines einjährigen Kindes, das seine ersten Aufstehversuche macht. In der ersten Szene ist es hoch konzentriert in sich gekehrt, Füße und Hände fest am Boden, noch in der Hocke. In der zweiten ist die ganze Aufmerksamkeit nach innen gerichtet, eine Hand wird bereits angehoben, die Beine strecken sich. Dann kommt die Veränderung. Das Kind steht bereits freihändig auf seinen wackeligen Füßen, noch leicht nach vorne gebeugt, jedoch seine Aufmerksamkeit schon nach außen wendend und mit dem Blick seine Umgebung absuchend. In der letzten Einstellung klatscht es in die Hände, strahlt seine Bezugsperson an und holt sich deren Bestätigung. Diese vier Situationen zeigen, so erklärt Dohne, beide Seiten der neuronal eingebrannten menschlichen Grundambivalenz. In den ersten beiden Situationen stehen die Autonomie und die Entfaltung eigener Potenziale im Vordergrund, in der dritten und vierten Szene die Zugehörigkeit und die Verbundenheit zum eigenen Beziehungssystem. Oder in den Worten von Johann Wolfgang von Goethe: »Zwei Dinge sollen Kinder von ihren Eltern bekommen: Wurzeln und Flügel.« In diesem Zitat kommen genau die beiden Seiten zum Ausdruck, die in der Fotomontage dargestellt werden und die für jeden Menschen in gleicher Weise wichtig sind: Beziehung, Geborgenheit, Verbundenheit einerseits und Autonomie, Freiheit, Selbstwirksamkeit andererseits. Sie sind Teil jeder Biografie und führen bei Ungleichgewicht zu Ausgleichshandlungen, die teilweise sogar in psychischen Erkrankungen enden können. Genau auf diese beiden Seiten geht unser Interviewpartner im weiteren Gesprächsverlauf ein.

»Ist alles auf Sicherheit getrimmt«, so Dohne, »durch klare Arbeitsanweisungen, geregelte Zeiterfassung, durch feste Hierarchien mit klar strukturierten Kommunikationswegen, muss man sich keinerlei existenzielle Gedanken machen, könnte man auf den ersten Blick denken. In diesem Umfeld müssten nahezu ideale Bedingungen vorliegen, in musterbrechendem Sinne zu experimentieren. Dinge auszuprobieren, die das System schwungvoll und positiv dynamisch nach vorne bringen könnten, das sollte doch gerade hier überhaupt keine Schwierigkeit sein. Doch genau das passiert nicht. Den Menschen fehlt das unplanbare Element. Warum? Weil man für eine zu starke Betonung von Sicherheit einen Preis zahlt. Die Regel lautet nämlich: ›Wir geben dir, lieber Mitarbeiter, maximale Sicherheit. Dafür gibst du deine Autonomie an der Haustür ab.‹ Das bedeutet, dass man nicht so sein darf, wie man will. Man muss sich den Regeln anpassen und muss sich berechenbar zeigen. Und genau so laufen die alltäglichen Muster in vielen Organisationen ab. Zugehörigkeit und Sicherheit werden geboten, doch die individuelle Potenzialentfaltung und das kreative Element fehlen. Der Aspekt der Autonomie sollte nicht gezeigt werden. Man darf nicht mit jedem sprechen, wenn es die offizielle Hierarchie nicht zulässt. Aus meiner psychologischen und Coachingerfahrung reagieren Menschen darauf mit individueller Verstörung und Unsicherheit, vielleicht sogar mit Angst. Ein Beispiel: Jemand, der in ein solches System fest eingebunden ist, könnte Angst davor bekommen, dass doch irgendwo in der Organisation das autonome Leben stattfindet. Man selbst gehört aber nicht dazu. Es scheint ein weitverbreitetes Empfinden vieler Mitarbeiter zu sein, dass andere Wertschätzung erhalten, man selbst diesbezüglich aber zu kurz kommt. ›Andere gehen in ihrer Arbeit auf, nur ich nicht!‹ Ein häufiger Gedanke.«

Dann kommt für uns eine Wendung in die Argumentation, die wir so nicht erwartet hätten. Klaus-Dieter Dohne erklärt uns, dass Angst im sozialen Kontext eine Möglichkeit ist, mit der nicht befriedigten, autonomen Seite wieder in Kontakt zu kommen. »Angst führt Autonomie wieder ein. Derjenige, der wirklich Angst hat, ist nicht mehr regelbar. Wer sogar eine richtige Panikattacke hat, der ist für andere nicht mehr kontrollierbar.«

Organisation will also genau das, was laut seiner Aussage durch die Angst mitunter verhindert wird: Sicherheit und Kontrollierbarkeit. Wir fragen Klaus-Dieter Dohne, wie man das autonome Element in die

Organisation ganz bewusst einführen könnte, wie jene Unsicherheit, die Organisationen auszuschließen versuchen, gezielt zu erzeugen wäre. Seine spontane Antwort: »Da sind wir jetzt beim Vertrauen angelangt. Um das möglich zu machen, benötigt man Führungskräfte, braucht man Verantwortliche, die Vertrauen haben. Vertrauen darauf, dass es die eine Seite nicht ohne die andere gibt. Es ist eine Fiktion, zu glauben, man könne Menschen – aber auch Prozesse – planen, vorhersagen und kontrollieren. Wer das glaubt, der hat schnell zwanghafte Kontrollfantasien ausgeprägt. Die Basis sehr vieler Ängste in Unternehmen.«

Das Wort Angst hat seinen Ursprung im Indogermanischen und bedeutete einen »Zustand der Enge«, des »Bedrohtseins« und der »Zusammenschnürung«. Angst wurde schon immer in einem Zusammenhang mit körperlichem Be- und Empfinden gesehen. »Wir können nicht frei atmen, die Angst schnürt uns die Kehle zu.«[152]

Angst ist aber auch eine in der Evolution durchaus sinnvolle »Einrichtung«. Sie kann Kräfte mobilisieren, die wir benötigen, um einer Gefahrensituation zu begegnen oder auszuweichen. Sie hilft uns, vermeidbare Risiken zu entschärfen. Sie erhöht »Wachsamkeit, Konzentration und Zielsicherheit im Handeln: Wir stellen uns blitzartig auf Höchstleistung zum eigenen Schutz ein – in Form von Flucht- oder Kampfverhalten. Erst wenn die Gefahr überstanden ist, bekommen wir weiche Knie.«[153] Danach muss es uns aber gelingen, die Gelassenheit wiederzufinden, die wir vor Auftreten der Gefahr hatten. Wir atmen durch, können sogar an der gemeisterten Situation wachsen. Trotz eines Anstiegs der Unwetterkatastrophen im letzten Jahrzehnt sind die unmittelbaren Bedrohungen durch die Natur nicht mehr vergleichbar mit denen von vor mehreren Tausend Jahren. Doch die Angst ist weiterhin da.

Aus dem Gespräch mit Klaus-Dieter Dohne erkennt man, dass die vermeintliche und oftmals gut gemeinte Sicherheit, die wir in Organisationen aufbauen, genau das auslöst, was vermieden werden soll: nämlich Angst. Die Mechanismen der Angstbekämpfung führen zu einem Gefühl des verängstigten Eingeschnürtseins. Menschen suchen sich ein Ventil. Zu viel Absicherung lässt an anderer Stelle das

Ungeregelte und Autonome hervortreten. Es mag vielleicht noch harmlos erscheinen, wenn Mitarbeiter versuchen, das Sicherheitsprogramm zu umgehen, um verbotene Internetseiten aufzurufen. Oder wenn sich unmittelbar nach der Einführung der Zeiterfassung die Sekretärinnen treffen, um gemeinsam zu überlegen, wie man die elektronischen Stechuhren austricksen kann. Auch wenn man trotz zertifizierter Produktionsprozesse einen Weg findet, das Geforderte zu umgehen, um doch noch den gewünschten Liefertermin einzuhalten, nimmt man die Organisation als sportliche Herausforderung. Viel gefährlicher wird es jedoch, wenn die Angst so groß ist, dass all das nicht mehr passiert. Wenn Menschen aufgrund innerer Kündigung erstarren.

## In Organisationen wird versucht, mit Angst die Leistung zu steigern.

Das wird vermutlich kaum ein Verantwortlicher zugeben. Doch mit etwas Druck – auch Motivation genannt – zu mehr Output zu kommen, scheint ein besonders probates Mittel zu sein.

Ein sehr beeindruckender Versuch hierzu wurde von Dan Ariely, Professor für Verhaltensökonomie am MIT, durchgeführt.[154] Er stellte Probanden folgende Frage: »Unter welchen Bedingungen erbringen Sie wohl die beste Leistung? Stellen Sie sich dazu folgenden Versuchsaufbau vor. Sie haben einige komplexe Aufgaben zu bewältigen, die Ihre Kreativität, Ihr Wissen, Ihre Konzentration und Ihre Problemlösungskompetenz fordern.« Es gab drei Versuchsgruppen, denen jeweils folgender Bonus in Aussicht gestellt wurde, wenn eine überdurchschnittliche Leistung erzielt wurde: (1) ein üblicher Tageslohn, (2) die Hälfte eines Monatseinkommens oder (3) ein halbes Jahresgehalt. In welcher Gruppe würden Sie die höchste Leistung erbringen? Vielleicht in der dritten? Wenn Sie sich dort sehen, dann geht es Ihnen wie einem Großteil der Versuchspersonen, mit denen Dan Ariely gearbeitet hat. Das Ergebnis war jedoch verblüffend anders. Es stellte sich heraus, dass die Testpersonen, die den höchsten Gewinn in Aussicht gestellt bekamen, um etwa die Hälfte schlechter abschnitten als Testpersonen mit geringer oder mittlerer Gewinnaussicht. Der wichtigste Grund dafür scheint zu sein, dass sehr hohe Gewinnaussichten zu übermäßigem Druck und damit zu kontraproduktivem Stress führen, der wiederum das Leistungsniveau mindert. Das gilt für alle – auch für Topmanager und Spitzensportler.

Biologisch unterscheiden wir zwei Arten von durch Angst ausgelösten Stressreaktionen. Die eine ist nur von kurzer Dauer, da wir sie anhalten und kontrollieren können, indem wir eine Lösung finden. Die andere ist dauerhaft, weil wir keinen Ausweg sehen. Es gelingt uns nicht, die Bedrohung abzuwenden. Der erste Fall ist produktiv. Wir können an der Überwindung der Angst wachsen, neue Gefühle stellen sich ein. Wir sind stolz und zuversichtlich, zufrieden oder einfach nur froh. Gelingt es aber nicht, die Angst zu besiegen, dann geraten wir in einen Zustand anhaltender Wut und Verzweiflung. Wir fühlen uns ohnmächtig und hilflos, Zweifel quälen uns, und unser Selbstvertrauen zerbricht. Statt an der Herausforderung zu wachsen, zerbrechen wir an unserer Angst.[155]

## Angst in der ersten Form ist Motor für jede Organisation.

Militär ist entstanden aus der Angst vor dem Erobertwerden, Polizei aus der Angst vor Gewalttaten, Schule aus der Angst vor Nichtwissen. Und Wirtschaft ist bestimmt von der Angst vor Konkurrenz, Verdrängung, Profitlosigkeit, Ineffizienz.[156] Dies alles sind Ängste, die überwunden werden können und die sich erst in zweiter Linie auf die Psyche des Einzelnen übertragen.

Die zweite Form der Stressreaktion – der Zustand der Verzweiflung – ist laut einer seit 2001 jährlich erhobenen Studie in deutschen Unternehmen feststellbar. Jeder vierte Beschäftigte, so die Zahl für 2012, hat innerlich gekündigt.[157] Eine alarmierende Zahl, wenn man berücksichtigt, dass genau diese Gruppe sich im selben Zeitraum mit jetzt 24 Prozent fast verdoppelt hat. Es wäre sicherlich zu einfach, zu sagen, dass alle, die innerlich kündigten, dies nur aus Angst täten. Es scheint jedoch eine Verbindung zu bestehen. Einer Studie der Bundesanstalt für Arbeitsschutz und Arbeitsmedizin (BAuA) zufolge schleppt sich jeder Zweite in Deutschland zur Arbeit, auch wenn er krank ist. Viele davon aus Angst.[158] Das National Institute for Health and Clinical Excellence (NICE) hat 2009 erhoben, dass 13 Millionen Arbeitstage im Jahr aufgrund von Stress, Ängsten und Depressionen verloren gehen. Natürlich sind auch hier nicht alle nur aufgrund ihrer Arbeit krank, doch laut NICE sind schlechte Manager eine der Hauptursachen für dieses Problem.[159] Doch Manager sind nicht nur Verursacher, sondern auch Opfer von Ängsten: Die Fachhochschule Köln fand bereits vor zehn Jahren heraus, dass »neun von zehn Managern voller Angst zur Arbeit« gehen. Auch unsere Erfahrungen in den unterschiedlichsten Branchen bestätigen die Ergebnisse. Der bloße Appell »Seien Sie mutiger, besiegen Sie Ihre Angst, trauen Sie sich mal was!« wird aber ins Leere führen.

Rebekka Reinhard, promovierte Philosophin und Bestseller-Autorin, besucht uns an der Universität der Bundeswehr zu einem Gespräch. Es geht um Sinn und Werte, aber auch um Angst. Sie erzählt uns von einem Unternehmen, in dem sie kürzlich einen Workshop abhielt. Auf die Frage nach der Erwartung der Teilnehmer habe sich im Raum spürbar Angst breitgemacht. Uns interessiert der Grund für diese letztlich unverständliche Reaktion.

Reinhard erklärt uns die Basis der philosophischen Sichtweise auf Angst: »Furcht ist nach Søren Kierkegaard, dem Begründer der Existenzphilosophie, auf ein konkretes Objekt gerichtet. Zum Beispiel die Furcht vor Arbeitslosigkeit oder vor Krebs. Angst dagegen ist etwas Diffuseres. Sie bezieht sich auf die Offenheit unserer Existenz. Heidegger, ein Nachfolger Kierkegaards, hat gesagt: ›Wir sind in die Welt geworfen.‹ Das heißt, dass wir Menschen, anders als Tiere, nicht ausschließlich instinktgesteuert sind. Niemand sagt uns, wie das Leben sinnvoll gestaltet werden kann. Wir können uns noch so sehr bemühen, wir haben keine Garantie dafür, dass das Leben gelingt. Einen Menschen, der keine Angst hat, gibt es per definitionem aus philosophischer Sicht nicht. ›Angst ist der Schwindel der Freiheit‹, sagt Kierkegaard. Gerade weil der Mensch so viele Optionen hat, sein Leben frei zu gestalten, ist der Preis, den er zu zahlen hat, die Angst. Je kleiner die Angst, desto größer ist das Bewusstsein für Freiheit. Auch das Bewusstsein dafür, dass Freiheit etwas Gutes und Schönes ist. Je mehr Einschränkungen wir erfahren, durch andere oder auch durch uns selbst, desto mehr empfinden wir Angst. Es sind somit zwei Seiten einer Medaille. Nun erleben wir in Organisationen immer seltener wirkliche Furcht. Die gibt es schon auch. Meine Erfahrung ist aber, dass diese unspezifischen Ängste zunehmen. Das hängt vermutlich damit zusammen, dass es trotz aller Kontrollen und Evaluationen immer weniger klare Orientierungspunkte gibt und die Optionen der Lebensgestaltung immer vielschichtiger werden. Möglichkeitsräume allein geben aber den Menschen keinen Sinn. Es fehlen die sinnstiftenden Orientierungspunkte.«

Bisher glaubten wir, dass zu viel Rahmung und zu viel Orientierung eine Schieflage zwischen Autonomie und Struktur bewirkten. Uns drängt sich die Frage auf, wie man Orientierungspunkte schafft, die Sinn stiften. Dazu Rebekka Reinhard: »Es sollten die Orientierungspunkte im Kollektiv gefunden werden. Doch das ist unter akuter Angst kaum möglich, denn da wird das Denken massiv blockiert. Darum rate ich zu einer praktischen Übung. Nämlich aus der Komfortstarre der Angst herauszutreten und etwas zu tun, wovor man am meisten Angst hat. Im Sinne einer stoischen Selbstprüfung sollte man sich regelmäßig dem aussetzen – zumindest gedanklich –, vor dem man am meisten Angst beziehungsweise Furcht hat. Wenn man so verfährt, kann das zu einem Zuwachs an Selbsterkenntnis führen, und vielleicht gelingt es den Leuten so, auf mehr Ideen zu kommen, wohin sie eigentlich wollen. Das Denken und Fühlen kommt so in Bewegung, und nur so kann ich anfangen, nach Orientierung zu suchen.

Es geht meist gar nicht um konkrete Furcht vor dem Kunden oder dem Konkurrenten. Bei der Selbstprüfung geht es somit weniger darum, sich die Biene auf den Arm zu setzen, obwohl man eine Bienenallergie hat. Schließlich geht es ja meist um Angst im Sozialen. Die Leute sind bei dem Gedanken verunsichert, mit anderen Menschen zu tun zu haben.«
Auf unsere Nachfrage erklärt uns Reinhard, dass die stoische Selbstprüfung aus dem ersten und zweiten Jahrhundert der römischen Kaiserzeit bekannt sei. »Der Stoiker hat die Selbstprüfung in seine tägliche

Askese eingebaut. Und ›askesis‹ heißt ursprünglich nichts anderes als ›Üben‹. Üben im Sinne eines täglich sorgfältig ausgeführten Trainings, das der Ausbildung der inneren Haltung dient, des Wertebewusstseins und der Selbsterkenntnis. Dazu gehörte ein ganzes Ensemble von Übungen, bis hin zu Schreibübungen. Ein historisches Beispiel ist der Rollentausch zwischen Herr und Sklave. Wenn ich mich also vor meinem Chef als Mitarbeiter fürchte, dann soll ich mit ihm die Rolle tauschen.«

Das wäre aus unserer Sicht ein hervorragendes Experiment! Schade, dass Rebekka Reinhard bislang noch keine Führungskräfte für die Selbstprüfung begeistern konnte: »Kein einziger meiner Klienten hat dies mit seinen Mitarbeitern gemacht, obwohl ich es ihnen in der Einzelberatung nahelege.« Nach einer kurzen Pause fügt sie lächelnd hinzu: »Aber dazu werde ich sie auch noch bringen.« Daran haben wir keinen Zweifel.

Früher haben wir in Vorträgen und Beratungsmandaten immer wieder an Führungskräfte appelliert, »angstfreie« Räume oder gar »angstfreie« Organisationen zu schaffen. Wir befanden uns mit dieser Aufforderung in guter Gesellschaft. Viele bekannte Managementforscher geben ähnliche Empfehlungen ab. Denn wenn sich Angst in der Organisation festsetzt und nicht immer wieder überwunden werden kann, dann wirkt sie destruktiv und kontraproduktiv.[160]

Je intensiver wir uns jedoch mit dem Phänomen der Angst auseinandersetzten, desto mehr erkannten wir, dass jeglicher Versuch, die Angst zu eliminieren, ein sinnloses Unterfangen ist. Sie bleibt ein rein kognitiver Prozess, der, sei der Appell auch noch so richtig und wünschenswert, in einer Phase tiefster Emotionalität nicht wirksam werden kann. Oder versuchen Sie einmal, einem Menschen mit Arachnophobie die Angst zu nehmen, indem Sie ihm eine Spinne präsentieren und deren Nützlichkeit und Ungefährlichkeit erklären. Ebenso werden gut gemeinte Ratschläge wie »Entscheiden wir uns gegen unsere Ängste!« oder »Weg mit der Angst!«[161], »In jeder Krise steckt auch etwas Positives!« viel Zustimmung erfahren, aber letztlich keine Veränderung bewirken. Noch haben wir keine klaren Vorstellungen davon, was Angst in Organisationen bannen könnte. Der Abbau von Kontroll-, Planungs-, Bevormundungs- und Steuerungsmaßnahmen mag indessen ein kleiner, aber nicht unbedeutender Ansatz sein. Den Mut, diesen Schritt jedoch konsequent zu gehen, hatte nahezu keine Organisationseinheit, die wir bisher begleiteten.

**Mittlerweile wird uns klar, weshalb wir hier nicht weiterkamen: Es geht nicht darum, Angstfreiheit zu erzeugen, sondern um das Gegenteil. Man muss die Angst zulassen.**

Man muss die Angst vor der Angst überwinden. Oder wie Rebekka Reinhard schreibt: »Wir haben Angst, Angst zu haben, weil wir sie für etwas Negatives halten.«[162] Die Psychologie spricht von der Agoraphobie als einer Angststörung, die ohne wirkliche und greifbare Gefährdung entsteht. Sie bezieht sich im Kern auf weite Plätze und Menschenansammlungen; der Begriff wird mittlerweile auf die unterschiedlichsten Angst auslösenden Situationen übertragen. Wie man nachlesen kann, ist es aus therapeutischer Sicht gefährlich, diesen Situationen auszuweichen, anstatt sich ihnen zu stellen. Das Vermeiden erhält die Angst nicht nur aufrecht, sondern kann sogar zu einer Ausweitung oder Generalisierung führen.[163] Wenn man diese Überlegungen weiterverfolgt, wäre die logische Konsequenz, offen mit allen Ängsten in Organisationen umzugehen. Dann ginge es darum, die Angst nicht auszuklammern, sondern bewusst zu thematisieren. Die nächste Führungskräftetagung stünde dann nicht unter dem Titel: »Angstfrei in die Zukunft«, sondern schlicht: »Welche Ängste haben wir?« Auf der Agenda müssten dann weniger spektakuläre als vielmehr substanzielle Fragen wie diese stehen: Welche Ängste bringen uns dazu, unsere Mitarbeiter ständig zu kontrollieren? Welche Angst haben wir davor, ihnen Vertrauen entgegenzubringen? Welche Angst führt dazu, jede Kennzahl noch genauer zu erheben, jedem Branchentrend zu folgen oder auf die Hochglanzbroschüren der großen Beratungsunternehmen hereinzufallen? Sich den eigenen Ängsten in der Organisation zu stellen ist vermutlich ein ganz entscheidender, wenn auch ein extrem schwieriger Schritt.

Seit fast drei Jahren kann jeder Mitarbeitende der Unternehmensberatung Vollmer & Scheffczyk sein Gehalt selbst bestimmen. Wir haben davon im Radio gehört und noch am selben Tag eine Interviewanfrage an Lars Vollmer, einen der Geschäftsführer, geschickt. Prompt erhielten wir eine freundliche Einladung zum Gespräch nach Hannover.

»Wir haben das Unternehmen 1999 gegründet und uns über die Jahre hinweg im Bereich Lean Management einen Namen gemacht. In diesem Feld haben wir unsere Passion entdeckt. Das war ja auch eine große Welle, auf der wir gut mitreiten konnten. Wir waren schon immer umsetzungsintensiv und auch sehr hemdsärmelig im Umgang mit unseren Kunden – dem variantenreichen Mittelstand mit 100 bis 2000 Mitarbeitern.« So beschreibt uns Lars Vollmer kurz und knapp den Tätigkeitsbereich von V&S. »Wir waren etwas ›seitenwindanfällig‹, wie das ein Bekannter von mir nennt. Das heißt, wir haben uns vom Seitenwind anderer Organisationen aus unserem Umfeld drücken lassen. Wir dachten zum Beispiel, wir bräuchten ein Anreizsystem. Daraus entstand dann ein sehr diffiziles Gehaltsgefüge, mit einem Grundgehalt, und für die verschiedensten Arten von individuellen Leistungen gab es sogenannte Bonuspunkte. Damals waren wir noch so naiv und dachten, es gebe individuelle Leistungen! Für die erbrachten Tage, für Akquiseleistung, Qualifikation und Kundenzufriedenheit bekam man Punkte. Das Ergebnis haben wir dann mit dem Unternehmensgewinn zu be- und verrechnen versucht, um daraus den individuellen Bonus zu bestimmen. Es machte damals der Witz die Runde, man könne hier nur anfangen, wenn man das Modell verstanden habe. Der Länderfinanzausgleich war nichts dagegen. Übrigens wurde das von uns über die Jahre sogar noch präziser gemacht. Wir fanden es aber in Ordnung.« Lars Vollmer denkt kurz nach und fährt fort: »Es muss so 2010 gewesen sein. Wir merkten, dass sich der Geist der Kollegen wendete. Man überlegte auf einmal: ›Wie kann ich im Zweifel einen positiven Effekt auf meine Bonuspunkte erwirken?‹ Und nicht: ›Wie kann ich etwas Gutes für das Unternehmen, das Team, den Auftrag oder den Kunden tun?‹ Im Großen und Ganzen klappte das zwar alles noch gut, aber das Pendel begann, in die falsche Richtung auszuschlagen. Zudem waren alle auch noch unzufrieden. Gerecht fühlte sich das offenbar für keinen an.«

Was uns Lars Vollmer erzählt, klingt nicht nach inszenierter Selbstkritik. Man spürt, dass er damals kein gutes Gefühl gehabt haben kann. »Bei uns verfestigte sich der Eindruck, dass nicht nur unsere Bonusorientierung nicht mehr stimmte, sondern auch das gesamte professionelle Managementsystem, das wir mittlerweile aufgebaut hatten. Wir hatten angefangen, ein Managementteam zu gründen. Obwohl wir gerade einmal 20 Mitarbeiter hatten, bildeten sich bei uns Hierarchien heraus. Wir wollten auch eine funktionale Teilung vornehmen. Aus irgendeinem Grund glaubten wir, all die ›gepriesenen‹ Methoden anwenden zu müssen. Es fühlte sich aber nicht mehr gut an.«

Im Moment ist das Medieninteresse für das V&S-Modell groß. Interessanterweise wird aber fast ausschließlich über das Gehaltssystem berichtet, weil es so plakativ zu transportieren ist. Die ganze Philosophie dahinter, von der uns der etwas lausbübisch wirkende 42-Jährige berichtet, scheint weniger von medialem Interesse zu sein. Hat man etwa auch hier Angst vor Themen wie Selbstbestimmung oder Eigenverantwortung?

»Alle, die bei V&S arbeiteten, trafen sich damals im Büro. Die Fähigkeiten, die wir in der Beratung bei unseren Kunden anwandten, nutzten wir, um uns selbst zu hinterfragen. Eines war uns allen klar: Das bestehende Modell musste weg. Diesen Gedanken haben wir ein paar Monate reifen lassen. Das war keine einhellig spontane Entscheidung. Es war klar, dass wir einen neuen Weg finden mussten. Wir fingen an, das Managementteam wieder aufzulösen. Das führte dazu, dass die ersten beiden Mitarbeiter das Unternehmen verließen. Wir haben eine ›hierarchiehomogene‹ Organisation geschaffen. Führung war für uns nur noch eine situative Rolle und keine Stelle mehr. Daran arbeiten wir übrigens bis heute.

Wir haben sehr viel über Verantwortung diskutiert – und eben auch über Bezahlung. Der erste und entscheidende Schritt war, dass wir erst einmal die Gehälter offenlegten.« Vollmer berichtet, dass zum damaligen Zeitpunkt zwar alle Zahlen betriebsöffentlich waren, nicht aber die Höhe der Gehälter. Zuerst erlebte er die typischen Abwehrmechanismen gegen diesen Schritt der Offenlegung. Etwas über die Hälfte der Belegschaft wehrte sich, wollte diese Transparenz nicht. Man versuchte zu ergründen, welche Ängste hinter dieser Ablehnung steckten. Und tatsächlich gab es keine wirklichen Argumente, sondern nur die gesellschaftliche Konvention, dass man das eben nicht mache. Bei V&S scheint dieser radikale Schritt in Richtung Transparenz einiges an Angst genommen zu haben.

»Jetzt wurden wir mutig«, berichtet Herr Vollmer. »Zuerst stellten wir uns die Frage: Wer bestimmt in Zukunft die Gehälter? Und als wir uns damit erstmalig selbst intensiv befassten, merkten wir, es kann am allerwenigsten der Geschäftsführer sein. Der dürfte das zwar, weiß aber in der Regel nicht, was wer wirklich geleistet hat. Alle anderen Kollegen wissen das besser. Also war der Chef schon einmal raus. Doch dann stellten wir fest, dass wir in den Projekten nur punktuell zusammenarbeiteten. Also sahen die Kollegen auch nur einen Ausschnitt der Leistung. Irgendwann kam der Einwurf, dass man eigentlich seinen Verdienst am besten selbst einschätzen könne. Danach begannen wir, uns von dieser Idee gegenseitig zu überzeugen. Das beste Argument war: Wenn wir wirklich Verantwortungsübernahme wollen, dann müssen wir damit beim eigenen Gehalt beginnen. Das Experiment startete zum 1. Januar 2011. Zuerst hatten wir noch das Veto der Geschäftsführung als ›Netz‹ in das System eingezogen. Das war aber nicht konsequent, also führten wir ein Vetorecht für alle ein. Und es kamen auch prompt die ersten Fälle, in denen Mitarbeiter ihr Veto nutzten, aber von der Geschäftsführung erwarteten, dass die das regeln sollte.« Vollmer schüttelt vehement den Kopf. »Ne, ne, das konnte es auch nicht sein. Wir wollten alle wirkliche Verantwortungsübernahme.«

Wir erfahren von diversen Iterationszyklen. Mittlerweile ist man beim konsultativen Einzelentscheid angelangt. Grundsätzlich kommt diese Idee aus dem Lean Management. V&S hat sie auf den Prozess der Gehaltsfestlegung übertragen. Jeder Mitarbeiter muss sich mit zwei Kollegen konsultieren. »Consultatio« bedeutet Beratschlagung und nicht Verhandlung. Man kann sich auch mit mehr Mitarbeitenden beratschlagen. Außerdem darf jeder sich melden und eine Konsultation mit dem »Gehaltserhöher« einfordern. Zum Schluss bleibt es aber die Sache des Einzelnen, die Höhe seines Gehalts festzulegen. »Das funktioniert seit einem Jahr sehr gut«, so Vollmer. Der gleiche Prozess wird bei Neueinstellungen verfolgt. »Die größten Schwierigkeiten hatten wir mit der

Klarheit in der Kommunikation. So empfanden einige Kollegen das Gehalt, das sich ein neu eingestellter Uni-Absolvent geben wollte, als zu hoch. Es kam zu Konsultationen, doch am Ende blieb der Neue bei seiner Gehaltsvorstellung. Jetzt kam man auf mich zu und fragte, was man machen solle. Wir taten natürlich nichts. Einerseits zeugte der leicht – wirklich nur leicht – überhöhte Gehaltswunsch auch von Selbstvertrauen. Andererseits hatte zumindest einer der Kollegen nicht den Mut gehabt, seine Bedenken klar zu äußern. Das haben wir dann thematisiert. Damit experimentieren wir jetzt gerade: Wie bekommen wir es hin, diese Angst zu überwinden, klar und eindeutig Stellung zu beziehen?«

Das Modell von V&S scheint erfolgreich zu sein, bedarf aber ständiger Anpassungen. Es gibt nur noch einen Bonus, der an alle Mitarbeitenden gleich verteilt wird, egal ob Bürokraft oder Ingenieur, egal ob zu 100 Prozent oder zu 80 Prozent beschäftigt. Der monatliche Liquiditätsbedarf ist stark gestiegen, da die Gehälter höher sind als früher, doch die Lohn- und Gehaltskosten gleichen sich über das Jahr wieder aus. Es wird insgesamt nicht mehr gezahlt als früher. »Ich habe das Gefühl, wir bekommen bessere Mitarbeiterinnen und Mitarbeiter, die mutiger Verantwortung übernehmen und weniger Angst vor Entscheidungen haben.« Lars Vollmer ist von seinem Weg überzeugt.

Das Beispiel ist deshalb so spannend, weil es die beiden Seiten, die Klaus-Dieter Dohne uns zu Beginn dieses Kapitels nähergebracht hat, vereinigt: Durch die Konsultation und die Transparenz innerhalb der Organisation wurde ein System geschaffen, das dem Einzelnen Sicherheit gibt. Dadurch jedoch, dass jeder selbst die Höhe seines Gehalts bestimmen kann, wird der individuellen Seite der Persönlichkeit gleichermaßen Rechnung getragen. Auch tritt hier der von Dan Ariely gezeigte negative Druck, den die Erwartung besonders hoher Bonuszahlungen verursachen kann, nicht auf; denn es findet durch die Dialoge mit den Kollegen ein ausgleichender Prozess statt, der den Ansporn aufrechterhält und die Versagensängste reduziert.

Möglicherweise könnte man jetzt denken – ebenso wie wir das zunächst taten: »Das geht bei 20 Mitarbeiterinnen und Mitarbeitern.

Aber in einer großen und anonymen Organisation ist das nicht machbar.« Wieder andere werden sagen: »Was passiert, wenn jemand längere Zeit krankheitsbedingt seine Leistung nicht mehr erbringen kann – muss er dann etwas von seinem Gehalt abgeben? Könnte sich nicht auch eine Kultur des sozialen Drucks entwickeln, dem nicht jeder standhalten kann?« Jedes dieser Argumente ist berechtigt, doch jedes dieser Argumente zeugt auch von der Angst, es einmal auszuprobieren.

Außerdem erleben wir den sozialen Druck in streng geregelten Systemen noch viel extremer. Nehmen wir das Beispiel des öffentlichen Dienstes. Die Bezahlung nach Tarifvertrag reduziert auch hier die Angst nicht. Denn selbst die detaillierteste Stellenbeschreibung wird nicht als gerecht empfunden, da die Vielfalt der Tätigkeitsmerkmale niemals abgebildet werden kann. Es findet ein ständiger Vergleich mit der Nachbarabteilung statt.

Wie können wir das ernste und gefährliche »Spiel« mit der Angst drehen?

1. Musterbrecher verstehen, dass zu viel Sicherheit Angst macht. Sie haben erkannt, dass Menschen Angst vor einem »Rundum-sorglos-Paket« haben, weil sie daran nicht wachsen können.

2. Musterbrecher sehen das Experimentieren als eine Art »Angsthandhabungsmodus«. Wenn ein Versuch auch scheitern darf und wir auf diese Weise lernen, dann nimmt das Angst.

3. Musterbrecher stellen sich ihrer Angst – nicht in erster Linie, um sie zu überwinden, sondern um sie zu thematisieren.

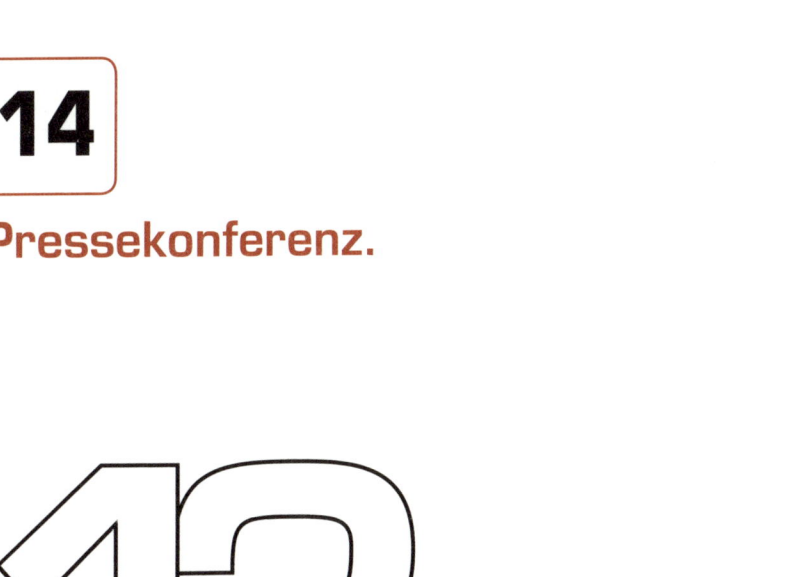

13

Spielfelder.

85

Fragen

Handle ich als Anwalt der Unsicherheit? |

# Habe ich noch Lust am Spielen und probiere ich mich aus? |

## Stelle ich meine Intuition immer wieder auf den Prüfstand? |

Habe ich den Mut zu einem Spiel mit offenem Ausgang? |

## Verstehe ich mein Arbeitsleben als Experiment? |

Handle ich schneller als die Bürokratie? |

Finde ich durch Torheit zu einem Stück Vernunft? |

### Bin ich mir bewusst, dass Experimente gar nicht scheitern können? |

# Stört es mich, wenn der allgemeine Trend die Herrschaft übernimmt? |

## Nutze ich die Intelligenz der Stillen? |

### Sehe ich auch in meiner Organisation den Mehrwert von Demokratie? |

Erkenne ich die Nebenwirkungen moderner Großgruppensettings? |

# Kann ich die unterschiedlichen Sichtweisen von Menschen akzeptieren? |

Müssen Mitarbeitende wegen meiner Lautstärke flüstern? |

**Wie viele Zonen hat mein Schulhof?** |

Glaube ich noch an das Innovationsmanagement? |

Arbeite ich an der Wert- oder an der
Wissensschöpfung? |

# Gebe ich Mitarbeitenden ein Budget, damit etwas Neues entsteht? |

Schaffe ich rechtfertigungsfreie
Räume für mutiges Ausprobieren? |

Gebe ich dem Zufall eine Chance? |

Bilde ich ein Gegengewicht zum innovationsfeindlichen
Organisationsumfeld? |

Nutze ich den Sprachcode als rhetorischen Mitgliedsausweis? |

# Bin ich bereit zu sagen, dass der Kaiser nackt ist? |

Wie viele Plastikwörter hat mein Vokabular? |

Erkenne ich den Unterschied
zwischen der symbolischen und der
symptomischen Ebene? |

Arbeite ich ernsthaft an den Begriffen, die ich
wie selbstverständlich verwende? |

**Sehe ich, was durch die
Konferenzsprache
Englisch verloren geht? |**

# Kenne ich
# die Kosten von
# Einsparungsprogrammen? |

Wie viel Prozent meiner Zeit setze ich für die Potenzialentfaltung,
wie viel für die Prozessoptimierung ein? |

Kenne ich die Nebenwirkungen im Beipackzettel des
professionellen Managements? |

## Wie oft verwechsle ich
## Effizienz mit Robustheit? |

Spare ich auch beim Zwischen- und Mitmenschlichen? |

Erhöhe ich die Effizienz durch sinnvolle
Verschwendung? |

Lerne ich im Alter auch Chinesisch?  |

Bin ich mir bewusst, dass
mein Gehirn so ist, wie ich
es nutze?  |

# Sammle ich Erfahrungen, die unter die Haut gehen?  |

Operiere ich ausschließlich im Modus der Ressourcennutzung?  |

# Wann war ich das letzte Mal auf der Walz?  |

Riskiere ich es, durch Dialoge klüger zu werden?  |

## Kenne ich den Unterschied zwischen Personalentwicklung und Personalentfaltung?  |

Welchen Wert messe ich den Zahlen bei?

# Versuche ich mich als Zahlenakrobat?

# Glaube ich, dass die Mathematik gottgegeben ist?

Weiß ich, dass auch Kennzahlen Konstruktionsfehler haben?

Ist mir klar, dass Zahlen ökonomische Realitäten nicht abbilden können?

# Schaffe ich ein Gegengewicht zur Zahl?

Bilanziere ich Tausch- und Nutzwertindikatoren?

Wie sieht meine Gemeinwohlbilanz aus?

**Kenne ich meine Eigenfrequenz und die meiner Kollegen und Mitarbeiter?** |

Pflege ich eine Entschleunigung im kleinen Stil? |

**Ist mir bewusst, dass man sich trotz erfahrener Anerkennung entfremdet fühlen kann?** |

# Weiß ich um die Kraft von Ritualen? |

Interessiere ich mich auch für das Befinden – und nicht nur für den Befund? |

Wie oft tue ich aus freien Stücken Dinge, die ich nicht wirklich tun will? |

**Verwechsle ich instrumentelle Beziehungen mit Resonanz?** |

# Wie normal ist für mich ein abgestuft gewährtes Vertrauen? |

### Bin ich mir meines Menschenbilds bewusst? |

## Gehöre ich zu den Autofahrern, die glauben, besser zu fahren als der Durchschnitt? |

# Vertraue ich auf die Fairness der anderen? |

### Sehe ich Menschen als Mittel oder als Zweck? |

# Verzichte ich auf die Übergabe der Personalakte? |

Schaffe ich durch mein Verhalten eine Kultur der
Drehzahl im roten Bereich? |

# Wie oft zeige ich mit dem Finger auf andere? |

Gehöre ich auch zu den 45 Prozent,
die glauben, einen
besseren Job als ihr Vorgesetzter machen zu können? |

Leitet mich die Überzeugung: Es muss Schuldige geben? |

# Mache ich mich zum Objekt des Wandels? |

Bin ich Gastgeber in meinen Zügen? |

**Weiß ich noch, dass man nicht immer
»Sehr gerne« sagen muss? |**

Verzichte ich im Kundenkontakt auf Fesselspiele? |

**Fördere ich unbewusst
eine Plastikfreundlichkeit? |**

Strebe ich wirklich
eine Partnerschaft auf
Augenhöhe an? |

**Bin ich überzeugt davon,
dass es nichts Besseres gibt
als das, was ich verkaufe? |**

# Habe ich im Kopf, dass sich die Universität Oxford nicht zertifizieren lässt?

Suche ich nach Möglichkeiten oder benötige ich Ziele?

Wie viel Zeit verwende ich für die Rechtfertigung von Zielabweichungen?

Stimmen meine Zahlen auch ohne individuelle Zielvereinbarungen?

# Weiß ich, was ich nicht will?

Bewege ich mich in einer gläsernen Seilschaft?

Ist eine gute Zeit für mich auch ein Ziel?

Erkenne ich, dass zu viel
Sicherheit Angst macht? |

Fürchte ich mich, oder habe ich Angst? |

## Stelle ich mich meiner Angst? |

## Bin ich mir bewusst, dass es angstfreie Räume nicht geben kann? |

Ist mir klar, dass ein
Rundum-sorglos-Leben träge macht? |

## Weiß ich, dass Experimentieren Angst nimmt? |

# Anmerkungen

1 Vogl, J.: »Das Loch in der Wirklichkeit – Gespräch mit Alexander Kluge«, in: *Frankfurter Allgemeine Sonntagszeitung*, 17.05.2009, S. 23–24.

2 So der Titel seines Beitrags im *Merkur-Sonderheft*, 10/11-2011, »Sag die Wahrheit! – Warum jeder ein Nonkonformist sein will, aber nur wenige es sind«, S. 781 ff.

3 Vgl. http://de.wikipedia.org/wiki/Experiment [letzter Abruf: 25.08.2013].

4 TED ist eine auf nicht kommerzielle Nutzung ausgerichtete Plattform für Ideen, die es wert sind, verbreitet zu werden. Siehe www.ted.com.

5 Lotto, B./O'Toole, A.: »Science is for everyone, kids included«, 2012 (verfügbar über: http://www.ted.com/talks/beau_lotto_amy_o_tool._science_is_for_everyone_kids_included.html) [letzter Abruf: 25.08.2013].

6 Vgl. Baecker, D.: *Organisation und Management*, Frankfurt am Main 2003, S. 34 f.

7 Vgl. Mullis, K.: »Kary Mullis celebrates the experiment«, 2009 (verfügbar über: http://www.ted.com/talks/kary_mullis_on_what_scientists_do.html) [letzter Abruf: 25.08.2013].

8 Vgl. Stengers, I.: »Die Galilei-Affären«, in: Serres, M. (Hrsg.): *Elemente einer Geschichte der Wissenschaft*, Berlin 1998, S. 398 f.

9 Vgl. Luhmann, N.: *Die Gesellschaft der Gesellschaft*, Berlin 1998, S. 731 f.

10 Gigerenzer, G.: *Bauchentscheidungen – Die Intelligenz des Unbewussten und die Macht der Intuition*, München 2008, 3. Aufl., S. 12 f.

11 Wir benutzen die beiden Begriffe Ungewissheit und Unsicherheit hier synonym, auch wenn uns deren entscheidungstheoretische Unterschiedlichkeit bewusst ist.

12 Wüthrich, H. A./Osmetz, D./Kaduk, S.: *Musterbrecher – Führung neu leben*, 3. Aufl., Wiesbaden 2009, S. 27 ff.

13 Vgl. Baecker 2003, S. 36 f.

14 Vgl. Wüthrich/Osmetz/Kaduk 2009.

15 Ariely, D.: »Are we in control of our own decisions?«, 2008 (verfügbar über: http://www.ted.com/talks/dan_ariely_asks_are_we_in_control_of_our_own_decisions.html) [letzter Abruf: 25.08.2013].

16 Martenstein, H.: »Der Sog der Masse«, in: *Die Zeit*, 10.11.2011.

17 Cain, S.: *Quiet – The Power in Introverts in a World That Can't Stop Talking*, New York 2012.

18 Die Diskussion um die Begriffe »Gruppe«, »Schwarm« und »Kollektiv« ist derzeit in vollem Gange. Gesichert ist inzwischen, dass sie nicht als Synonyme aufgefasst werden können. Beim Schwarm ist von der Anonymität der Schwarmmitglieder auszugehen. Die Mitglieder einer Gruppe kennen in der Regel einander, es kommen deshalb bekannte Phänomene wie Gruppendynamik, Rollen- und Machtverteilung zum Tragen. Wenn hier von kollek-

tiver Intelligenz gesprochen wird, gehen wir von der Annahme aus, dass ein Unternehmen auf der Makroebene als Schwarm gelten kann – und gleichzeitig auf der Gruppenebene analysiert werden muss. Insofern bildeten die Teilnehmer unserer Konferenz zu Beginn der Veranstaltung einen Schwarm, später arbeiteten sie in Gruppen.

19 Münker, S.: »Ideen entstehen nicht durch Schwarmintelligenz – Intellektuelle und das Internet«, Interview in: *Indes*, Herbst 2011, S. 102.

20 Vgl. Lorenz, J. et al.: »How social influence can undermine the wisdom of crowd effect«, in: *Proceedings in the National Academy of Sciences in the United States of America*, 22/2011, S. 9020–9025.

21 Grams, T.: »Schwarmintelligenz – Herrschaft des Mittelmaßes«, 2012 (PDF-Dokument verfügbar über: http://www2.hs-fulda.de/~grams/hoppla/wordpress/?p=575) [letzter Abruf 25.08.2013].

22 Martenstein 2011.

23 Vgl. Haun, D./Tomasello, M.: »Conformity to Peer Pressure in Preschool Children«, in: *Child Development*, 11/12-2011, S. 1765.

24 Cain, S.: *Still – Die Bedeutung von Introvertierten in einer lauten Welt*, München 2011, S. 117 f.

25 Vgl. Stroebe, W./Nijstad, B. A.: »Warum Brainstorming in Gruppen Kreativität vermindert: Eine kognitive Theorie der Leistungsverluste beim Brainstorming«, in: *Psychologische Rundschau*, 1/2004, S. 9.

26 Simon, F. B.: *Einführung in die systemische Organisationstheorie*, Heidelberg 2007, S. 11 f.

27 March, J. G./Simon, H. A.: *Organisation und Individuum*, Wiesbaden 1976, S. 8.

28 Kieser, A.: »Organisationstheorien sind Sprachspiele«, in: Bardmann, Th. M./ Groth, T. (Hrsg.): *Zirkuläre Positionen*, Wiesbaden 2001, S. 99 ff.

29 Ortmann, G.: »Organisation – ein Handlungsfeld mit Eigensinn«, in: Bardmann/Groth 2001, S. 74 f.

30 Weick, K. E.: »Drop your Tools«, in: Bardmann/Groth 2001, S. 123 ff.

31 Weick, K. E.: *Der Prozess des Organisierens*, Frankfurt am Main 1995, S. 64.

32 Kieser, A.: »Organisationstheorien sind Sprachspiele«, in: Bardmann/Groth 2001, S. 101.

33 Baecker, D.: *Organisation als System*, Frankfurt am Main 1999, S. 9.

34 Luhmann 1998, S. 165 f.

35 Schumpeter, J. A.: *Konjunkturzyklen*, Göttingen 1961, Bd. 1, S. 95.

36 Ortmann 2001, S. 73 ff.

37 Obeng, E.: http://www.ted.com/talks/eddie_obeng_smart_failure_for_a_fast_changing_world.html [letzter Abruf: 25.08.2013].

38 Pillkahn, U.: »Die Weisheit der Roulettekugel«, in: *brand eins*, 2/2010, S. 130 ff.

39 www.innocentive.com

40 Vgl. Gratton, L.: »Organische Organisation«, in: *GDI Impuls*, 2/2012, S. 41 f.

41 Vgl. Simon, F. B.: »Paradoxiemanagement – oder: Genie und Wahnsinn der Organisation«, in: *Revue für postheroisches Management*, 1/2007, S. 86.

42 Roth, G.: *Persönlichkeit, Entscheidung und Verhalten*, Stuttgart 2007, S. 179.

43 Simon 2007, S. 86.

44 Sutton, R. I.: »Zündfunken der Innovation«, in: *GDI Impuls*, 2/2002, S. 19 f.

45 Das Buch aus dem Jahr 2001 von Robert I. Sutton wurde in der deutschen Erstausgabe mit dem Titel übersetzt: *Stellen Sie Leute ein, die Sie eigentlich nicht brauchen – 11 ½ Regeln für kreative Manager*, dann in der Taschenbuchversion von 2008 mit *Der Querdenker-Faktor – Mit unkonventionellen Ideen zum Erfolg* übersetzt. Nicht gerade innovativ!?

46 Vgl. Reiter, M.: »Wild wucherndes Wirtschaftskauderwelsch«, in: *Frankfurter Allgemeine Zeitung, Beruf & Chance*, 29.07.2006, S. 54.

47 Widmer, U.: »›Es ist pervers‹, Der Schweizer Schriftsteller Urs Widmer im Interview über das Sprachregime des Kapitalismus und die Unterwerfungslust der Manager«, in: *Wirtschaftswoche*, 10.09.2007, S. 151 f.

48 Vgl. Steinfeld, T.: *Der Sprachverführer – Die deutsche Sprache: was sie ist, was sie kann*, München 2010, S. 16.

49 Aus der Rede von Josef Ackermann, ehemaliger Vorstandsvorsitzender der Deutschen Bank AG, anlässlich der Pressekonferenz am 7. Februar 2008 in Frankfurt am Main (verfügbar als PDF über https://www.deutsche-bank.de/presse/de/downloads/JA_Jahres-PK_Rede-dt.pdf, dort auf S. 5) [letzter Abruf: 25.08.2013].

50 Moazedi, M.: »Management by Language: Macht und Ohnmacht der Manager-Sprache – Und täglich grüßt das Management (Teil 3)«, in: *WM Magazin für Wirtschaft und Erfolg*, S. 42 f.

51 Meyer, J./Rowan, B.: »Institutionalized Organizations: Formal Structure as Myth and Ceremony«, in: *American Journal of Sociology*, 2/1977, S. 340–363.

52 Keller, R.: »Die Sprache der Geschäftsberichte: Was das Kommunikationsverhalten eines Unternehmens über dessen Geist aussagt«, in: Moss, C. (Hrsg.): *Die Sprache der Wirtschaft*, Wiesbaden 2009, S. 36 (hier abgewandelt: »vertrauenswürdig« statt »intelligent«) sowie Keller, R.: »Unternehmenskommunikation und Vertrauen«, Düsseldorf 2006, S. 30 (PDF-Dokument verfügbar über: http://www.phil-fak.uni-duesseldorf.de/uploads/media/Unternehmenskommunikation_und_Vertrauen.pdf) [letzter Abruf: 25.08.2013].

53 Der 2006 im Suhrkamp Verlag erschienene Essay wurde von Frankfurt bereits vor 32 Jahren geschrieben. Mit dem internationalen Erfolg der erneuten Veröffentlichung, die sich über 400 000-mal verkaufte, hatte der Autor nicht gerechnet.

54 »Schluss mit der Lügerei – Harry G. Frankfurts Traktat *Bullshit* erklärt das Geschwätz der Gegenwart«, Diez G. im Interview mit Frankfurt H. G. , in: *Die Zeit*, 23.02.2006, S. 55 f.

55 Keller, R.: »Die Sprache der Geschäftsberichte: Was das Kommunikationsverhalten eines Unternehmens über dessen Geist aussagt«, in: Moss 2009, S. 24.

56 Entnommen aus: Pörksen, U.: *Plastikwörter – Die Sprache einer internationalen Diktatur*, Stuttgart 2011, S. 118 ff.

57 Taylor, F.W.: *Die Grundzüge wissenschaftlicher Betriebsführung* – Reprint, Düsseldorf 2004, S. 17.

58 Ebd.

59 Zitiert in: Müller, M.: »Taylorismus: Abschied oder Wiederkehr?«, S. 2 (verfügbar über: http://www.boeckler.de/18899_18924.htm) [letzter Abruf: 23.08.2013].

60 Schütt, P.: »Der lange Weg vom Taylorismus zum Wissensmanagement«, in: *Wissensmanagement*, 3/2003.

61 Taylor 2004, S. 41.

62 a.a.O., S. 100.

63 Volpert, W.: »Einführung: Von der Aktualität des Taylorismus«, in: Taylor, F. W.: *Die Grundzüge wissenschaftlicher Betriebsführung*, Düsseldorf 1995, S. XLVII.

64 Taylor 2004, S. 53.

65 a.a.O., S. 106.

66 Lean mit KAIZEN, 5. Management Circle Jahrestagung 2010 in Stuttgart.

67 Zitiert nach: Hafner, S. J.: *Sisyphus und Machiavelli bei der Arbeit: Ganzheitliche Produktionssysteme zwischen Mythen und Realitäten*, Mering 2009, S. 122.

68 O. V.: »Fehler im System Krankenhaus? Die negativen Auswirkungen der Fallpauschalen« (verfügbar über: http://www.wdr.de/tv/quarks/sendungsbei traege/2013/0409/003_krankenhaus_fehler_im_system_krankenhaus.jsp) [letzter Abruf: 23.08.13].

69 Vgl. *Frankfurter Rundschau* vom 19.06.2012 oder die ZDF-Sendung »zoom« vom 9.01.2013.

70 Zitiert in: Lotter, W.: »Die Stunde der Idioten«, in: *brand eins*, Nr. 5/2008, S. 66.

71 Taylor 2004, S. 113.

72 Zitiert in: Gründler, E. C.: »Erhöhte Unfallgefahr«, in: *brand eins*, 1/2009, S. 154–161, S. 156; Lietaer, B.: *Das Geld der Zukunft – Über die zerstörerische Wirkung unseres Geldsystems und Alternativen hierzu*, München 2005.

73 Vgl. Gründler E.C. 2009, S. 159.

74 Vgl. z. B. Hentze, J.: *Personalwirtschaftslehre 1*, 6. Aufl., Bern 1994, S. 315.

75 Staehle, W. H.: *Management*, 8. Aufl., 1999, S. 873.

76 Vgl. Bartscher, T.: Schlagwort »Personalentwicklung«, in: *Gabler Wirtschaftslexikon* (verfügbar über: http://wirtschaftslexikon.gabler.de/Definition/perso nalentwicklung-1.html) [letzter Abruf: 25.08.2013].

77 *Etymologisches Wörterbuch des Deutschen*: Stichwort »Kompetenz«, S. 699.

78 Hüther, G. im Interview mit Osmetz, D.: »Andere motivieren zu wollen, ist hirntechnischer Unsinn«, in: *Zeitschrift Führung + Organisation zfo*, Heft 3/2009, S. 159 ff.

79 Haberleitner, E./Deistler, E./Ungvari, R.: *Führen, Fördern, Coachen – So entwickeln Sie die Potenziale Ihrer Mitarbeiter*, 4. Aufl., Heidelberg 2012, S. 43 ff.

80 Juul, J.: *Pubertät – Wenn Erziehen nicht mehr geht*, 6. Aufl., München 2011, S. 2.

81 Senge, P.: »Lehrmeister für Organisationen«, in: *Harvard Business Manager*, 6/2011, S. 78.

82 O. V.: »Pioniere auf der Walz – oder ›Hinter'm Horizont geht's weiter‹«, in: *youngmove*, 7/2013, S. 32.

83 Burmeister, L./Steinhilper, L.: *Gescheiter scheitern – Eine Anleitung für Führungskräfte und Berater*, Heidelberg 2011.

84 Burmeister, L. im Interview mit Gürtler, D.: »Die Kunst des Scheiterns«, *GDI Impuls*, 1/2011, S. 72.

85 Vgl. Gigerenzer, G.: *Risiko – Wie man die richtigen Entscheidungen trifft*, München 2013, S. 13 ff.

86 Vgl. Gigerenzer 2013.

87 Foerster, H. v./Pörksen, B.: *Wahrheit ist die Erfindung eines Lügners – Gespräche für Skeptiker*, Heidelberg 2013, S. 55.

88 Vgl. Foerster, H. v./Glasersfeld, E. v.: *Wie wir uns erfinden*, Heidelberg 1999, S. 133.

89 Sedláček, T./Orrell, D.: *Bescheidenheit – für eine neue Ökonomie*, München 2013, S. 38.

90 Vgl. § 238 (1) HGB.

91 Sennett, R.: *Zusammenarbeit – Was unsere Gesellschaft zusammenhält*, Berlin 2012, S. 314–315.

92 Ortlieb, C. P. im Interview mit Link, O.: »Die Welt lässt sich nicht berechnen«, in: *brand eins*, 11/2011, S. 112.

93 Vgl. Sedláček, T.: *Die Ökonomie von Gut und Böse*, München 2012, S. 129 f.

94 Sedláček/Orrell 2013, S. 23.

95 Raab, H.: *Shareholder Value und Verfahren der Unternehmensbewertung – Leitmaxime für das Management?* Berlin 2001, S. 9.

96 Fischer-Winkelmann, W. F., zitiert in: Raab 2001, S. VI.

97 Sedláček/Orrell 2013, S. 38.

98 Vgl. Luhmann, N.: *Ökologische Kommunikation – Kann die moderne Gesellschaft sich auf ökologische Gefährdung einstellen?*, Opladen 1990, S. 51.

99 Goleman, D.: *Emotionale Intelligenz*, München 2011.

100 »In der Tiefe berühren«, Rosa H. im Interview mit Krüger U., in: *taz*, 14.04.2012.

101 Sennett 2012, S. 129.

102 Vgl. Rosa, H.: *Weltbeziehungen im Zeitalter der Beschleunigung*, Frankfurt am Main 2012, S. 10.

103 Rosa, H.: *Beschleunigung und Entfremdung*, Frankfurt am Main 2013.

104 Bauer, J.: »Emotionale Intelligenz und Führung«, Manuskript zum 1. JANUS Entwicklungstag (verfügbar über: http://www.janusteam.de/publikationen/forum/ausgabe_2010_08/bauer_emotionale_intelligenz_u_fuehrung.pdf, dort im PDF auf S. 3) [letzter Abruf: 25.08.2013].

105 Dekeyser, B./Krücken, S.: *Unverkäuflich! Schulabbrecher, Fußballprofi, Weltunternehmer – die völlig verrückte Geschichte von Bobby Dekeyser*, Hollenstedt 2012.

106 Vgl. Rühle, A.: »Nur fleischfarbene Unterwäsche!«, in: *Süddeutsche Zeitung*, 15.12.2010 (verfügbar unter: http://www.sueddeutsche.de/karriere/stilkritik-der-banker-dresscode-bitte-nur-fleischfarbene-unterwaesche-1.1036295) [letzter Abruf: 25.08.2013].

107 Vgl. Kahneman, D.: *Schnelles Denken, langsames Denken*, 15. Aufl., München 2012, S. 321.

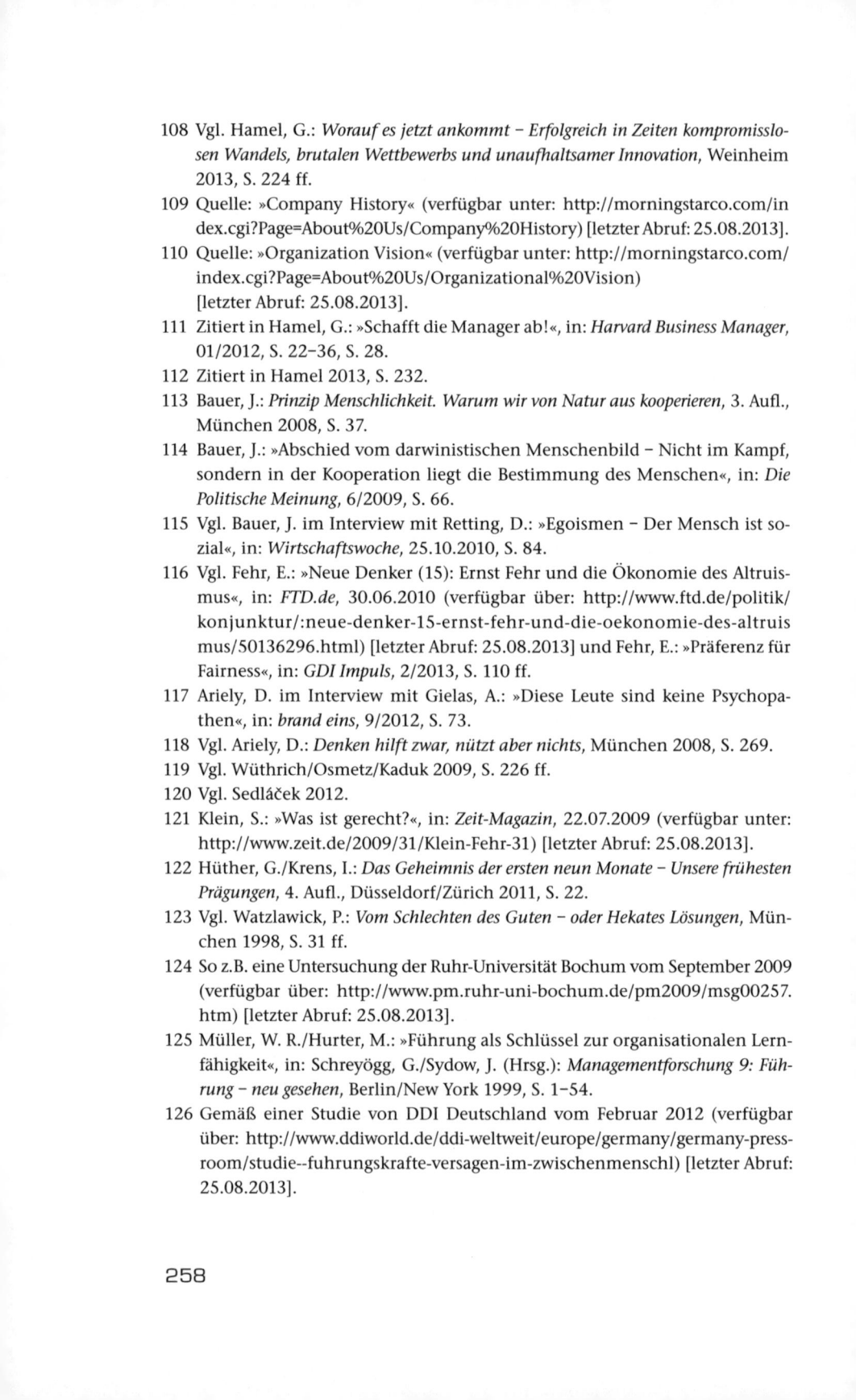

108 Vgl. Hamel, G.: *Worauf es jetzt ankommt – Erfolgreich in Zeiten kompromisslosen Wandels, brutalen Wettbewerbs und unaufhaltsamer Innovation,* Weinheim 2013, S. 224 ff.

109 Quelle: »Company History« (verfügbar unter: http://morningstarco.com/in dex.cgi?page=About%20Us/Company%20History) [letzter Abruf: 25.08.2013].

110 Quelle: »Organization Vision« (verfügbar unter: http://morningstarco.com/ index.cgi?Page=About%20Us/Organizational%20Vision) [letzter Abruf: 25.08.2013].

111 Zitiert in Hamel, G.: »Schafft die Manager ab!«, in: *Harvard Business Manager,* 01/2012, S. 22–36, S. 28.

112 Zitiert in Hamel 2013, S. 232.

113 Bauer, J.: *Prinzip Menschlichkeit. Warum wir von Natur aus kooperieren,* 3. Aufl., München 2008, S. 37.

114 Bauer, J.: »Abschied vom darwinistischen Menschenbild – Nicht im Kampf, sondern in der Kooperation liegt die Bestimmung des Menschen«, in: *Die Politische Meinung,* 6/2009, S. 66.

115 Vgl. Bauer, J. im Interview mit Retting, D.: »Egoismen – Der Mensch ist sozial«, in: *Wirtschaftswoche,* 25.10.2010, S. 84.

116 Vgl. Fehr, E.: »Neue Denker (15): Ernst Fehr und die Ökonomie des Altruismus«, in: *FTD.de,* 30.06.2010 (verfügbar über: http://www.ftd.de/politik/ konjunktur/:neue-denker-15-ernst-fehr-und-die-oekonomie-des-altruis mus/50136296.html) [letzter Abruf: 25.08.2013] und Fehr, E.: »Präferenz für Fairness«, in: *GDI Impuls,* 2/2013, S. 110 ff.

117 Ariely, D. im Interview mit Gielas, A.: »Diese Leute sind keine Psychopathen«, in: *brand eins,* 9/2012, S. 73.

118 Vgl. Ariely, D.: *Denken hilft zwar, nützt aber nichts,* München 2008, S. 269.

119 Vgl. Wüthrich/Osmetz/Kaduk 2009, S. 226 ff.

120 Vgl. Sedláček 2012.

121 Klein, S.: »Was ist gerecht?«, in: *Zeit-Magazin,* 22.07.2009 (verfügbar unter: http://www.zeit.de/2009/31/Klein-Fehr-31) [letzter Abruf: 25.08.2013].

122 Hüther, G./Krens, I.: *Das Geheimnis der ersten neun Monate – Unsere frühesten Prägungen,* 4. Aufl., Düsseldorf/Zürich 2011, S. 22.

123 Vgl. Watzlawick, P.: *Vom Schlechten des Guten – oder Hekates Lösungen,* München 1998, S. 31 ff.

124 So z.B. eine Untersuchung der Ruhr-Universität Bochum vom September 2009 (verfügbar über: http://www.pm.ruhr-uni-bochum.de/pm2009/msg00257. htm) [letzter Abruf: 25.08.2013].

125 Müller, W. R./Hurter, M.: »Führung als Schlüssel zur organisationalen Lernfähigkeit«, in: Schreyögg, G./Sydow, J. (Hrsg.): *Managementforschung 9: Führung – neu gesehen,* Berlin/New York 1999, S. 1–54.

126 Gemäß einer Studie von DDI Deutschland vom Februar 2012 (verfügbar über: http://www.ddiworld.de/ddi-weltweit/europe/germany/germany-press-room/studie--fuhrungskrafte-versagen-im-zwischenmenschl) [letzter Abruf: 25.08.2013].

127 Martinko, M. J./Gardner, W. L.: »Learned Helplessness: An Alternative Explanation for Performance Deficits«, in: *Academy of Management Review*, 2/1982, S. 195–204.

128 Wördenweber, B./Wickord, W.: *Technologie- und Innovationsmanagement im Unternehmen – Lean Innovation*, 3. erw. u. überarb. Aufl., Berlin/Heidelberg 2008, S. 235 f.

129 Kaube, J.: *Otto Normalabweicher – Der Aufstieg der Minderheiten*, Springe 2007.

130 Hochschild, A. R.: *Das gekaufte Herz – Die Kommerzialisierung der Gefühle*, erw. Neuausgabe, Frankfurt am Main/New York 2006.

131 Rastetter, D.: »Emotionsarbeit – Stand der Forschung und offene Fragen«, in: *Arbeit*, 4/1999, S. 374–388.

132 Schewe, A.: »Emotionsarbeit – was ein Lächeln kosten kann ...«, in: *In-Mind 2010* (2) (verfügbar über: http://de.in-mind.org/content/emotionsarbeit-–-was-ein-lächeln-kosten-kann...) [letzter Abruf: 25.08.2013].

133 Die Gallup-Studie 2012 ergab: 61 Prozent der Beschäftigten in Deutschland verspüren, auf das Jahr 2012 bezogen, keine echte Verpflichtung ihrer Arbeit gegenüber, sind »unengagiert«, 24 Prozent sogar »aktiv unengagiert«, d. h., sie zeigen unerwünschtes Verhalten, das zulasten der Leistungs- und Wettbewerbsfähigkeit der Unternehmen geht (verfügbar über: http://www.gallup.com/strategicconsulting/158162/gallup-engagement-index.aspx) [letzter Abruf: 25.08.2013].

134 Böhm, M./Greiner, K.: »Wissen Sie, wie lange ich in Ihrer Warteschleife hing?!?«, Interview mit Brunner A., in: *Süddeutsche Zeitung Magazin*, 45/2012 (verfügbar über: http://sz-magazin.sueddeutsche.de/drucken/text/38789) [letzter Abruf: 25.08.2013].

135 Srnka, K. J./Ebster, C./Koeszegi, S. T.: »Lässt sich Sympathie im persönlichen Verkauf erfolgreich vortäuschen. Eine Analyse nonverbaler und verbaler Kommunikation«, in: *Marketing – Zeitschrift für Forschung und Praxis*, 28/2006, S. 39–56.

136 Ressler, C./Thompson, J.: *Why Managing Sucks and How to Fix It*, New York 2013, S. 1.

137 Vgl. z. B. Drucker, P.: *Die Praxis des Managements*, Düsseldorf 1998.

138 Vgl. ebd.

139 Vgl. Saamann, W.: »Verantwortung übernehmen«, in: *Personal*, 7-8/2011, S. 50–52.

140 Vgl. Schmoll, A./Schmoll, C.: »Bewusst und kritisch«, in: *Bankinformation*, 3/2012, S. 68–71.

141 O. V., »Systematisch überfordert«, in: *Böckler-Impuls*, 10/2009, S. 3.

142 Kratzer, N./Dunkel, W.: »Neue Managementmethoden – neue Belastungsformen?«, in: *Arbeit, Beschäftigungsfähigkeit und Produktivität im 21. Jahrhundert*, Bericht zum 55. Kongress der Gesellschaft für Arbeitswissenschaft, Dortmund 2009.

143 Saamann 2011, S. 50 f.

144 Vgl. eine Pressemeldung der Bertelsmann-Stiftung aus dem Jahre 2010 (verfügbar über: http://www.bertelsmann-stiftung.de/cps/rde/xchg/bst/hs.xsl/ nachrichten_99657.htm) [letzter Aufruf: 25.08.2013].

145 Matzig, G.: »Die gefürchtete Zahl: 2,33«, in: *süddeutsche.de* (verfügbar über: http://www.sueddeutsche.de/bildung/uebertritt-ins-gymnasium-die-ge fuerchtete-zahl--1.1322256) [letzter Aufruf: 25.08.2013].

146 Wüthrich/Osmetz/Kaduk 2009, S. 103 ff.

147 Tikart, J.: *Führung beginnt beim Ich – Unternehmenserfolg durch Wertebindung,* Stuttgart 2002, S. 88.

148 Baecker, D.: *Postheroisches Management – Ein Vademecum,* Berlin 1994, S. 142.

149 Wolf, D.: »Führen mit Zielen oder mit Optionen«, in: *business-wissen.de,* 2010 (verfügbar über: http://www.business-wissen.de/unternehmensfueh rung/unternehmensmanagement-fuehren-mit-zielen-oder-mit-optionen/) [letzter Aufruf: 25.08.2013].

150 Vgl. Vieweg, W.: *Free Odysseus – Management by Options,* Berlin 2013, und Vieweg, W.: *Erfolg durch Management by Options – Eine Technik des Chancenmanagement,* Bad Kreuznach 2003.

151 Geyer, P.: »*Bergundsteigen* im Gespräch mit Geyer, P.«, in: *Bergundsteigen,* 2/2006, S. 15.

152 Kast, V.: *Vom Sinn der Angst,* Freiburg im Breisgau 1996, S. 9.

153 Schmidt-Traub, S.: *Angst bewältigen,* Heidelberg 1995, S. 7.

154 Ariely, D.: *Wer denken will, muss fühlen,* München 2012, S. 27 ff.

155 Vgl. Hüther, G.: *Biologie der Angst,* Göttingen 2007, S. 39 f.

156 Lazar, R. A.: »Wer hat Angst vor der Organisation«, in: Springer, A./Janta, B./ Münch, K. (Hrsg.): *Angst,* Gießen 2011, S. 280.

157 Gallup Engagement Index (verfügbar über http://www.gallup.com/strategic con sulting/158162/gallup-engagement-index.aspx) [letzter Abruf: 25.08.2013].

158 O. V.: »Jeder Zweite schleppt sich krank zur Arbeit« (verfügbar über http:// www.zeit.de/karriere/beruf/2013-02/studie-krankheit-arbeit) [letzter Abruf: 25.08.2013].

159 O. V.: »Stress und Angst am Arbeitsplatz kosten Milliarden« (verfügbar über http://www.computerwoche.de/a/stress-und-angst-am-arbeitsplatz-kostenmilliarden,1909898) [letzter Abruf: 25.08.2013].

160 Lazar 2011, in: Springer/Janta/Münch 2011, S. 286.

161 Zum Beispiel Horx, M.: »Weg mit der Angst«, Interview mit Jindra, A., in: *Succeed,* 1/2010, S. 28 ff.

162 Reinhard, R.: *Die Sinn-Diät – Warum wir schon alles haben, was wir brauchen,* München 2011, S. 28.

163 Schmidt-Traub 1995, S. 10 f.

# Interviewpartner

Balzer, Karsten: Erster Stadtrat, Stadtverwaltung Seelze
Interview am 04.04.2013 in Seelze (Dirk Osmetz und Stefan Kaduk)

Bauer, Prof. Dr. med. Joachim: Neurobiologe, Arzt und Psychotherapeut, Leitender Oberarzt der Abteilung Psychosomatische Medizin des Uniklinikums Freiburg
Interview am 15.04.2013 in Freiburg (Hans A. Wüthrich und Dominik Hammer)

Berchem, Dr. Sascha von: Zentraler Stab Konzernsteuerung, WITTENSTEIN AG, Igersheim
Interview am 27.02.2013 in Igersheim (Dirk Osmetz und Stefan Kaduk)

Ciobanu, Alia: Studentin der Philosophie und methodos-Absolventin
Interview am 15.04.2013 in Freiburg (Hans A. Wüthrich und Dominik Hammer)

Dekeyser, Robert: Gründer und Chairman der DEDON GmbH, Lüneburg
Interview am 21.05.2013 in Hamburg (Stefan Kaduk, Dirk Osmetz und Dominik Hammer)

Dohne, Dr. Klaus-Dieter: Inhaber des Psychologischen Unternehmensmanagements, Göttingen und geschäftsführender Gesellschafter der Culture Work GmbH, Geretsried
Interview am 25.02.2010 in Würzburg (Dirk Osmetz, Hans A. Wüthrich und Stefan Kaduk) und am 05.04.2013 (Dirk Osmetz und Stefan Kaduk)

Funke, Dr. Torsten: Teilnetzmanager, DB Regio AG, Bremen
Workshop am 16.06.2011 und Telefoninterview am 21.06.2013 (Stefan Kaduk)

Germerott, Wolfgang: Geschäftsführer der Germerott Innenausbau GmbH & Co. KG, Gehrden
Interview am 04.04.2013 in Gehrden (Stefan Kaduk und Dirk Osmetz)

Geyer, Peter: Bergführer, Skilehrer und -trainer, öffentlich bestellter Sachverständiger für Ski-, Berg-, Kletter- und Lawinenunfälle
Interview am 11.04.2013 in Piding (Dominik Hammer und Dirk Osmetz)

Hefti, Eva: ehemalige Personalentwicklerin, Gründerin des Café Fleuri, Bern
Interview am 21.03.2013 in Bern (Stefan Kaduk und Dirk Osmetz)

Humrich, Pfarrer Dietrich: ehemaliger Vorstand der Stiftung kreuznacher diakonie, Bad Kreuznach
Interview am 18.04.2013 in Bad Kreuznach (Stefan Kaduk und Dirk Osmetz)

Hüther, Prof. Dr. Gerald: Neurobiologe, Leiter der Zentralstelle für neurobiologische Präventionsforschung, Universität Göttingen
Interview am 25.02.2010 in Würzburg (Dirk Osmetz, Hans A. Wüthrich und Stefan Kaduk)

Janssen, Bodo: Geschäftsführer der Upstalsboom Hotel + Freizeit GmbH & Co. KG, Emden
Interview am 10.06.2013 in Wremen (Stefan Kaduk und Dirk Osmetz)

Koppermann, Heiner: Geschäftsführer der SwarmWorks Ltd., Troisdorf
Interview am 25.11.2011 in Zürich (Stefan Kaduk und Dirk Osmetz)

Kraller, Christoph: Sprecher der Geschäftsführung der Südostbayernbahn, Mühldorf am Inn
Interview am 19.11.2012 in Mühldorf (Dirk Osmetz, Stefan Kaduk und Dominik Hammer)

Krämer, Prof. Dr. Walter: Leiter des Instituts für Wirtschafts- und Sozialstatistik der TU Dortmund
Interview am 06.03.2013 in Dortmund (Dirk Osmetz und Dominik Hammer)

Lerner, Jaime: ehemaliger Bürgermeister von Curitiba
Interview am 20.06.2011 in Curitiba (Dirk Osmetz)

Lind, Helmut: Vorstandsvorsitzender der Sparda-Bank München
Interview am 18.06.2013 in München (Dirk Osmetz und Stefan Kaduk)

Lohmann, Detlef: Mitglied der Geschäftsleitung und geschäftsführender Gesellschafter der allsafe JUNGFALK GmbH & Co. KG, Engen
Interview am 08.03.2013 in Engen (Dirk Osmetz und Dominik Hammer)

Loth, Ulrich: ehemaliges Mitglied der Corporate Leadership Group Europe und Leader Legal Department der W. L. Gore & Associates GmbH, Putzbrunn
Interview am 07.03.2013 in Putzbrunn (Dirk Osmetz, Stefan Kaduk und Dominik Hammer)

Miedl, Christine: Leiterin Unternehmenskommunikation der Sparda-Bank München
Interview am 18.06.2013 in München (Dirk Osmetz und Stefan Kaduk)

Moormann, Nils Holger: Gründer und Geschäftsführer der Nils Holger Moormann GmbH, Aschau im Chiemgau
Interview am 28.05.2013 in Aschau (Stefan Kaduk und Dominik Hammer)

Mundel, Regina: HR-Managerin eines Schweizer Telekommunikationsunternehmens
Interview am 21.03.2013 in Bern (Stefan Kaduk und Dirk Osmetz)

Perez Lennart, Samar: Learning Designer, Learning Design Function IoS & Supplying (ILC) IKEA Schweden, Älmhult
Interview am 05.02.2013 in Baldham (Dirk Osmetz und Stefan Kaduk)

Pillkahn, Dr. Ulf: Key Expert für Strategy, Innovation und Foresight, Siemens AG, München
Interview am 06.02.3013 in Neubiberg (Dirk Osmetz, Stefan Kaduk und Dominik Hammer)

Reinhard, Dr. Rebekka: Philosophin, *Spiegel*-Bestseller-Autorin, Key Note Speaker, München
Interview am 19.04.2013 in Neubiberg (Stefan Kaduk und Dirk Osmetz)

Renn, Prof. Dr. Jürgen: Direktor am Max-Planck-Institut für Wissenschaftsgeschichte, Berlin
Interview am 29.04.2013 in München (Dirk Osmetz, Stefan Kaduk und Dominik Hammer)

Roebers, Frank: Vorstandsvorsitzender der Synaxon AG, Schloß Holte-Stukenbrock
Interview am 07.02.2013 in München (Stefan Kaduk und Dirk Osmetz)

Spegel-Grünberger, Dr. Marko, Business Architect & Senior Program Manager, T-Mobile Austria, Wien
Interview am 01.02.2013 in Linz (Stefan Kaduk und Dirk Osmetz)

Stangel, Peter: Dirigent, Komponist, Redner und Moderator sowie Gründer der taschenphilharmonie, München
Interview am 12.04.2013 in Neubiberg (Stefan Kaduk und Dirk Osmetz)

Vieweg, Prof. Dr. Wolfgang: Fakultät Wirtschaftsingenieurwesen, Hochschule für angewandte Wissenschaften Würzburg-Schweinfurt
Interview am 18.04.2013 in Bad Kreuznach (Dominik Hammer)

Vollmer, Dr. Lars: Geschäftsführender Gesellschafter der Vollmer & Scheffczyk GmbH, Hannover
Interview am 15.05.2013 in Hannover (Dirk Osmetz und Stefan Kaduk)

Werner, Götz W.: Gründer und Aufsichtsratsmitglied der dm-drogerie markt GmbH & Co. KG, Karlsruhe
Interview am 27.05.2013 im EuroCity 115 von Stuttgart nach München (Dirk Osmetz und Stefan Kaduk)

Winkel, Babette: Vertriebsingenieurin, WITTENSTEIN AG, Igersheim
Interview am 27.02.2013 in Igersheim (Dirk Osmetz und Stefan Kaduk)

Wittenstein, Dr. Manfred: Vorstandsvorsitzender der WITTENSTEIN AG, Igersheim
Interview am 27.02.2013 in Igersheim (Dirk Osmetz und Stefan Kaduk)


... und den Gesprächspartnern, die nicht namentlich genannt werden wollten.

*Für*
*Anja, Pauline, Lilli, Lotte, PuM, E146, Mara T., Janiczek,*
*JTLPO, Dr. JJ, Ursula, Brigitte*